"十四五"高等职业教育计算机类专业规划教材

计算机组装与维护

主　编　何新洲　王公儒

副主编　戴　晖　魏　萌　李　洋　信建伟

中国铁道出版社有限公司

CHINA RAILWAY PUBLISHING HOUSE CO., LTD.

内 容 简 介

本书以培养学生的职业能力为核心，以实际项目为导向，采用任务驱动的教学方法组织教材内容。全书共设置九个项目，每个项目又以不同的工作任务为驱动，充分体现"学做一体化"特点，增强学生实践动手能力。

本书由长江职业学院与西安开元电子实业有限公司合作编写，教材内容设计与硬件技术工程师实际工作岗位相结合，课程标准对接岗位需求，内容通俗易懂、实用性强，提供线上、线下立体化的教学资源，方便教师授课和学生学习，各个项目所涉及的知识点通过任务驱动的教学方法进行组织，能够有效提高学生的学习兴趣。

本书可作为中、高职院校计算机组装与维护课程的通用教材，也可以作为广大计算机爱好者、不同层次 IT 技术人员的自学参考书。

图书在版编目（CIP）数据

计算机组装与维护 / 何新洲，王公儒主编 . —北京：
中国铁道出版社有限公司，2021.5（2023.7 重印）
"十四五"高等职业教育计算机类专业规划教材
ISBN 978-7-113-27613-3

Ⅰ.①计… Ⅱ.①何…②王… Ⅲ.①电子计算机 –
组装 – 高等职业教育 – 教材②计算机维护 – 高等职业
教育 – 教材 Ⅳ.① TP30

中国版本图书馆 CIP 数据核字（2021)第 049986 号

书　　名：**计算机组装与维护**
作　　者：何新洲　王公儒

策　　划：徐海英　　　　　　　　　　　　　　　编辑部电话：（010）83517321
责任编辑：徐海英
封面设计：刘　颖
责任校对：孙　玫
责任印制：樊启鹏

出版发行：中国铁道出版社有限公司（100054，北京市西城区右安门西街 8 号）
网　　址：http://www.tdpress.com/51eds/
印　　刷：北京铭成印刷有限公司
版　　次：2021 年 5 月第 1 版　2023 年 7 月第 3 次印刷
开　　本：850 mm×1 168 mm　1/16　印张：17.25　字数：430 千字
书　　号：ISBN 978-7-113-27613-3
定　　价：48.00 元

前 言

随着计算机技术的不断进步,计算机软、硬件也在发生日新月异的变化,我们所处的时代以"多核心""超线程""CPU 内置图形处理器""USB3.x""HDMI""开源技术""互联网 +""IPv6""三网融合""云计算""大数据""物联网""移动互联网"以及"人工智能"等为时代关键字,代表着时代的特征和 IT 前沿技术。作为一本介绍计算机技术的教材,应该做到与时俱进,与新技术、新应用相结合,涵盖的知识和内容必须跨越不同的年代,并紧跟时代发展的步伐,让读者通过本书学习到最新、最前沿和最实用的技术,以满足工作所需。

为确保教材编写的质量,本书的编写团队深入部分 IT 相关企业,对硬件技术工程师、硬件维护工程师和桌面运维工程师等工作岗位进行了详细的调研,对这些岗位所需的知识和技能以及典型工作任务进行了深入的分析,精心选取教材内容;参照工业与信息化部电子教育与考试中心"硬件技术工程师""硬件维护工程师"和"硬件维修工程师"职业技术认证考试大纲,将教材的内容进行重新整合,并遵循硬件工程师的成长规律,对教材内容从逻辑上进行了序化;同时结合高等职业技术教育教学最新的理念,按"项目引领、任务驱动"的教学方法,对教学过程进行设计。

全书共九个项目,具体内容安排如下:

项目一主要介绍计算机系统的体系结构。围绕"获知计算机的详细配置"和"认识计算机的硬件部件"两个典型的工作任务进行介绍,涉及知识包括冯·诺依曼理论体系、计算机的发展历程、计算机系统的体系结构、计算机的基本类型、计算机的应用领域等。

项目二根据实际需求配置台式计算机。围绕"确定计算机的配置方案"和"亲临电脑城,购置计算机的硬件配件"两个典型的工作任务进行介绍,涉及知识包括中央处理器、主板、内存、硬盘驱动器、显卡、显示器、声卡和音箱、键盘和鼠标、机箱与电源等配件的相关知识和选购技巧。

项目三完成台式机的硬件组装,围绕"做好硬件组装前的准备工作"和"自助完成台式机的硬件组装"两个典型的工作任务进行介绍,涉及知识包括:台式机硬件组装前的准备工作、台式机组装的详细步骤等。

项目四介绍系统安装前的准备工作,围绕"BIOS 的基本设置"、"制作系统启动 U 盘"和"对硬盘进行初始化"三个典型的工作任务进行介绍,涉及知识包括 BIOS 设置与升级、系统启动 U 盘的制作、硬盘的初始化等。

项目五介绍计算机系统的软件安装,围绕"安装 Windows 7/10 操作系统"和"安装设备驱动程序"两个典型的工作任务进行介绍,涉及知识包括操作系统概述、安装 Windows 7 操作系统、安装 Windows 10 操作系统、认识 Windows 10 桌面、Windows 10 主要新增体验功能、安装设备驱动程序、安装与卸载常用的应用软件等。

项目六介绍计算机系统的备份与恢复。围绕"Windows 7 操作系统的备份和还原"和"利用一键还原精灵软件实现系统的备份与还原操作"两个典型的工作任务进行介绍，涉及知识包括 Windows 7 操作系统的备份和还原、Windows 10 操作系统的备份和还原、利用 Ghost 软件备份和还原系统等。

项目七介绍计算机的硬件检测、性能测试与优化。围绕"计算机硬件信息的检测与性能测试"和"对系统进行必要的优化"两个典型的工作任务进行介绍，涉及知识包括关于硬件检测和性能测试的相关知识、计算机的硬件检测、计算机的性能测试、Windows 10 操作系统的优化等。

项目八为计算机日常维护与常见故障的分析和处理，围绕"电路板的焊接实训（一）"和"电路板的焊接实训（二）"两个典型的工作任务进行介绍，涉及知识包括计算机的日常维护、显示器的日常维护、键盘的日常维护、鼠标的日常维护、其他外设的日常维护、计算机故障的诊断、常见故障的分析和处理。

项目九为计算机维修综合实训。围绕"显示类故障的检测与维修方法"、"接口类故障的检测与维修方法"、"内存故障检测与维修方法"和"芯片组故障检测与维修方法"四个典型的工作任务进行介绍，涉及知识包括计算机装调与维修技能鉴定装置简介、西元主板简介和故障种类、计算机故障诊断治具简介及使用方法、计算机故障自动测试软件的使用方法和功能、计算机电源及加长线束。

本书特色

1. 校企合作共同编写

党的二十大报告指出："统筹职业教育、高等教育、继续教育协同创新，推进职普融通、产教融合、科教融汇，优化职业教育类型定位。"从二十大报告可以看出，校企合作、产教融合是职业教育类型特征，是贯穿职业教育人才培养、课程建设与教材建设的主线。

本书落实二十大报告精神，本书由长江职业学院与西安开元电子实业有限公司技术团队合作编写，并作为长江职业学院与西安开元电子实业有限公司校企深度合作的成果之一，本书内容与硬件技术工程师、硬件维修工程师和 IT 桌面运维工程师等职业岗位要求相结合。

2. 与实训设备相配套

针对部分高职院校计算机组装与维护课程实训条件不足的情况，西安开元电子实业有限公司主动走进高校，经过深入细致的调研，与职业技能鉴定相结合，研究制定出可行的解决方案，开发出了西元计算机装调与维修技能鉴定装置 KYJZW-56，该设备方便、实用，给计算机组装与维护课程实训教学带来了很大的便利。本书部分实训项目就是采用了该鉴定装置，并对于学生参与职业技能鉴定有很大的帮助。

3. 提供丰富的实践案例

本书的每个项目均提供丰富的实践案例,以视频的方式演示计算机配置、硬件组装、软件安装、系统维护和故障维修等实践操作,便于读者自主学习和仿真操作,同时方便教师开展线上线下混合式教学。

4. 提供丰富的教学资源

配套的课程标准、教学进度表、电子讲义、PPT 讲稿、教学视频、习题答案等一应俱全,同时还提供书中精美的高清插图,方便教师自主备课,让读者可以感受逼真的实例效果,从而迅速掌握计算机组装与维护的相关知识和技能。读者如有需要,可与本书主编联系(hexinzhou@tom.com)。

5. 提供课程的数字化学习平台

为方便教师开展线上教学,课程分别提供数字化学习平台(该平台免费为校内授课教师和学生开放)和智慧职教云平台课程(网址为:https://zjy2.icve.com.cn/expertCenter/courseIndex/courseHome.html?courseOpenId=beziansgj9gemf3niubsw&tokenId=bp2naftvr9ixtkshpbkbq)。其中,智慧职教云平台课程对应的访问二维码如下所示:

智慧职教平台访问二维码

以上两个平台均提供丰富的教学资源,支持各种线上线下互动,保证课程的教学质量和效果。

6. 提供配套的教学实训素材

为方便教材资源的最大化分享,编者精心制作了与教材配套的教学实训素材(已上传至课程的数字化学习平台),书中各个实训任务用到的软件和实训方案全部收录其中,极大地方便了读者学习和教师备课。

本书由何新洲、王公儒任主编,戴晖、魏萌、李洋、信建伟任副主编。具体编写分工如下:何新洲、戴晖编写项目一至项目四,魏萌、李洋、信建伟共同编写项目五至项目七,王公儒编写项目八、项目九。

由于时间仓促,书中难免存在不当或疏漏之处,恳请广大师生及读者在使用过程中提出宝贵意见,并予以批评指正。

编　者

2023 年 7 月

目 录

项目一
了解计算机系统的体系结构

 **项目情境**

专业选择驱动购机欲望

小强是一名计算机网络技术专业的大一新生，刚刚踏入大学的校门，就迫不急待地想为自己购买一台计算机，毕竟自己选择了这个专业。"工欲善其事，必先利其器"，他的理由让他的父母支持自己的想法。自从萌生购机的念头，他恨不得抛下手上的一切直奔电脑城，立刻与自己的"爱机"见上一面，以了却自己的心愿。可是当他的父母问他需要买一台什么样的计算机，大概要花多少钱，购买前有没有必要先问一下老师专业课的学习对计算机有没有什么特殊要求时，小强立刻控制住自己的冲动，觉得父母的话提醒了自己，他不想因为一时冲动而作出错误的选择，购机前是应该先做一下功课，毕竟计算机不同于一般的商品。于是他找到了计算机组装与维护课程的任课老师。

在了解了小强的想法后，老师告诉他："计算机组装与维护这门课程就是为实现你的心愿而设置的一门专业基础课程，想学习网络，先玩转单机。为自己的学习创造条件，这个想法是好的，但现在并不是购买计算机的最佳时机。先学习完这门课程，你自然就会变成一名 DIY 装机专家，到时候再买不迟，所以先从认识计算机开始吧！"

学习目标

◆ 了解冯·诺依曼理论体系，熟悉计算机的工作原理；
◆ 回顾计算机的发展历史，了解计算机的基本分类；
◆ 掌握计算机系统的体系结构；
◆ 了解计算机的应用领域，预测计算机的发展趋势。

技能要求

◆ 能够区分不同类型的计算机，并说出它们各自的特点；
◆ 能够准确知悉计算机的详细配置；

◆能够识别台式机的各种配件，并了解它们各自的作用。

相关知识

一、冯·诺依曼理论体系

计算机的发明是 20 世纪人类最伟大的科学成就之一，它标志着人类进入信息化时代的开始。计算机发展到今天，已不仅仅是一种应用工具，它已经成为一种文化和潮流。计算机的出现给人们的工作和生活带来了巨大的变化。

图 1-1　冯·诺依曼

回顾计算机的发展历史，人们总会想起美籍匈牙利学者冯·诺依曼（见图 1-1）。1944 年，他提出计算机基本结构和工作方式的设想，为计算机的诞生和发展提供了理论基础。冯·诺依曼理论可以归纳为以下两个要点：

①计算机硬件设备由存储器、运算器、控制器、输入设备和输出设备五大部分组成。

②基于存储程序的设计思想——把计算过程描述为由许多命令按一定顺序组成的程序，然后把程序和数据一起输入计算机中，计算机对程序和数据进行处理后，输出结果。

时至今日，尽管计算机软、硬件技术飞速发展，但计算机本身的体系结构并没有明显的突破，当今的计算机仍属于冯·诺依曼架构。

由于冯·诺依曼对现代计算机技术的突出贡献，因此他又被称为"计算机之父"。

二、计算机的发展历程

电子计算机是在第二次世界大战弥漫的硝烟中开始研制的。当时为了给美国军械试验提供准确而及时的弹道火力表，迫切需要一种高速的计算工具。因此在美国军方的大力支持下，世界上第一台计算机 ENIAC（Electronic Numerical Integrator and Calculator，电子数字积分计算机）于 1943 年开始研制。参加研制工作的是以宾夕法尼亚大学莫尔电机工程学院的莫西利和埃克特为首的研制小组。

1946 年 2 月 15 日，世界上第一台电子计算机——ENIAC 在美国正式诞生，如图 1-2 所示，它是根据冯·诺依曼理论研制的。

与现代计算机相比，ENIAC 在技术方面显得相当落后，每秒 5 000 次的运算速度也反映其性能与现代计算机不可相提并论。另外，ENIAC 共使用了 18 000 个电子管，另加 1 500 个继电器以及其他器件，其总体积约 90 m^3，质量达 30 t，占地 170 m^2，功率为 140 kW。

ENIAC 的诞生为计算机和信息产业的发展奠定了坚实的基础。如果说 1946 年是计算机发展史上的一个重要的里程碑，那么，1971 年也是人们值得回忆的历史时刻。因为在 1971 年，世界上第一台微处理器在美国硅谷诞生，开创了微型计算机的新时代。

美国空军的一名工程师爱德华·罗伯茨（E.Roberts）创办了米兹（MITS）公司，1975 年 4 月，MITS 发布第一台通用 ALTAIR 8800 微型计算机，售价 375 美元，带有 1 KB 存储器，这是世界上第一台微型计算机，如图 1-3 所示。

图 1-2　世界上第一台电子计算机 ENIAC　　　　图 1-3　世界上第一台微型计算机 ALTAIR 8800

从 ENIAC 的诞生到现在，经历了短短几十年的时间，计算机的发展速度却十分的惊人。按照计算机所使用的元器件来看，计算机的发展经历了以下几个不同的阶段：

第一代电子管计算机（1946—1958 年）：以电子管为主要器件，操作指令是为特定任务而编制的，每种机器有各自不同的机器语言，功能受限，速度也慢，使用真空电子管和磁鼓存储数据。

第二代晶体管计算机（1956—1963 年）：使用晶体管代替体积庞大的电子管，使用磁芯作为存储器。其特点是体积小、速度快、功耗低、性能更稳定。还有现代计算机的一些部件：打印机、磁带、磁盘、内存、操作系统等。在这一时期出现了更高级的 COBOL 和 FORTRAN 等编程语言，使计算机编程更容易。新的职业（程序员、分析员和计算机系统专家）和整个软件产业由此诞生。

第三代集成电路计算机（1964—1971 年）：以中、小规模集成电路为主要功能部件。主存储器采用半导体存储器；运算速度可达每秒几十万次至几百万次基本运算。在软件方面，操作系统日趋完善。

第四代大规模集成电路计算机（1971 年至今）：采用大规模和超大规模集成电路为主要电子器件，重要分支是以大规模、超大规模集成电路为基础发展起来的微处理器和微型计算机。

回顾计算机 70 多年的发展历程，不难看出：计算机发展速度之快、种类之多、用途之广以及对人类贡献之大都是人类科学技术发展史上任何一门学科和任何一种发明所无法比拟的，计算机硬件与软件技术的发展遵循摩尔定律。

 扩展知识

摩尔定律由英特尔（Intel）创始人之一戈登·摩尔（Gordon Moore）提出，意为当价格不变时，集成电路上可容纳的晶体管数目每隔 18 个月便会增加一倍，而且性能也将提升一倍。这一定律揭示了信息技术进步的速度。虽然如今的 PC 生产厂商并非严格遵循此摩尔定律，但摩尔定律已经成为他们追求的一个目标。

三、计算机系统的体系结构

计算机系统是一个整体的概念，它是由硬件系统和软件系统两大部分组成的，如图 1-4 所示。其中，硬件系统是指计算机系统中的各种物理装置，是看得见摸得着的实体，涵盖了冯·诺依曼理论体系所定义的五大功能部件，即存储器、运算器、控制器、输入设备和输出设备，它们是构成计算机系统的物质基础。

软件系统是相对于硬件系统而言的。从狭义的角度上讲，软件系统是指运行计算机所需的各种程序；从广义的角度上讲，还包括手册、说明书和有关的资料。

在计算机系统中，硬件系统和软件系统相互依存，缺一不可。硬件系统好比一台计算机的驱体，而软件系统好比一台计算机的灵魂。仅有硬件，没有配置任何软件的计算机称为裸机，它如同一堆废铁，难以完成各种复杂的任务；没有硬件就没有计算机，再多的软件也不会产生任何作用。在硬件系统的基础上，使用不同的软件，计算机才可以完成许许多多不同的工作。软件使得计算机具有非凡的灵活性和通用性。也正是这一原因，决定了计算机的任何动作都离不开由人安排的指令。人们针对某一需要而为计算机编制的指令序列称为程序。程序连同有关的说明资料称为软件。配上软件的计算机才能成为完整的计算机。

（一）计算机系统的硬件部分

根据冯·诺依曼理论体系，计算机系统的硬件部分由五大功能部件组成，即存储器、运算器、控制器、输入设备和输出设备，如图1-5所示。它们之间通过各种总线连接起来，相互协调工作。

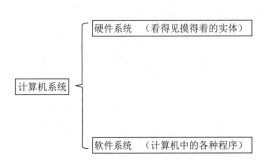

图1-4　计算机系统的体系结构

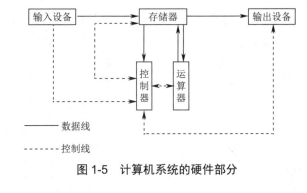

图1-5　计算机系统的硬件部分

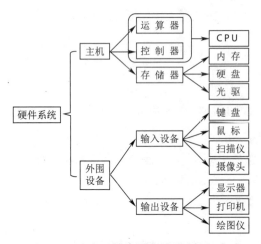

图1-6　现代计算机的硬件系统的组成

虽然伴随着时代的发展，计算机系统中出现了不同类型的新产品，使得我们在对计算机的硬件系统进行描述时也发生了一些变化，但冯·诺依曼理论体系依然适用于绝大多数现代计算机。现代计算机的硬件系统结构如图1-6所示。整个计算机系统由主机和外围设备两部分组成，展开来说，就是冯·诺依曼理论体系所描述的五大功能部件。

1. 主机部分

主机部分包含运算器、控制器和存储器三个组件。在现代计算机中，运算器和控制器集成在一起，形成中央处理器（Center Process Unit，CPU），运算器在控制器的协调下完成各种算术运算或逻辑运算，其运算能力直接决定 CPU 的性能。控制器主要负责对程序中的指令进行译码，并且发出为完成每条指令所要执行操作的控制信号，并控制各个功能部件完成相应的操作。控制器一般包括程序计数器、指令寄存器、指令译码器以及时序部件启停线路等电路模块，其工作过程包括取指令、对指令进行译码、执行指令、再取下一条指令……如此周而复始。

存储器主要用来存放计算机中的各种数据和程序。按照存储器在计算机中的作用可分为主存储器、辅助存储器和高速缓冲存储器，也就是通常所说的三级存储体系。

（1）主存储器。

主存储器又称内存储器，简称内存，包括只读存储器（Read-Only Memory，ROM）和随机存储器（Random Access Memory，RAM）。

只读存储器，顾名思义，就是只能读出，不能写入，即使机器断电，原先存储在其中的数据也不会轻易丢失。现代计算机主板上的 BIOS 芯片就是采用 ROM 芯片由专门的厂家定制而成的，如图 1-7 所示。

随机存储器用于存放计算机当前正在执行的程序和相关数据，它具有"带电情况下可读写，断电信息即丢失"的特性。现代计算机中的内存、集成在主板或 CPU 内部的高速缓冲存储器、CPU 内部的寄存器都属于随机存储器，如图 1-8 所示。

内存使用的是动态随机存储器（Dynamic Random Access Memory，DRAM），而高速缓冲存储器使用的是静态随机存储器（Static Random-Access Memory，SRAM），其速度较动态随机存储器要快很多，而且成本也高出很多。

图 1-7 主板上的 BIOS 芯片

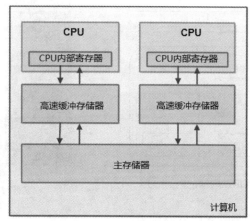

图 1-8 计算机中的随机存储器

（2）辅助存储器。

辅助存储器也称为外存储器，简称外存，主要是指硬盘，当然也包括光盘、U 盘、存储卡，它们的容量一般都比较大，用于存放暂时不用的程序和数据。外存不能被 CPU 直接访问。

（3）高速缓冲存储器。

在现代计算机中，随着集成电路工艺的不断发展，CPU 的频率不断提升，而与此同时，由于制造工艺和成本的限制，计算机在内存（主要为 DRAM）的访问速度方面却没有质的突破。当然，当前技术并不是做不出来访问频率更高的内存，而且 SRAM 那样的高速内存相对于普通内存 DRAM 而言成本过高。因此，当前系统选择一个折中办法，即在 CPU 和内存之间引入快速而成本较高的 SDRAM 作为高速缓冲存储器（Cache），以此作为 CPU 和内存之间的通道，解决 CPU 和内存之间的速度匹配问题。随着科技的发展，市场主流 CPU 已经出现了三级缓存的设计，即 L1 Cache、L2 Cache 和 L3 Cache。其中 L1 Cache 也被划分成 L1i 指令缓存（i for instruction）和 L1d 数据缓存（d for data）两种。

　　L1 Cache 速度最快、容量最小（靠近 CPU）；L2 Cache 速度与容量都居中；L3 Cache 容量最大，但速度相对最慢（靠近主内存），如图 1-9 所示。

　　对于多核心的 CPU 而言，其内部包含多个核心电路，每个核心又有独自的一级缓存（L1 Cache）和二级缓存（L2 Cache），各个核心之间共享三级缓存（L3 Cache），并统一通过总线与内存进行交互。

2. 外设部分

　　在现代计算机中，输入设备和输出设备统称为外围设备，简称外设。输入设备用来满足用户向计算机输入原始数据和处理这些数据的程序，输入的信息包括数字、字母和控制符号等。常见的输入设备有键盘、鼠标、麦克风、游戏操纵杆、光笔、触摸屏、扫描仪、光学阅读机和摄像机等。

　　输出设备用来输出计算机的处理结果，这些结果可以是数字、字母、图形和表格等。常见的输出设备有显示器、打印机、绘图仪、扬声器（俗称音箱）等。

　　在现代计算机中还有些配件，如机箱、主板、电源、显卡等，它们似乎在冯·诺依曼理论体系中没有提到，但这些配件在现代计算机中又是必需的，而且作用非常大，如图 1-10 所示。

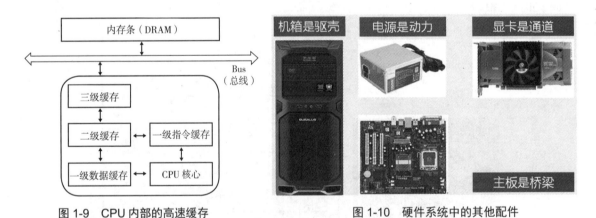

图 1-9　CPU 内部的高速缓存　　　　　　图 1-10　硬件系统中的其他配件

（二）计算机系统的软件部分

　　软件系统是指一台计算机中所有的程序、数据和相关文件的集合。软件决定计算机的功能，现代计算机中的软件系统通常分为系统软件和应用软件两大类，如图 1-11 所示。

1. 系统软件

　　系统软件是用来支持应用软件开发和运行的管理性软件，主要包括以下三种类型：

　　（1）操作系统。

　　操作系统是计算机软件系统的核心，主要用于管理计算机的硬件和软件资源，使计算机能够正常工作，并提供人机交互的界面。操作系统与计算机的硬件系统联系密切，是每台计算机必须配置的软件。从资源管理的观点来看，操作系统的主要功能是进行处理器的管理、存储器的管理、文件管理、设备管理和作业管理，常见的操作系统如图 1-12 所示。

（2）语言处理程序。

语言处理程序相当于翻译者的角色，它的主要任务是将用计算机语言编写的源程序编译成可在计算机上运行的目标代码，Microsoft Visual C++6.0 就属于这一类，如图 1-13 所示。

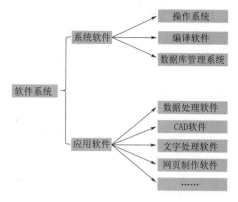

图 1-11　计算机的软件系统组成

图 1-12　操作系统

图 1-13　语言处理程序

（3）支持软件。

为系统的管理和维护提供良好的开发环境和实用工具，如测试程序、诊断程序、调试程序等。鲁大师就属于这一类，如图 1-14 所示。

图 1-14　鲁大师

2. 应用软件

应用软件是运行在系统软件提供的工作环境下，是为解决各种实际问题而编制的程序。例如，各种办公软件、工程计算软件、数据处理软件、过程控制软件、辅助设计软件等。计算机系统的硬件与软件的关系如图 1-15 所示。

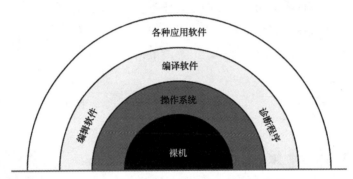

图 1-15　计算机系统的硬件与软件的关系

四、计算机的基本类型

（一）按计算机功能分类

计算机按其功能可以分为专用计算机和通用计算机两大类。专用计算机功能单一、适应性差，但在特定的用途下最有效、最经济、最快速；通用计算机功能齐全、适应性强，但其效率、速度和经济性相对要低一些，目前所说的计算机都是指通用计算机。

（二）按运算速度分类

根据计算机的运算速度、输入 / 输出能力、数据存储量、指令系统的规模和机器价格等因素，可将计算机划分为五大类。

1. 巨型机

巨型机也称为超级计算机，它是指能够执行一般个人计算机无法处理的大量资料与高速运算的计算机，如图 1-16 所示。

就超级计算机和普通计算机的组成而言，构成组件基本相同，但在性能和规模方面却有差异。超级计算机主要特点包含两个方面：极大的数据存储容量和极快速的数据处理速度，因此它可以在多种领域进行一些人们或者普通计算机无法进行的工作。

超级计算机作为一个国家信息化的一种重要体现，首先将会在国防科技、工业化、航天卫星等领域发挥重要作用，其次它会在诸如气象、物理、探测等领域显现出它的优势。依靠强大的数据处理能力和高速的运算能力，未来的超级计算机将会是大数据时代的重要工具，而且会进一步普及到我们的生活中来，为我们的社会发展做出巨大贡献。

2. 大型机

大型机（见图 1-17）是从 IBM System/360 开始的一系列计算机及与其兼容或同档次的计算机，主要用于大量数据和关键项目的计算，例如，银行金融交易及数据处理、人口普查、企业资源规划等。

其作为大型商业服务器，在今天仍具有很大活力。其特点是运算速度快、处理能力强、存储容量大、功能完善，且软、硬件规模较大，当然价格也昂贵。

图 1-16　我国的"天河二号"超级计算机　　　　图 1-17　大型机

大型机多采用对称多处理器结构，有数十个处理器，在系统中起着核心作用。另外，大型机可以同时运行多个操作系统，因此不像是一台计算机而更像是多台虚拟机，因此一台主机可以替代多台普通的服务器，是虚拟化的先驱，同时大型机还拥有强大的容错能力。

3. 小型机

20 世纪 60 年代开始出现一种供部门使用的计算机，它的规模较小、结构简单、成本较低、操作简便、维护容易，能满足部门的要求，可供中、小企事业单位使用。例如，美国 DEC 公司的 vax 系列、富士通的 k 系列以及我国生产的"太极"系列计算机等，都属于小型机。近年来，小型机逐渐被高性能的服务器所取代。

4. 微型机

微型机是微型计算机的简称，它是由大规模集成电路组成的、体积较小的电子计算机，例如，现在的台式机、笔记本、平板电脑等，如图 1-18 所示。

图 1-18　微型计算机

微型计算机具有体积小、灵活性大、价格便宜、使用方便等特性，所以主要面向个人、家庭、学校及部分企业用户，应用范围十分广泛。

如果把微型计算机的主要部件集成在一个芯片上即构成单片微型计算机，简称单片机，它主要应用于工业控制领域，如图 1-19 所示。所以，单片机也属于微型计算机。

图 1-19　单片机

（三）按照应用场合分类

1. 服务器

服务器的英文名称为 Server，它专指某些高性能的计算机。这类计算机有两个重要的特点：一是必须应用在网络环境中；二是因为其硬件资源丰富，能够通过网络为客户端计算机提供资源共享服务。相比普通的计算机，服务器的稳定性、安全性、性能等方面的要求更高一些。

按照服务器的结构来分，可以将服务器分为塔式服务器、机架式服务器和刀片式服务器，如图 1-20~ 图 1-22 所示。

2. 工作站

工作站的英文名为 Workstation，是一种以个人计算机和分布式网络计算为基础，主要面向专业应用领域，具备强大的数据运算与图形、图像处理能力，为满足工程设计、动画制作、科学研究、软件开发、金融管理、信息服务、模拟仿真等专业领域而设计开发的高性能计算机，如图 1-23 所示。工作站属于一种高档的计算机，一般拥有较大屏幕显示器和大容量的内存和硬盘，也拥有较强的信息处理功能和高性能的图形、图像处理功能以及联网功能。

图 1-20　塔式服务器

图 1-21　DELL 机架式服务器

图 1-22　IBM 刀片式服务器

图 1-23　HP xw4550 工作站

3. 台式机

台式机是现在非常流行的微型计算机，多数家用计算机和企业办公用机都属于台式机。一体机是台式机中的一种特殊类型，它将主机部分整合到显示器内部，更加缩小了空间，如图 1-24 所示。

图 1-24　台式机

4. 笔记本电脑

笔记本电脑也称手提计算机或膝上型计算机，是一种小型、可携带的个人计算机，通常质量为 2~5 kg，如图 1-25 所示。

笔记本电脑和台式机的架构类似，但是它具有比台式机更好的便携性能，主要体现在较小的体积、液晶显示器和较轻的质量等。笔记本电脑除了键盘外，还提供了触控板（TouchPad）或触控点（Pointing Stick），具有更好的定位和输入功能。

笔记本电脑大体上分为四种类型：商务型笔记本电脑、时尚型笔记本电脑、多媒体应用型笔记本电脑和特殊用途笔记体电脑。商务型笔记本电脑的特点一般可以概括为移动性强、电池续航时间长、商务软件多等；时尚型笔记体电脑外观主要针对时尚女性；多媒体应用型笔记本电脑则有较强的图形和图像处理能力，尤其是多媒体文件播

图 1-25　笔记本电脑

放能力，为享受型产品。而且，多媒体应用型笔记本电脑多拥有较为强劲的独立显卡和声卡（均支持高清），并有较大的屏幕；特殊用途的笔记本电脑服务于专业人士，是可以在酷暑、严寒、低气压、战争等恶劣环境下使用的机型。

5. 平板电脑

平板电脑是个人计算机家族中新增加的一名成员，如图 1-26 所示，其外观和笔记本电脑很相似，但不是单纯的笔记本电脑，它可以被称为笔记本电脑的浓缩版。其外形介于笔记本和掌上电脑之间，但其处理能力大于掌上电脑，相比笔记本电脑，它除了拥有其所有功能外，还支持手写输入或者语音输入，移动性和便携性都更胜一筹。

6. 手持设备

手持设备英文名为 Handheld，其种类较多，如 PDA、智能手机（SmartPhone）、Netbook（如华硕的 EeePC）等，如图 1-27 所示。它们的共同特点是体积小。随着 5G 时

图 1-26　平板电脑

代的到来，手持设备将会获得更大的发展，支持 5G 网络的智能终端也会越来越多，其功能也会越来越强。

图 1-27　手持设备

五、计算机的应用领域

进入 21 世纪，微型计算机和互联网已经成为人们工作和生活中不可或缺的重要组成部分，它在人们日常生活和工作中发挥着更为重要的作用，应用领域更加广泛。

（一）科学计算

计算机研制的初衷就是为了满足科学计算。目前，科学计算仍然是计算机应用的一个重要领域，如高能物理、工程设计、地震预测、气象预报、航天技术等。由于计算机具有较高运算速度和计算精度以及逻辑判断能力，因此，出现了计算力学、计算物理、计算化学、生物控制论等新的学科。

（二）过程检测与控制

利用计算机对工业生产过程中的某些信号进行自动检测，并把检测到的数据存入计算机，再根据需要对这些数据进行处理，这样的系统称为计算机检测系统。特别是仪器仪表引进计算机技术后所产生的智能化仪器仪表，将工业自动化推向了一个更高的水平。

（三）信息管理

信息管理是目前计算机应用最广泛的一个领域。利用计算机来加工、管理与操作任何形式的数据资料，如企业管理、物资管理、报表统计、账目管理、信息情报检索等。近年来，国内许多机构纷纷建设了自己的管理信息系统（MIS），生产企业也开始采用制造资源规划软件（MRP），商业流通领域则逐步使用电子信息交换系统（EDI），即所谓无纸贸易。

（四）计算机辅助系统

1. 计算机辅助设计（CAD）

计算机辅助设计是指利用计算机来帮助设计人员进行工程设计，以提高设计工作的自动化程度，节省人力和物力。目前，此技术已经在电路、机械、土木建筑、服装等设计中得到了广泛的应用，如图 1-28 所示。

2. 计算机辅助制造（CAM）

计算机辅助制造是指利用计算机进行生产设备的管理、控制与操作，从而提高产品质量，降低生产成本，缩短生产周期，并且大大改善了制造人员的工作条件。

3.计算机辅助测试（CAT）

计算机辅助测试是指利用计算机进行大量而复杂的测试工作，提高测试工作效率。

4.计算机辅助教学（CAI）

计算机辅助教学是指利用计算机帮助教师讲授和帮助学生学习的自动化系统，使学生能够轻松自如地从中学到所需要的知识，如图 1-29 所示。

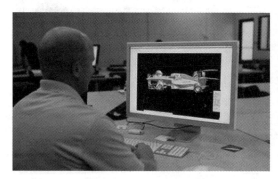

图 1-28　计算机辅助设计

图 1-29　电子教室辅助教学

任务 1.1　获知计算机的详细配置

对于大多数的计算机用户来说，第一次到电脑城购机的经历总是让人难忘的，每个人有不同的经历，自然就会留下不同的故事。

我国计算机用户虽然很多，而且随着万物互联时代的到来，人均拥有计算机的数量也会逐渐增多。但是，真正了解计算机的专业或准专业级用户所占比例却并不大，有的用户甚至将计算机仅仅作为一种家庭游戏娱乐工具使用，所以从萌生购机的想法，到自己所购买的计算机"寿终正寝"，整个过程对于计算机存在太多的知识盲区。有的用户自始至终都不清楚自己计算机的真实配置。

如果你是一个"新手"，建议你还是先做做功课，再去购买爱机，否则你的购机经历将会给你带来被动。因为有不少经销商会利用你的知识盲区，通过"花式"的推销或以次充好的方式，让你付出额外的代价，不少购机者所追求的所谓高性价比往往得不到很好的满足。

任务目标

本任务基于一个前提，就是当你购买计算机时，商家已经为你完成了计算机硬件的组装，并安装好软件环境，等待你验收。你可以使用不同的方法来验证计算机的真实配置。

任务实施

1.通过系统属性查看计算机的基本信息

以 Windows 7 系统为例，在桌面环境下，右击"计算机"图标，然后选择"属性"命令，如图 1-30 所示，打开如图 1-31 所示的窗口。

此时可以查看到计算机的基本信息，包括操作系统版本、处理器型号、主频、核心数量、内存容量、系统类型、计算机名称、所属工作组、操作系统的激活状态和 ID 号等信息。有了这些信息，即可大致知道计算机的基本配置，但这不足以了解计算机各配件的品牌及型号等参数。

图 1-30　系统"属性"命令　　　　　　　　图 1-31　查看计算机的基本信息

2. 通过设备管理器查看硬件工作是否正常

在桌面环境下，右击"计算机"图标，然后选择"设备"命令，如图 1-32 所示，打开如图 1-33 所示的"设备管理器"窗口。

图 1-32　系统"设备"命令　　　　　　　　图 1-33　"设备管理器"窗口

通过"设备管理器"窗口可以查看本机所有的硬件是否正常驱动。如果有部分硬件驱动不正常，则会显示相应的标记，如黄色的感叹号或红色的叉号。

显示黄色的感叹号代表该设备的驱动程序未被安装，可以单击该设备重新安装驱动程序；如果显示为红色的叉号，表示该设备目前被禁用。

3. 通过鲁大师检测计算机的详细配置信息

如果通过设备管理器发现计算机的网卡是正常驱动的，并且计算机具备上网的条件，就可以访问鲁大师官网 www.ludashi.com 下载鲁大师的最新版本，然后安装到计算机上。

（1）运行鲁大师，将出现如图 1-34 所示的主界面。

图 1-34　鲁大师软件的主界面

（2）在主界面中，单击"硬件检测"按钮，则会出现如图 1-35 所示的计算机详细配置信息。将检测的结果复制下来，利用其他软件保存并打印出来，以方便了解配置信息。

4. 通过鲁大师了解计算机硬件的工作状态

通过鲁大师软件主界面中最左侧的"硬件体检"链接，还可以针对当前计算机的硬件配件进行状态检测，以判断其工作状态。

另外，还可以通过软件主界面中"驱动管理"功能，检测当前计算机的驱动程序是否需要更新，未正常驱动的硬件，是否需要通过鲁大师补全驱动。

除了鲁大师外，还有几款其他的软件，具有与鲁大师类似的功能，也可以检测计算机的硬件配置信息。比如驱动精灵、Windows 优化大师等，但从笔者的使用经验来看，通过鲁大师检测出的机器硬件配置信息相对准确、全面。

图 1-35　利用鲁大师进行计算机硬件配置信息检测

5. 登录中关村在线官方网站进行查询比价

了解了计算机的详细配置信息，在价格上面是否吃亏呢？这里，推荐大家登录中关村在线网站（http://detail.zol.com.cn/price_cate_1.html），查询计算机各硬件配件的市场行情，然后计算出整机的市场价格，看电脑城商家是否存在特别离谱的报价，以做到心中有数。

任务小结

本任务告诉大家如何通过软件方式来检测计算机的详细配置信息，以确定商家是否存在以假乱真、鱼龙混杂的欺骗行为。另外，也建议大家经常访问中关村在线网站，查询相关产品的性能参数和实时市场行情，以更加理性地购买计算机。

扩展知识

中关村在线网站（http://www.zol.com.cn）是一个大型的、综合型较强的 IT 咨询网站，该网站提供了丰富的软、硬件产品信息和权威的产品评测信息。作为计算机相关专业的学生，经常访问该网站，并主动地了解最新的资讯，比亲临电脑城走马观花要强很多。因为该网站可以让我们第一时间了解到市场主流产品的实时行情和相关参数，增强对计算机产品的了解。

任务 1.2　认识计算机的硬件部件

轻松完成上述任务，使小强的信心倍增，终于可以不担心商家玩套路了。但通过软件检测得到的计算机的硬件配置信息，还是让小强感到一头雾水，假如没有这些检测软件的支持，或者我们面对的是一台有故障的计算机，系统根本无法启动，甚至无法点亮，那岂不是不能用上述任务中提到的方法来获知计算机的配置信息？

的确，仅有配置信息在手，但不能识别这些配件，还真是个大问题。其实，计算机中的每一种配件，其产品外观上都印有一些标识，通过这些标识，我们也可以知道这些配件的详细信息。

任务目标

本任务将带你走进实训室，拆开一台配置完整的计算机，识别主机箱、电源、主板、内存、CPU、散热器、显卡、显示器、硬盘、网卡、声卡、光驱、键盘、鼠标等重要配件。熟悉其外观特征，然后对每个配件进行仔细观察，记录配件外观标识，判断配件的品牌、型号以及其他相关参数等。

任务实施

1. 拆卸实训用台式计算机

（1）了解拆机、装机的注意事项，做好充分的拆机前的准备工作（包括工作台和基本工具的准备，十字磁性螺丝刀必不可少）。

（2）为了确保拆机过程中的安全性，操作人员必须仔细阅读操作规程，做好放静电处理，比如用手触摸一下接地的导电体释放掉身上的静电荷。

（3）按照正确的步骤将一台配置完整的计算机拆卸下来，拆卸下来的部件按要求整齐地排列在工作台上，统计螺钉的数量并分类放置。

参考步骤如下：

第 1 步：断开计算机的电源，拔下连接在主机上的鼠标、键盘等外设，注意拔网线时应按住水晶头的卡子，然后打开计算机机箱，如图 1-36 所示。

第 2 步：拔下主板和 CPU 电源。注意在拔下电源插头时应该按住电源插头上的卡子，如图 1-37 所示。

第 3 步：拆卸内存条、显卡和其他板卡。释放掉身上的静电，扳开内存条两边的卡子，将内存条取出，如图 1-38 所示。

第 4 步：用螺丝刀卸下显卡与机箱交合处的螺钉，然后将显卡垂直向上拔出。需要注意的是，大多数显卡插槽都有一个防显卡松动的卡子，拔出显卡前，需要手动将卡子扳开。不同主板的卡子可能不同，扳开时要仔细观察，不要用蛮力，如图 1-39 所示。

第 5 步：拆卸 CPU 风扇，需先拔下风扇电源。然后仔细观察风扇的安装方式，找到相关扣钮和机关，用力均匀拔出，千万不要用蛮力，如图 1-40 所示。

图 1-36　打开计算机的主机箱

图 1-37　拔下主机电源插头

图 1-38　拆卸内存条

图 1-39　拆卸显卡

第 6 步：拆卸 CPU。松开 CPU 插座旁的小拉杆，将 CPU 轻轻向上垂直提起。此时可仔细观察 CPU 和 CPU 插槽的构造，如图 1-41 所示。

图 1-40　拆卸散热器

图 1-41　拆卸 CPU

第 7 步：拆卸光驱和硬盘。拔下光驱、硬盘数据线和电源线（注意拔下时用力要均匀，最好能垂直拔出，避免损坏相关插头），然后松开固定螺钉并将光驱和硬盘从机箱上取出，如图 1-42 所示。

第 8 步：拆卸主板。先拔下连接在主板上的各信号线，拔下时要注意记着各信号线的插接位置，留意信号线上的标识，以及主板信号线插孔的标识，最好能记在本子上，避免安装时出错。然后用螺丝刀卸下主板固定螺钉，之后将主板轻轻向后拉出，再向上提起即可，如图 1-43 所示。

图 1-42　拆卸光驱和硬盘

图 1-43　拆卸主板

经过以上步骤，一台配置完整的计算机基本拆卸完成，如图 1-44 所示。

图 1-44　拆卸完成的计算机

2. 仔细观察各个主要配件，并记录相关的参数

（1）通过仔细观察，识别各种硬件配件的品牌及型号，确定计算机的实际配置并填写如表 1-1 所示的计算机的硬件配置信息表。

表 1-1 计算机的硬件配置信息表（参考：品牌 + 型号）

序 号	名 称	品牌及型号
1	主板	
2	处理器	
3	内存	
4	硬盘	
5	光驱	
6	软驱	
7	显示卡	
8	显示器	
9	网卡	
10	声卡	
11	机箱	
12	电源	
13	键盘	
14	鼠标	

（2）仔细观察各个配件的外部特征和表面标识，并将这些配件的主要性能参数——列出。

①主板：要求辨别主板板型、CPU 接口、北桥芯片型号、南桥芯片型号、内存插槽类型及数量、ISA.PCI 总线插槽数量、显卡插槽类型、声音处理芯片（集成声卡）、网络控制芯片（集成网卡）、EIDE 接口的数量、编号及针脚数、BIOS 厂家及日期、ATX 电源插座、CMOS 电池、CMOS 跳线、其他外部接口。

②处理器：包括品牌、型号、主频、二级高速缓存、前端总线频率、产品序列号。

③内存：包括适用的类型、品牌、类型、工作频率、容量、是否带 ECC 校验。

④显示卡：包括显卡品牌及型号、GPU 芯片品牌及型号、接口类型、显存类型、容量及规格。

⑤显示器：包括显示器品牌、型号、尺寸、类型（CRT 或 LCD 液晶）、认证标记。

⑥硬盘：主要包括硬盘的品牌、型号、容量、转速、接口类型（EIDE、串口）等。

⑦光驱：包括光驱品牌、类型（CD-ROM、DVD-ROM）、光驱倍速、接口类型。

⑧声卡和网卡：如果主板集成声卡，请列出主板集成的芯片型号信息。

⑨机箱：主要包括机箱的品牌、结构类型（AT、ATX 或 BTX）、立式或者卧式等。

⑩电源：品牌、类型（AT、ATX 或 BTX）、型号、额定功率、通过的安全认证等。

（3）认真阅读主板说明书，详细了解主板的性能参数以及各种跳线、开关的含义和设置方法。

说明：这里暂不做装机过程安排，后面的项目中将介绍计算机的装机方法和步骤。

任务小结

本任务通过对台式计算机进行拆卸，近距离接触了计算机的各个硬件配件，通过观察，列出计算机的配置清单，并从产品的表面标识，了解了各配件的详细信息。

项目总结

本项目首先探究了世界上第一台电子计算机 ENAIC 的由来，简单介绍了冯·诺依曼理论体系的要点，回顾了计算机的发展历程，介绍了计算机系统的体系结构，然后了解了计算机系统的基本类型以及计算机系统的应用领域等。

通过两个实践任务的完成，让读者掌握了获取计算机配置信息的方法，并通过拆卸一台配置完整的台式计算机，加深了对台式计算机的各主要功能部件的印象，并通过识别产品外观标识，确定了计算机的详细配置信息。这只是完成自助装机的第一步。

自测题

一、单项选择题

1. 世界上第一台电子计算机是（   ）年研制成功的。

A. 1936   B. 1946   C. 1956   D. 1949

2. 第一台电子计算机的名字是（   ）。

A. UNIVAX   B. Z70   C. PDP7   D. ENIAC

3. 按照计算机使用的元器件，从诞生到现在，计算机经历了（   ）个阶段。

A. 4   B. 5   C. 3   D. 6

4. 世界上第一台通用微型计算机 ALTAIR 8800 于（   ）年正式发布。

A. 1946   B. 1963   C. 1975   D. 1978

5. 从第一代计算机到第三代计算机，硬件部分都是由运算器、控制器、存储器、输入设备和输出设备等构成的，这种体系结构我们称之为（   ）体系结构。

A. 艾伦·图灵   B. 罗伯特·诺依斯   C. 比尔·盖茨   D. 冯·诺依曼

6. 第三代计算机采用的主要元器件是（   ）。

A. 电子管   B. 晶体管   C. 集成电路   D. 超导元件

7. 我们所说的 32 位计算机，通常是指这种计算机的 CPU（   ）。

A. 是由 32 个运算器组成的   B. 能够同时处理 32 位二进制数据的运算

C. 包含 32 个寄存器   D. 一共有 32 个运算器和控制器

8. 我们通常所说的"裸机"是指（   ）。

A. 只安装有操作系统的计算机   B. 不带输入输出设备的计算机

C. 没有安装任何软件的计算机   D. 计算机主机部分暴露在外面

9. Intel 的 Pentium 4 处理器是（   ）位的处理器。

A. 16   B. 32   C. 64   D. 128

10. 表示计算机存储容量的单位有 KB、MB、GB 和 TB，其中 1GB =（　　　）MB。

A. 1 000   B. 100   C. 10   D. 1 024

二、多项选择题

1. 计算机系统是由（　　　）组成的。

A. 硬件系统   B. 操作系统   C. 主机   D. 软件系统

2. 计算机的软件系统包括（　　　）。

A. Windows   B. Microsoft Office   C. 系统软件   D. 应用软件

3. 相比台式计算机，笔记本电脑的优点包括（　　　）。

A. 便于携带   B. 性价比更高   C. 寿命更长   D. 功耗更低

4. 服务器的英文名称为 Server，指某些高性能的计算机，它具有以下特点：（　　　）。

A. 必须应用在网络环境中才能真正地发挥其作用

B. 其硬件资源丰富，能够通过网络为客户端计算机提供资源共享服务

C. 相比普通的计算机，其稳定性、安全性、性能等方面要求更高

D. 由于其价格昂贵，所以一般应用于企业网络中

5. 按照微型计算机的硬件组成结构，我们可以将智能手机的屏幕看成是（　　　）。

A. 存储器   B. 控制器   C. 输入设备   D. 输出设备

三、判断题

1. 20 世纪 60 年代的计算机，其主要使用的元器件是晶体管。   （　　　）

2. 计算机的存储容量是以二进制位（bit）为基本单位的。   （　　　）

3. 摩尔定律由英特尔（Intel）创始人之一戈登·摩尔（Gordon Moore）提出，意为当性能和价格不变的前提下，集成电路上可容纳的晶体管数目，每隔 18 个月便会增加一倍。   （　　　）

4. 现代微型计算机中的 CPU 就相当于冯·诺依曼结构体系中的运算器。   （　　　）

5. 作为普通用户，在购买计算机时最关心的是性价比。   （　　　）

四、简答题

1. 简述冯·诺依曼理论体系的要点。

2. 简述服务器与工作站的区别。

项目二
根据实际需求配置台式计算机

项目情境

DIY 购机的关键：合理选购台式计算机的各种配件

在对计算机有了一定程度的了解后，小强迫不及待想到电脑城去逛一逛。他心想：这回应该不算是"外行看热闹"了，至少市场上的这些产品是什么，外观长什么样，他大概已经知道了。至于价格，问一问经销商就知道了。可是让他没有想到的是，逛了一趟电脑城，虽然有了一些收获，但他觉得自己还是存在很多认识上的盲区，自然就少了几分自信。

老师知道他的情况后，专门找到他，并告诉他：主动到市场上去走一走是好的，至少可以知道市场的主流产品及实时的行情，但他在市场上看到的这些产品未必比网上看到的更全面；另外，计算机不是一般的商品，尤其是台式计算机，整套配置包含很多配件，在购买这些配件的过程中，需要了解的知识还很多，而且因为各种配件的品牌、型号繁多，性能表现各异，所以在配置计算机的过程中要讲究各种配件之间的合理匹配，否则就可能出现失衡，配置不合理的情况。

学习目标

◆熟悉计算机硬件系统的基本组件及其作用；

◆理解计算机各主要部件的性能指标及含义；

◆掌握计算机各主要部件的选购方法和技巧；

◆掌握计算机各主要部件间的相互匹配关系。

技能要求

◆能够正确识别台式计算机中的各种硬件配件；

◆能够根据实际的应用需求制定合理的台式计算机配置方案；

◆能够根据既定的配置方案购置计算机的配件。

相关知识

一、中央处理器

CPU（Central Processing Unit）是中央处理器的简称，它是微型计算机的核心部件，是安装在计算机主板上的一块超大规模的集成电路，其外观如图 2-1 所示。CPU 是微型计算机的运算部件（Core）和控制核心（Control Unit），其主要功能是解释和执行计算机指令以及完成各种算术和逻辑运算，处理计算机软件中的数据。CPU 的内部由运算器、控制器、寄存器组和各种总线等构成，从某种意义上，CPU 的性能直接决定微型计算机整机的性能。

防误插缺口　　　　　　　　　　　　　　　　　　　　　防误插缺口

参数标识面　　　　　　　　　　　　　　　　　　　　　CPU 安装面

产品条形码

防误插标记　　　　　　　　　　　　　　　　　　　　　防误插标记

图 2-1　CPU 的外观图

（一）CPU 的发展历程

从 CPU 的诞生到现在，不过短短几十年的时间，但是其产品系列非常丰富，更新换代非常频繁。可以说，CPU 的技术进步始终引领着信息时代发展的步伐。

可以预见，未来的 CPU 产品分类将会更加细化，不同的设备配置不同类型的处理器，更快的运算速度、更先进的集成工艺、更好的多媒体处理性能以及更低的功耗是 CPU 的未来发展趋势。

拓展知识

CPU 的发展历程

（二）CPU 的工作原理

CPU 作为微型计算机中用于执行程序和进行数据处理的核心部件，其内部结构可以分为控制逻辑、运算单元和存储单元（包括内部总线及缓冲器、寄存器）等三大模块。

CPU 的工作过程就像一个工厂对于产品的加工过程：进入工厂的原料（程序指令），经过物资分配部门（控制单元）的调度分配，被送往生产线（运算单元），生产出的成品（处理后的数据）再存储在仓库（存储单元）中，最后等着拿到市场上去交易（交由应用程序使用）。

存储于计算机中的程序，其基本组成单位是指令，而每条指令又可以包含许多操作。CPU 的主要工作就是按照程序执行的顺序，取出一条指令，并分析指令的功能，然后按顺序执行该指令所要求完成的所有操作，这样一条指令就执行完成了。接下来，CPU 的控制单元又将通过程序地址计数器 PC 找到下一条指令所在的存储单元地址，指令寄存器再读取下一条指令，经过上述分析指令功能并执行指令规定操作的过程，执行完该指令。如此周而复始，直到整个程序执行完成。程序运行的结果将通过输出通道送到显示器或打印机等外围设备进行处理。

为了保证每一步的操作按规定的时间发生,CPU 需要一个时钟信号控制 CPU 所执行的每一个动作。这个时钟就像一个节拍器,它不停地发出脉冲,以决定 CPU 的步调和处理时间,这就是我们所熟悉的 CPU 的标称速度,也称为主频。主频数值越高,表明 CPU 的工作速度越快。

(三)CPU 的主要性能指标

了解 CPU 的性能指标及相关术语,对于认识并合理选购 CPU 有很大帮助。使用 CPU-Z 软件检测到的某个型号的 CPU 详细性能指标如图 2-2 所示。

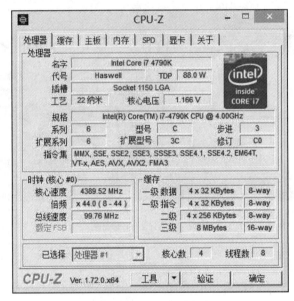

图 2-2　CPU 的性能指标

1. 主频

CPU 的主频是指 CPU 内核(整数和浮点运算器)电路的实际工作频率。在 Intel 80486 DX2 诞生之前,CPU 的主频与外频相等,从 Intel 80486 DX2 开始,基本上所有的 CPU 主频都等于外频乘以倍频系数。CPU 主频越高,CPU 的运算速度就越快。

2. 外频

外频即 CPU 的外部时间频率(单位为 MHz 或 GHz),它是主板为 CPU 提供的基准时钟频率。目前绝大多数计算机系统中,外频也是内存与主板之间的同步运行速度,所以外频越高,CPU 就可以同时接收更多来自外围设备的数据,从而使整个系统的速度进一步提高。

3. 前端总线频率

前端总线(Front Side Bus)连接着 CPU 与北桥芯片,负责它们之间的数据传输,前端总线频率直接影响 CPU 与内存之间的数据交换速度。在选择主板与 CPU 时,两者支持的前端总线频率一致才能系统正常工作。

4. 字长

CPU 字长是指 CPU 在单位时间内(同一时间)能一次处理的二进制数的位数,与 CPU 内部数据总线的宽度是一致的，通常在 PC 中，CPU 的字长为 16 位（早期）、32 位和 64 位等。现在市场主流 CPU 的字长都是 64 位的，字长越长，表明 CPU 的数据处理能力越强。

5. 地址总线宽度

地址总线宽度决定了 CPU 可以访问的物理地址空间。简单地说，就是 CPU 到底能够使用多大容量的内存。80386 以上的计算机，地址总线的宽度为 32 位，最多可以直接访问 4 GB 的物理空间，64 位的处理器在理论上可以达到 1 800 万 TB（1 TB=1 024 GB）。

不过具体寻址能力与芯片型号有关，64 位 CPU 并不一定使用 64 位地址总线。

6. 内存总线速度

内存总线速度（Memory-Bus Speed）就是系统总线速度，一般等同于 CPU 的外频。由于 CPU 和内存在速度方面存在较大差异，所以使用二级缓存来协调二者之间的差异，内存总线速度是指 CPU 二级缓存和内存之间的通信速度。

7. 工作电压

CPU 的工作电压是指 CPU 在正常工作时所需要的电压。早期的 CPU 只能工作在 5 V 的电压下工作，而后期推出的主频为 75 MHz 以上的 Pentium CPU 均可以在 3.3~3.6 V 的电压下工作。Pentium 4 的核心工作电压为 1.75 V 和 1.5 V，很大程度地降低了 CPU 的发热量。而现在市场主流的 CPU，工作电压更低，有效地降低了 CPU 的热功耗。

8. 核心数量

过去的 CPU 只设计了一个核心电路，但随着集成电路技术的发展，现在的 CPU 内部有 2 个、3 个、4 个、6 个甚至是 8 个核心。多核心 CPU 的性能优势主要体现在多任务的并行处理方面，即同一时间处理两个或多个任务，但这个优势需要软件优化才能体现出来。

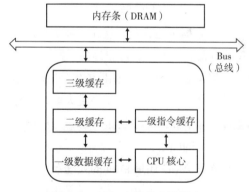

9. 高速缓存容量

有用户认为，CPU 内部的高速缓存（见图 2-3）容量越大，CPU 访问主存的速度就会变得越快，系统性能也就越强。其实这个说法有一定道理，但描述不够准确。

图 2-3　CPU 内部的高速缓存

10. 扩展指令集

CPU 的性能可以用工作频率来衡量，而 CPU 的强大功能则依赖于其所支持的指令系统。新一代的 CPU 产品中，都需要增加新指令，以增强 CPU 的功能。

指令系统决定了一个 CPU 能够运行什么样的程序，因此，支持的指令越多，CPU 功能越强大，如 Intel CPU 支持的 MMX、SSE、SSE2、SSE3 以及 AMD CPU 支持的 3D Now! 等扩展指令集。

11.CPU 生产工艺

在商家介绍 CPU 性能时，经常会提到"生产工艺"，如 65 nm 和 22 nm 等，一般来说，用

拓展知识

各级缓存
性能比较

于标识 CPU 生产工艺的数据越小，表明 CPU 生产技术越先进。

目前，生产 CPU 主要采用 CMOS 技术，采用这种技术生产 CPU 的过程中，用"光刀"加工各种电路和元器件，并在金属铝沉淀到硅材料上后，用"光刀"刻成导线连接各元器件。精度越高表示生产工艺越先进，因为精度越高则表示可以在同样体积的硅材料上生产出更多的元件，所以加工出的连接线越细，这样生产出的 CPU 的工作主频便可以更高。

现在流行的 CPU（如 Intel 的 i3、i5、i7、i9 系列）生产工艺已达到 22 nm 甚至以下，可见其生产工艺的先进性。

12. 热设计功耗（TDP）

TDP 是指 CPU 的最终版本在满负荷情况下可能会达到的最高散热热量。目前主流 CPU 的 TDP 值有 15 W、35 W、45 W、55 W、65 W、77 W、95 W、100 W 和 125 W。

拓展知识

超线程
技术

（四）市场主流 CPU 介绍

CPU 的生产厂商主要有 Intel、AMD. 威盛（VIA）、龙芯（loongson），不过目前市场上销售的主要还是 Intel 和 AMD 两家公司的产品。

目前 Intel 公司的产品分为酷睿 i9、酷睿 i7、酷睿 i5、酷睿 i3、奔腾、赛扬、Xeon W 和 Xeon E 等几个不同的系列，而且每个系列均有不同的型号。

而 AMD 公司的产品则分为 Ryzen、ThreadripperRyzen、9Ryzen、7Ryzen、5Ryzen、3APU 和推土机 FX 等几个不同的系列，而且每个系列均有不同的型号。

（五）CPU 的选购指南

CPU 自诞生之日起到现在，经历短短几十年的时间，其产品更新的频率非常高，几乎每 3 个月推出一代新品，技术发展得非常快，如今已进入多核心多线程时代。对于 CPU 的选购，要考虑多方面的因素，但关键还是要看应用。CPU 不像一般的商品，在选购时，不要太过盲目，要量力而行，只选对的不选贵的。另外，有必要提醒大家，要注意 CPU 与其他配件的合理搭配，再高端的 CPU 搭配一般的主板、显卡和内存等配件，也不能充分发挥计算机的综合性能。在选购 CPU 时，建议大家多考虑以下几个方面的问题：

1. 选择 AMD 还是 Intel 的处理器

这个问题可能是很多装机者最头疼的问题之一。从技术层面讲，Intel 追求高主频；而 AMD 追求的是高效率，一般主频不高，L1 Cache 比较大，这样更具执行效率。Intel CPU 适合长时间开机的办公计算机。

拓展知识

CPU 性能
天梯

AMD 的 CPU 在三维制作、游戏应用、视频处理等方面相比同档次的 Intel 处理器有优势，而 Intel 的 CPU 则在商业领域、多媒体应用、平面设计方面有优势。

据统计，在三维游戏制作中，Intel CPU 比同档次的 AMD CPU 慢 20%，且 3D 处理是弱项，但是在视频解码和视频编辑方面，Intel CPU 比 AMD CPU 快 20%。

在性能方面，同档次的 Intel 处理器整体来说可能比 AMD 的处理器要有少许优势。

在价格方面，AMD 由于 L2 Cache 小，所以生产成本更低，因此，在市场货源充足的情况下，AMD CPU 比 Intel 同档次的 CPU 的价格低 10%~20%。

2. 选择散装还是盒装

从技术角度而言，盒装和散装 CPU 并没有本质的区别，在质量上是一样的。从理论上来说，盒装和散装产品在性能、稳定性以及可超频潜力方面不存在任何差距，主要差别在质保时间的长短以及是否带散热器。

一般而言，盒装 CPU 的保修期要长一些（通常为 3 年），而且附带有一只质量较好的散热风扇；而散装 CPU 一般的质保时间是一年，而且不带散热风扇。

3. 选购产品的时机

通常一款新的 CPU 刚刚上市时，其价格一般会很高，而且技术也未必成熟。此时除非非常需要，否则大可不必追赶潮流去花更多的钱。只要过半年左右的时间便可以节省一笔可观的开支，所以购买时最好选择推出半年到一年以上的 CPU 产品。

4. 预防购买假的 CPU

一般应注意下面的几点：

（1）看水印字。Intel 处理器包装盒上包裹的塑料薄膜使用了特殊的印字工艺，薄膜上的 Intel Corporation 的水印文字非常牢固，很难将其刮下来；而假盒装上的印字就不那么牢固，很容易就能将字迹变淡或刮下来。

（2）看激光标签。真正盒装处理器外壳左侧的激光标签采用了四重着色技术，层次丰富、字迹清晰；假货则做不到。

（3）电话查询。盒装标签上有一串很长的编码，可以通过拨打 Intel 的查询热线查询产品的真伪。

二、主板

主板（Main Borad）又称母版（Mother Board），或系统板（System Board），如图 2-4 所示。它是计算机内各部件的载体，也是各部件间相互通信的桥梁。

图 2-4　计算机主板

主板采用开放式结构，一般都有 6~15 个扩展插槽，供 PC 外围设备的控制卡（适配器）连接。通过更换这些板卡，可以对微机的相应子系统进行局部升级，使厂家和用户在配置机器时有更大的灵活性。总之，主板在一个微机系统中扮演着举足轻重的角色。可以说，主板的类型和档次决定着整个微机系统的类型和档次，主板的性能影响着整个微机系统的性能。

（一）主板的分类

1. 按照结构分类

（1）AT 结构的主板。如图 2-5 所示，这种类型的主板因 IBM PC/AT 微机首先使用而得名，后期部分 486、586 主板也采用 AT 结构布局。这种主板与现在的主板相比，最大的不足就是不能实现软关机（自动关机）。这种结构的主板必须配备 AT 标准电源（见图 2-6）。

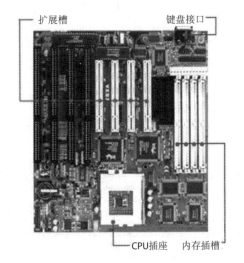

图 2-5　AT 结构的主板

图 2-6　AT 标准电源

图 2-7　Baby AT 结构的主板

AT 主板上市后不久又出现了 Baby-AT 结构的主板（见图 2-7），它的尺寸更为小巧一些。随着时代的发展及主板技术的进步，AT 系列结构的主板已遭淘汰。

（2）ATX 结构主板。1995 年，Intel 公司公布了扩展 AT 主板结构，即 ATX（AT Extended）主板标准。符合 ATX 标准的主板是 AT 主板的改进型，它对主板上元件布局进行了优化，有更好的散热性和集成度，提高主板的兼容性和可扩展性，增强了电源管理功能，真正实现软件开 / 关机。这种主板需要配合 ATX 机箱使用，是当前市场的主流产品。ATX 主板及电源接口如图 2-8 所示。

ATX 主板配套的 ATX 电源如图 2-9 所示。同样，在 ATX 结构主板推出后不久，又衍生出了 Micro-ATX 结构的主板，专门用来满足某些品牌机或小型计算机使用。

（3）BTX 结构的主板。BTX 是 Intel 公司提出的新型主板架构 Balanced Technology Extended 的简称，是 ATX 结构的替代者，这类似于前些年 ATX 取代 AT。革命性的改变是新的 BTX 结构的主板能够在不牺牲性能的前提下做到最小的体积。系统结构将更加紧凑，针对散热和气流的运动，对主板的线路布局进行了优化设计；主板的安装将更加简便，机械性能也将经过最优化设计。BTX 结构主板和 BTX 标准电源如图 2-10 所示。

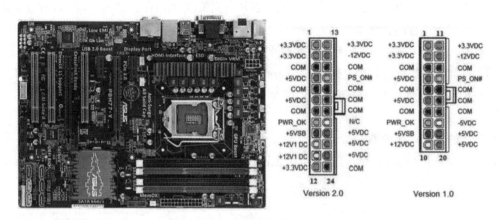

图 2-8　ATX 主板及电源接口

图 2-9　ATX 主板配套电源

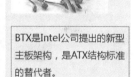

BTX是Intel公司提出的新型主板架构，是ATX结构标准的替代者。

图 2-10　BTX 结构主板和 BTX 标准电源

2. 按主板工艺分类

主板是一块印制电路板（PCB），一般采用四层或六层设计。相对而言，为了节省成本，低档主板多为四层板：主信号层、接地层、电源层、次信号层。六层板则增加了辅助电源层和中间信号层，因此，六层 PCB 的主板抗电磁干扰能力更强，主板的性能也更加稳定。

3. 按主板支持的 CPU 分类

（1）支持 Intel 系列 CPU 的主板。主板上 CPU 接口的类型决定了主板对 CPU 的支持。支持 Intel 系列 CPU 的主板其 CPU 接口类型从早期的 Socket 370（810、815 系列主板）、Socket 478（845、865 系列主板）、LGA 775（915、945、965、G31、P31、G41 及 P41 系列主板）发展到今天的 LGA 1156（H55、H57、P55、P57、Q57 系列主板）、LGA 1155（H61、H67、P67 系列主板）、LGA 1366（X58 系列主板）、LGA 1151（市场主流主板）和 LGA 1200（支持 Intel 高端 CPU 的主板），接口类型比较丰富，涉及所有不同品牌的主板。

（2）支持 AMD 系列 CPU 的主板。支持 AMD 系列 CPU 的主板，其 CPU 接口类型主要有 Socket AM2（770、780G、785G、790GX 系列主板）、Socket AM2+（同 AM2）、Socket AM3（870G、880G、

890GX、890FX 系列）、FM1（A55、A75 系列）和 Socket AM4 等。

在购买主板和 CPU 时，必须保证二者的接口类型一致，否则就会导致不匹配的情况发生。

4. 按逻辑控制芯片组分类

主板上集成的芯片组（这里主要指南、北桥芯片）对 CPU、内存、显卡、高速缓存和 I/O 总线起控制作用，相当于主板的管理和控制中心，对各个部件的工作及相互间的通信起协调作用，也是主板的核心和灵魂，芯片组在计算机中起着举足轻重的作用，因此常常按照芯片组对主板进行分类。

市场上每推出一款新的 CPU，都会有厂商推出与之匹配的控制芯片组，以供主板的生产厂商使用。芯片组的生产厂商主要有 AMD.Intel、NVIDIA 和 VIA 等公司，可以根据各个公司生产的芯片组的型号区别不同的主板。

5. 按主板的生产厂商分类

芯片组的生产厂商虽然屈指可数，但主板的生产厂商却有很多。常见的主板生产厂商如图 2-11所示。

图 2-11　常见的主板生产厂商

在这里，重点介绍三个较高知名度的主板品牌，分别是华硕（ASUS）、微星（MSI）和技嘉（GIGABYTE）。

华硕是全球第一大主板生产商，也是公认的主板第一品牌，一直以"华硕品质、坚若磐石"的宣传口号来打动消费者，产品的整体性能强劲，设计也颇具人性化，开发了许多独特的超频技术，华硕主板的稳定性一直备受用户推崇，高端主板尤其出色，同时其价格也是最高的。

微星的出货量位居世界前五，一年一度的校园行令微星在大学生中颇受欢迎。其主要特点是附件齐全而且豪华，但超频能力不算出色。

技嘉与微星不相上下，以华丽的做工而闻名。技嘉的产品在玩家中有很高的声誉，后期产品也一改以前超频能力不强的形象，成为 DIYER 们喜爱的品牌，产品也非常有特色，附加功能较丰富。

（二）主板的组成结构

主板是微型计算机主机箱内最大的一块电路板，在主板上有非常密集的电路和非常丰富的硬件资源，它提供了与主机各硬件部件相连接的接口，同时也提供了与各种外设连接的接口。图 2-12 所示为华硕 PRIME B250-PLUS 主板。

华硕 PRIME B250-PLUS 主板详细的参数如表 2-1 所示。

表 2-1　华硕 PRIME B250-PLUS 主板的详细参数

主板芯片	集成芯片	声卡 / 网卡
	芯片厂商	Intel
	主芯片组	Intel B250
	芯片组描述	采用 Intel B250 芯片组
	显示芯片	CPU 内置显示芯片（需要 CPU 支持）
	音频芯片	集成 Realtek ALC887 8 声道音效芯片
	网卡芯片	板载 Realtek RTL8111H 千兆网卡
处理器规格	CPU 平台	Intel
	CPU 类型	第七代 / 第六代 Core i7/i5/i3/Pentium/Celeron
	CPU 插槽	LGA 1151
	CPU 描述	支持 Intel 14nm 处理器
	支持 CPU 数量	1 颗
内存规格	内存类型	4 × DDR4 DIMM
	最大容量	64 GB
	内存描述	支持双通道 DDR4 2400/2133 MHz 内存
扩展插槽	PCI-E 标准	PCI-E 3.0
	PCI-E 插槽	2 × PCI-E X16 显卡插槽，2 × PCI-E X1 插槽
	PCI 插槽	2 × PCI 插槽
	存储接口	2 × M.2 接口，6 × SATA III 接口
I/O 接口	USB 接口	1 × USB3.1Type-C 接口，4 × USB3.0 接口（2 内置 +2 背板），6 × USB2.0 接口（2 内置 +4 背板）
	视频接口	1 × VGA 接口，1 × DVI 接口，1 × HDMI 接口
	电源接口	一个 8 针，一个 24 针电源接口
	其他接口	1 × RJ45 网络接口，3 × 音频接口，1 × PS/2 键鼠通用接口
板型	主板板型	ATX 板型
	外形尺寸	30.5 × 21.8 cm
软件管理	BIOS 性能	1 × 128Mb Flash ROM，UEFI AMI BIOS，PnP，DMI3.0，WfM2.0，SM BIOS 3.0，ACPI 5.0，多国语言 BIOS，ASUS EZ Flash 3，CrashFree BIOS 3，F11 EZ Tuning Wizard，F6 Qfan Control，F3 收藏夹，历史记录，F12 截屏，F3 快捷键功能以及 ASUS DRAM SPD（Serial Presence Detect）内存信息

其他参数	多显卡技术	支持 AMD CrossFireX 混合交火技术 支持 AMD 3-Way CrossFireX 三路交火技术 支持 AMD 4-Way CrossFireX 四路交火技术
其他参数	供电模式	六相
	上市日期	2017 年 1 月
主板附件	包装清单	主板 ×1、使用手册 ×1、驱动光盘 ×1、I/O 背板 ×1、SATA 6.0Gb/s 线 ×4、PRO GAMING 线缆标签 ×1、M.2 螺丝 ×1

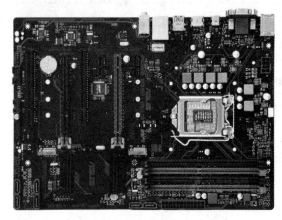

图 2-12　华硕 PRIME B250-PLUS 主板

下面以华硕 PRIME B250-PLUS 主板为例，介绍主板的结构。

1. 主板的控制芯片组

主板控制芯片组（以下简称芯片组）是以北桥芯片为核心的南、北桥芯片组合，在华硕 PRIME B250-PLUS 主板上的 B250 芯片组是将南、北桥芯片合二为一，构成单芯片组，如图 2-13 所示。一般情况下，主板的型号是以北桥芯片的型号为主要标识的，例如，华硕 PRIME B250-PLUS 主板，其中的 B250 就是该主板芯片组的型号。

在南、北桥芯片分立的主板上，北桥芯片主要负责处理 CPU 与内存、显卡等高速部件之间的通信，同时也负责传达 CPU 对南桥芯片的指令，由于其工作强度大，工作过程中的发热量会比较大，因此，主板上的北桥芯片通常需要加装散热片进行有效散热；南桥芯片主要负责硬盘、光驱、BIOS 芯片以及其他低速外设之间的数据通信。

芯片组在很大程度上决定了主板的功能和性能。但需要注意的是，由于集成电路技术的进步，CPU 的生产工艺越来越先进，现在部分 CPU 内部已经内置了内存控制器和显卡核心芯片，有效减轻了芯片组的管理负担，因此芯片组可以采取单芯片的方式，即将南、北桥芯片封装到一起，表面上看起来只有一个芯片，但该芯片同时具备南北桥芯片的功能，这样大大提高了芯片组的整合度。

2. 主板的 CPU 接口

在一块主板上承载的最主要的部件就是 CPU，因此在任何一块主板上，都提供了与 CPU 相连的接口，如图 2-14 所示。

主板上的 CPU 接口是主板与 CPU 的匹配项，它决定了一块主板所能支持的 CPU 类型和型号。目前，两大 CPU 的生产厂家（Intel 公司和 AMD 公司）所生产的 CPU 与主板连接时使用的接口有很大区别，所以主板也有支持 Intel 平台和支持 AMD 平台两大阵容。在配置计算机的过程中一定要注意这一点，以免在配机过程中出现差错。

3. 内存和电源接口

主板上也提供了内存接口（现在的主板上内存的接口形式一般都是内存插槽），它一般位于 CPU 插座的附近，靠近 CPU 和北桥芯片下方的位置。图 2-15 所示为华硕 PRIME B250-PLUS 主板的内存插槽，其支持的内存类型为双通道 DDR4 2400/2133 MHz 内存。

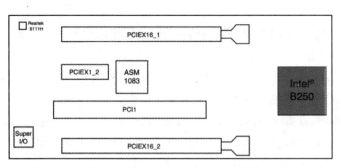

图 2-13　华硕 PRIME B250-PLUS 主板的芯片组

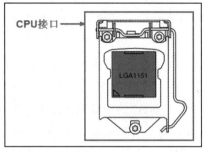

图 2-14　华硕 PRIME B250-PLUS
主板的 CPU 接口

　　主流内存的类型有 DDR1、DDR2、DDR3 和 DDR4 等，它们与主板之间的接口互不兼容，引脚数量及信号排列也有差异。因此，主板上的内存接口是主板与内存的匹配项，它决定了一块主板所能支持的内存类型。这一点也是配置计算机时的参考依据。

　　主机电源为计算机工作提供动力支持，它和计算机主板之间的连接也是通过一个标准接口建立的，我们在图 2-15 中所看到的电源接口，就是标准 ATX 电源的接口。

　　4. 主板上的 BIOS 芯片

　　如图 2-16 所示，现在主板上的 BIOS 芯片是方形封装的只读存储器芯片（一般为 Flash ROM 芯片，兼有 RAM 芯片随机读写和 ROM 芯片非易失性的优点），BIOS 里面存有与该主板搭配的基本输入 / 输出系统程序。能够让主板识别各种硬件，还可以设置引导系统的设备，调整各种接口参数。

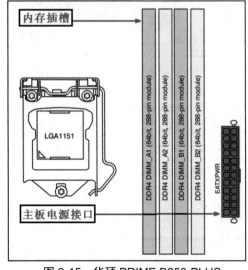

图 2-15　华硕 PRIME B250-PLUS
主板内存和电源接口

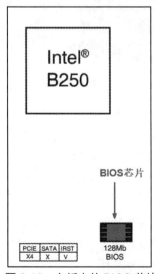

图 2-16　主板上的 BIOS 芯片

　　由于 BIOS 芯片是可以写入的，这方便用户更新 BIOS 的版本，以获取更好的性能及对计算机最新硬件的支持，当然不利的一面是：也会让诸如 CIH 病毒在内的攻击性病毒获得乘虚而入的机会。目前很多主板厂商使用双 BIOS 芯片来提高安全性。

5. 主板总线扩展接口

（1）PCI 2.0 插槽。PCI 插槽多为乳白色，如图 2-17 所示。这种插槽可以连接软 Modem、独立声卡、独立网卡、故障检测卡、多功能卡等设备。

（2）PCI Express 插槽。在传输速率方面，PCI Express 总线利用串行的连接特点能轻松将数据传输速度提到一个很高的频率，达到远超出 PCI 总线的传输速率。

PCI Express 的接口根据总线位宽不同而有所差异，包括 X1、X4、X8 以及 X16（X2 模式将用于内部接口而非插槽模式），其中 X1 的传输速率为 250 MB/s，而 X16 就是等于 16 倍于 X1 的速度，即是 4 GB/s。现在显卡的接口多为 PCI Express 接口类型。

6. 硬盘和光驱接口及主机箱面板跳线

目前，微型计算机中用于连接硬盘和光驱的常用接口可分为 IDE 接口（并口）和 SATA 接口（串口）。其中，IDE 接口又称 ATA 端口，在 386、486 时期非常流行；而 EIDE 接口是 IDE 接口的改进类型；在一些比较新的主板上，开始逐渐用 SATA 接口取代 IDE 接口，但 SATA 接口取代 IDE 接口是逐步进行的，过渡时期出现的主板上，两种接口兼而有之，其中 SATA 接口用于连接数据传输速率高的硬盘，而保留的 IDE 接口主要用于连接并行接口的光驱；随着时间的推移，光驱接口也得到了改进，现在一些新的主板上 SATA 接口彻底取代了 IDE 接口。硬盘和光驱接口如图 2-18 所示。

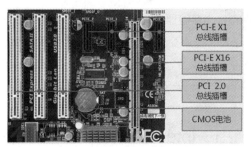

图 2-17　主板的总线扩展接口　　　　图 2-18　硬盘和光驱接口

SATA 接口是由 Intel、IBM、Dell、APT、Maxtor 和 Seagate 公司共同提出的硬盘接口规范，到目前为止，已经出现 SATA 1.0、SATA 2.0 和 SATA 3.0 等三个版本。其中，SATA 1.0 规范将硬盘的外部传输速率理论值提高到了 150 MB/s，有效突破了 IDE 接口的速度瓶颈。SATA 2.0 和 SATA 3.0 规范更是将硬盘的外部数据传输速率分别提高到了 300 MB/s 和 600 MB/s。

7. 集成的音效芯片

主板上集成的音效控制芯片（见图 2-19）相当于一块声卡，用户无须外接独立声卡，便可以享受到双声道立体声的音乐效果，现在有些高端主板上甚至集成了 5.1 声道的声卡。

8. 集成的网络控制芯片

如图 2-20 所示，主板集成的网络控制芯片 RTL 8111B 相当于 Realtek 公司生产的千兆位网卡，为网络通信提供了方便。

9. 集成的 I/O 控制芯片

主板 I/O 控制芯片的功能是提供对键盘、鼠标、并口、串口、游戏摇杆等设备的支持，新型 I/O

芯片还具备各种监控及保护功能。目前常见的 I/O 控制芯片主要有华邦电子（Winbond）的 W83627 EHF、W83627THF、联阳科技（iTE）的 IT8712F 等，如图 2-21 所示。

图 2-19 主板集成的音效芯片

图 2-20 主板集成的网络控制芯片

10. 主板连接外设的接口

现在市场的主流主板后面都提供了较为丰富的接口，包括音频接口 RJ-45 接口、USB 接口、PS/2 接口、COM 接口、LPT 接口，有的主板甚至还提供了 eSATA.HDMI、TYPE-C 等接口，如果 CPU 内部集成图形处理芯片或主板集成显卡，那么主板后面还会提供 VGA 或 DVI 接口等。华硕 PRIME B250-PLUS 主板连接外设的接口如图 2-22 所示。

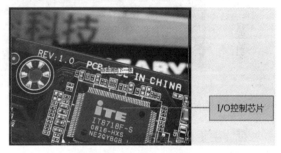

图 2-21 主板集成的 I/O 控制芯片

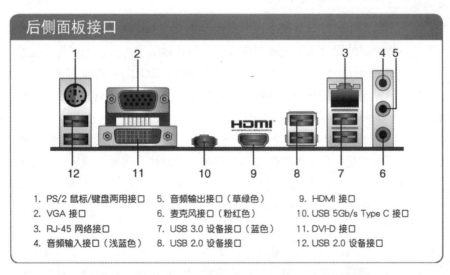

图 2-22 华硕 PRIME B250-PLUS 主板连接外设的接口

（三）主板的选购要点

1. 与 CPU 的匹配性

用户在选购主板时，首先要考虑在主板上搭载什么样的 CPU，CPU 接口类型与主板上提供的 CPU 插座类型是否一致（见图 2-23）。如果不一致，两者根本无法匹配，所以一定要注意观察主板的外观或阅读主板说明书，尤其要注意主板与其他重要部件的接口类型。

2. 选择芯片组

芯片组是主板上最重要的组件，也是主板的"灵魂"。不同的主板生产厂家如果采用同样的控制芯片组，那么主板的功能大致都差不多。主要区别在于：不同的主板生产厂家在产品做工质量、元器件的选用、主板上集成资源的数量和接口类型有一定区别，所以产品的价格也有一定差异。一般主板的型号标识里面就包含了芯片组的型号，如图 2-24 所示。这也间接地说明了芯片组对于一块主板的重要性。

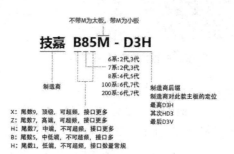

图 2-23　CPU 的接口类型与主板上
提供的 CPU 插座类型

图 2-24　技嘉某型号主板的型号标识

目前主要有四家公司生产主板芯片组，它们分别是 Intel、VIA.SIS 和 ALI。Intel 公司的控制芯片组在性能、兼容性和稳定性方面比较领先，不过价格也比同档次的另外三家公司的产品要贵。

3. 稳定性和兼容性

能够长期稳定的工作是用户对计算机主板最基本的要求，也是首要的考察指标。对主板稳定性影响最大的因素除了整体电路的设计水平之外，就要看用料和做工了。但由于现在主板设计方面能够自由发挥的余地越来越小，因此，稳定性主要还是取决于用料和做工。一块偷工减料严重的主板是不可能在稳定性方面完全满足用户的需求的，如果连稳定性都无法保证，其他方面做得再好，也无法得到用户更多的认可。

如果一块主板在搭配使用某些配件或运行部分软件时工作非常稳定，而换成另外的配件或软件时，就频频出现故障或者根本不能工作，这样的主板就存在"兼容性"问题。兼容性不好的主板，有时候会给用户带来很大的困扰，让人很难判断到底是硬件出了问题还是由于自己的操作失误造成了计算机出现故障。因此，应将"兼容性"和"稳定性"放在一起进行考察。

4. 主板的扩充能力

随着时代的发展和科技的进步，计算机主板上连接的设备越来越多，系统软件和大型应用软件对计算机硬件的要求也越来越高，要保证计算机的正常使用，必须以更高的硬件配置为代价，以适应未来一段时间的发展。因此，能否提供更多的内存插槽以支持更大容量的内存，能否在代价不高的情况下方便硬件的升级，也是在选择主板时要考虑的一个重要因素。这些问题综合起来，反映的其实就是主板的扩充能力问题。由于主板在计算机系统中的重要地位，其扩充能力也就代表了计算机的升级空间。不过，在考察扩充能力的时候，要注意不要矫枉过正，任何事情一旦走过了头，都会走向其反面，有一定的扩充能力就可以了，毕竟计算机是有一定的生命周期的，能够满足用户 5~6 年的正常使用已经算是不错的了。计算机产品的更新换代比较频繁，在这个时代，一台永远被淘汰的计算机是不存在的。

如果一块主板集成的硬件资源较多，在扩展能力方面出较突出，也就意味着采用这种主板的计算机能够做到灵活升级，在被淘汰之前，能够工作更长时间，从而降低用户因为频繁升级而产生的必要支出。

5. 使用的方便性

如今，"DIY"风靡全球，自己动手组装台式计算机的朋友越来越多。显然，大家不可能都是计算机专家。那么，一款好的主板就应该在这方面有所体现，力求设置自动化、简单化，尽量减少操作步骤，降低因操作失误而造成的损失。可以从使用手册、主板附注、BIOS设置等方面考察这项指标。

6. 售后是否方便快捷

大品牌主板一般提供良好的售后服务，官方网站是为用户提供售后服务的一种线上途径，也比较方便。另外，一般大品牌主板在各区域市场都设有一级或二级代理商，售后服务中心遍布各个城市，多渠道地为用户提供售后支持。所以在选购主板时，一般建议倾向大品牌，如英特尔、华硕、微星和技嘉等，这些品牌的主板既能保证产品质量，又能提供良好的售后服务。

7. 尽量追求高性价比

要在满足需求且保证质量和售后的前提下，通过货比三家，寻找到让用户感到称心满意的产品是消费者永远追求的目标。不要为了降低购机成本，而勉强自己去购买那些从来没有听说过的厂家推出的主板，同时也要注意识别主板的防伪标识，避免买到假货。所以，在购买主板时，也要多听听对计算机产品比较熟悉的朋友的意见，以免上当受骗。

三、内存

存储器（Memory）是现代信息技术中用于保存信息的记忆设备。在计算机中，因为有了存储器，才使得计算机具有记忆功能，才能保证计算机的正常工作。

（一）存储器的分类

计算机中的存储器按用途可分为内存（主存储器）和外存（辅助存储器）。"内存"从字面上来理解，就是存在于主机箱以内的存储器，它又分为只读存储器（ROM）和随机存储器（RAM）两种。

只读存储器具有只读特性，可以用来长期保存数据，最大的优点是即使掉电也不会轻易丢失其中已保存的数据，如主板上的BIOS芯片。不过，现在主板上的BIOS芯片普遍采用的都是Flash ROM，如图2-25所示，它兼有ROM和RAM的特点，需要对BIOS进行升级时，可以通过BIOS刷新程序对其中的内容进行更新。不需要升级时，仅仅用作只读存储器，计算机主机关机或断电后仍然能够保证其中的数据不发生丢失。

随机存储器具有随机读写的特性，它又分为SRAM和DRAM，SRAM称为静态随机存储器，它的速度非常快，且价格昂贵，主要用作高速缓存存储器（Cache）。而DRAM称为动态随机存储器，主要用来生产现代计算机中的内存，当

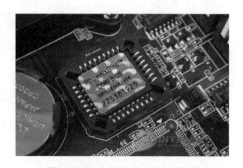

图2-25　主板上的BIOS芯片

然也可以用作硬盘、光驱的缓存以及显卡的显存等。当 DRAM 用作内存时，主要用来存放当前正在执行的程序和数据，当计算机关机或断电时，内存中的数据就会被清空。

外存储器简称外存，从字面上理解，就是指存在于主机箱以外的存储器，但也有例外，比如硬盘，它是外存中的一种，但又必须放在主机以内，以方便对它的保护。

在现代计算机中，外存包括硬盘（分为机械式硬盘和固态硬盘）、光盘、移动硬盘、U 盘和各种存储卡等，如图 2-27 所示。根据其存储原理，它们能够长期保存信息。

图 2-26　台式计算机中的内存

图 2-27　计算机中的外存储器

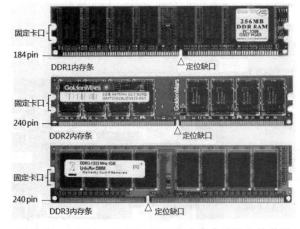

图 2-28　DDR1、DDR2、DDR3 内存在外观上的差异

（二）内存

要学会配置台式计算机，应该把关注的重点放在内存上。目前，微型计算机中所使用的内存主要是 DDR 系列，主要分为 DDR1、DDR2、DDR3 和 DDR4 等四种，它们在内存芯片的封装、引脚的数量、信号的排列以及与主板的接口等方面都有一定的区别。

图 2-28 显示了 DDR1、DDR2 和 DDR3 三代内存在外观上的差异。

图 2-29 显示了 DDR1、DDR2 和 DDR3 三代内存与主板的接口上的差异。

尽管 DDR2 内存和 DDR3 内存在引脚数量上是一样的，但在信号分布以及与主板的接口上还是有区别的（定位隔断所在位置有明显差异），因此，这三种内存互不兼容，在实际配机过程中，不能混用，也不能相互替代使用。

DDR4 内存是新一代的内存规格。三星电子 2011 年 1 月 4 日宣布，已经完成了历史上第一款DDR4 DRAM 规格内存的开发，并采用 30 nm 级工艺制造了首批样品。

DDR1内存条与主板的接口(引脚数量184pin)

DDR2内存条与主板的接口(引脚数量240pin)

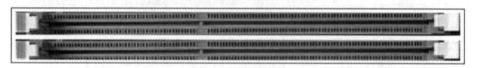

DDR3内存条与主板的接口(引脚数量240pin)

图 2-29　DDR1、DDR2、DDR3 内存与主板的接口上的差异

DDR4 内存相比 DDR3 内存区别如下：

（1）DDR4 内存采用 16 bit 预取机制（DDR3 为 8 bit），同样内核频率下理论速度是 DDR3 内存的两倍。

（2）DDR4 内存具有更可靠的传输规范，数据传输的可靠性进一步提升。

（3）DDR4 内存的工作电压降为 1.2 V，甚至更低，更加节能，更少的用电量和更小的发热，同时也提升了内存的稳定性。

（4）DDR3 内存的起始频率只有 800 MHz，最高频率可达 2 133 MHz；而 DDR4 内存的起始频率有 2 133 MHz，最高频率可达 3 000 MHz。

（5）DDR3 内存的最大单条容量可达 64 GB，而 DDR4 内存的最大单条容量为 128 GB。

（6）DDR3 内存和 DDR4 内存互不兼容，不能一同使用，也无法相互替换。

（三）内存的结构

回顾微型计算机的发展历史，我们了解到计算机中的内存曾经以不同的形式、不同的封装出现在计算机的主机中。但不管怎样，它的作用没有发生改变。

微型计算机中的内存（这里特指主存储器）都是模块化的条装内存，每一根内存上集成了多块内存芯片（也称内存颗粒），同时在主板上也设计相应的内存插槽，这样内存就可以非常方便地安装与拆卸。内存的结构如图 2-30 所示。

1.PCB 板

内存的 PCB 板多数都是绿色的，带有阻焊工艺，并采用多层设计（如 4 层设计或 6 层设计等），其内部也有金属的布线。理论上 6 层 PCB 板比 4 层 PCB 板的电气性能要好，性能也较稳定，所以大品牌内存多采用 6 层 PCB 设计。因为 PCB 板制造工艺较严密，所以从肉眼上较难分辨 PCB 板是 4 层还是 6 层，只能借助一些印在 PCB 板上的符号或标识来断定。

图 2-30　内存的结构

2. 金手指

内存上金黄色的触点是内存与主板内存插槽接触的部分，数据就是靠它们进行传输的，这部分通常称为金手指。

金手指虽然表面镀金，但使用时间长也可能会有一层氧化膜，会影响内存的正常工作，易发生无法开机的故障，所以必要时，可以每隔一年左右的时间用橡皮擦清理金手指上的氧化膜，保证内存与主板间的良好接触。

3. 内存芯片

内存芯片也称为内存颗粒，它是内存的灵魂所在，内存的性能、速度、容量都是由内存芯片决定的。

4. 贴片电容

电容和电阻是内存上必不可少的电子元件，它们的存在对于提高内存的电气性能有较大好处。为了节省内存的空间，电容一般采用贴片式封装。

5. 贴片电阻

内存上的电阻也是采用贴片式封装，一般好的内存电阻的分布规划也很整齐合理。

6. 固定卡口

内存的固定卡口主要作用是当内存插到主板上的内存插槽后，为了保证内存能够固定在主板上且不发生松动，内存插槽的两端设计有两个卡子，这两个卡子分别对准内存两端的固定卡口，扣上后才能保证内存安装固定到位。

7. 卡槽

卡槽即金手指缺口，这种设计一是用来防插错；二是用来区分不同类型的内存，以前的 SDRAM 内存有两个卡槽，而 DDR 内存只有一个卡槽，且 DDR1、DDR2、DDR3、DDR4 代内存卡槽所在位置不一样，所以主板上用于安装内存的内存插槽互不兼容，所以不同规格的内存一般不能混用。

8.SPD

SPD 是一个八脚的 EEPROM 芯片，它的容量为 256 B，可以写入一些信息，这些信息包括内存的标准工作状态、速度、响应时间等，以协调计算机系统更好地工作。从 PC 100 内存时代开始，内存必须安装 SPD，而且主板也可以从 SPD 中读取到内存的信息，并按 SPD 的规定来使内存获得最佳的工作环境。

（四）内存的性能指标

图 2-31 所示为海盗船复仇者 LPX 16GB DDR4 3000（CMK16GX4M1B3000C15）内存。海盗船复仇者 LPX 16GB DDR4 3000（CMK16GX4M1B3000C15）内存的性能参数如表 2-2 所示。

图 2-31　海盗船复仇者 LPX 16GB DDR4 3000（CMK16GX4M1B3000C15）内存

表 2-2　海盗船复仇者 LPX 16GB DDR4 3000（CMK16GX4M1B3000C15）内存的详细参数

	适用类型	台式机
	内存容量	16 GB
	容量描述	单条（16 GB）
	内存类型	DDR4
基本参数	内存频率	3 000 MHz
	传输标准	PC4-240000
	针 脚 数	288 pin
	插槽类型	DIMM
技术参数	CL 延迟	15-17-17-35
	性能评分	25 251
其他参数	工作电压	1.35 V
	散热片	支持散热

（五）内存的选购

1. 内存的品牌

在内存的选购过程中，首先应该关注的是内存的品牌，如图 2-32 所示，金士顿、胜创、威刚、宇瞻、金邦、三星等大厂家产品，是购机过程中的首选。

2. 关注内存颗粒

目前具有内存颗粒生产能力的厂商有不少，但是品质有保障的就不是很多了。像三星、现代、尔必达、镁光等，都是品质非常有保证的，因此在选购内存时，用户可以优先选择这些有内存颗粒的内存产品，这样的内存比采用其他内存颗粒的产品更有保障。

图 2-32　内存的常见品牌

3. 关注售后服务

IT 产品的售后服务一向是购机者关注的焦点，现在企业"服务商品化"的意识逐渐增强，能够在购买内存时，同时享受商家提供的优质的售后服务，这对于消费者来说也是一大实惠。大品牌内存一般实施"三年换新，终身质保"的服务承诺。

4. 前瞻性的考虑

内存是决定主机性能的重要因素之一，在选购内存时，对于容量的考虑最好一步到位，免去将来因内存容量无法满足大型软件运行需求而临时升级的烦恼。因为不同时代的内存产品暂时无法兼容，接口又不统一，所以不能混用，也无法相互替代。

四、硬盘驱动器

硬盘驱动器简称硬盘，如图 2-33 所示。它是计算机中用来存储和记录数据的重要设备，具有容量大、速度快和可靠性高等优点。

拓展知识

磁盘的
发展历史

图 2-33　计算机中的硬盘

（一）硬盘的分类

1. 按工作原理分类

目前市场上主流的硬盘可以分为机械硬盘（HDD）和固态硬盘（SSD）两大类，分别如图 2-34 和图 2-35 所示。其中机械硬盘的存储介质是由刚性磁盘片组成，"硬盘"也因此而得名；而固态硬盘则使用闪存颗粒来存储数据，有点类似于 U 盘的扩容版。

2. 按物理尺寸分类

硬盘按物理尺寸可以分为 5.25 英寸（很早以前的出现在台式机中，现已被淘汰）、3.5 英寸（主要用在台式计算机和服务器中）、2.5 英寸（主要用于笔记本电脑）、1.8 英寸（面向迷你型笔记本和便携式音乐播放机）和 1 英寸（主要用于 CF 卡）共五种类型。

图 2-34　机械硬盘　　　　　图 2-35　固态硬盘

3. 按接口类型分类

硬盘的接口是指硬盘与主板相连接的部分，可以分为 IDE 接口、SATA 接口、SCSI 接口和 SAS 接口等几种类型。其中，IDE 接口和 SATA 接口的硬盘在个人计算机上使用比较普遍，而 SCSI 接口的硬盘多用在服务器上。市场上又出现了一种超高速 SAS 接口的固态硬盘。常见的硬盘接口如图 2-36 和图 2-37 所示。

图 2-36　IDE 接口、SATA 接口、SCCI 接口的硬盘及其连接线缆

图 2-37　超高速 SAS 接口的固态硬盘

IDE 接口（Integrated Drive Electronics，电子集成驱动器），它的本意是指把"硬盘控制器"与"盘体"集成在一起的硬盘驱动器。而我们常说的 IDE 接口，又称 ATA（Advanced Technology Attachment）接口，最早是在 1986 年由康柏、西部数据等几家公司共同开发，在 20 世纪 90 年代初开始应用于台式机系统中。它使用一根 40 芯的电缆将硬盘与主板进行连接，最初的设计只能支持两个硬盘，且硬盘的最大容量也被限制在 504 MB 范围之内。

ATA 接口从诞生至今，共推出了 7 个不同的版本，分别是：ATA-1（IDE）、ATA-2（EIDEEnhanced IDE/Fast ATA）、ATA-3（FastATA-2）、ATA-4（ATA33）、ATA-5（ATA66）、ATA-6（ATA100）和 ATA-7（ATA 133）。ATA 接口发展到 ATA-7（即 ATA133），硬盘的外部数据传输速率已经达到 133 MB/s，已是 IDE 接口的硬盘外部数据传输速率的极限值。

目前新出货的主板已经不再提供 IDE 接口，而新出的存储设备也没有 IDE 接口类型的。IDE 接口的硬盘已经成为历史。

SATA 接口硬盘的出现，有效地突破了 IDE 接口硬盘的速度瓶颈。原因如下：

首先，Serial ATA 以连续串行的方式传送数据，可以在较少的位宽下使用较高的工作频率来提高数据传输的带宽。Serial ATA 一次只会传送 1 位数据，这样能减少 SATA 接口的针脚数目，使连接电缆数目变少，效率也会更高。

其次，Serial ATA 的起点要求更高、发展潜力更大，Serial ATA 1.0 定义的数据传输速率可达 150 MB/s，比 IDE 接口硬盘的最高数据传输速率（133 MB/s）还要高，而 Serial ATA 2.0 的数据传输速率达到 300 MB/s，如今的 Serial ATA 3.0 可实现 600 MB/s 的最高数据传输速率。

最后，Serial ATA 具有更强的系统拓展性，由于 Serial ATA 采用点对点的传输协议，这样可以使每个驱动器独享带宽，而且在拓展 Serial ATA 设备方面会更有优势。

SCSI（Small Computer System Interface，小型计算机系统接口）接口则是与 IDE（ATA）完全不同的接口类型。IDE 接口是普通 PC 的标准接口，而 SCSI 并不是专门为硬盘设计的接口，是一种广泛应用于小型机上的高速数据传输技术。

SAS 接口的固态硬盘不仅在接口速度上得到显著提升（达到 600 MB/s 甚至更高），而且由于采用了串行线缆，不仅可以支持更长的连接距离，还能够提高抗干扰能力，并且这种细的线缆还可以显著改善机箱内部的散热情况。

（二）硬盘的基本结构

1. 机械硬盘的结构

（1）外部结构。

机械硬盘的正面是产品标签，上面包括硬盘的型号、产地、产品序列号以及跳线说明等相关信息，如图 2-38 所示。而硬盘的背面是主控电路板、安装螺丝孔、产品条码标签、透气孔、电源接口、数据线接口和硬盘的跳线等。

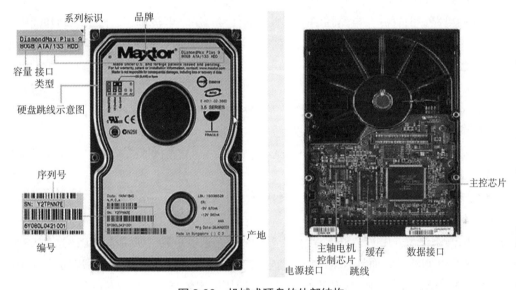

图 2-38　机械式硬盘的外部结构

（2）内部结构。

机械硬盘的内部由磁头组件、磁盘片、控制电路、主轴组件及外壳组成，如图 2-39 所示。磁头组件和磁盘片组件是构成硬盘的核心，由于现在硬盘厂商把硬盘驱动器和盘片都安置在一封闭的净化腔内，所以一般提到的硬盘至少应该包括硬盘驱动器和盘片两个部分。

①浮动磁头组件。浮动磁头组件由读写磁头、传动手臂、传动轴三部分组成。磁头是硬盘技术最重要和最关键的一环，实际上是集成工艺制成的多个磁头的

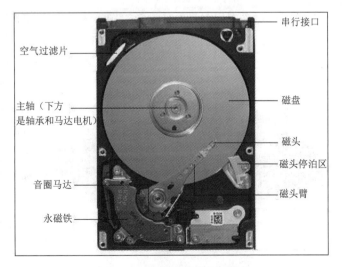

图 2-39　机械硬盘的内部结构

组合，它采用了非接触式头、盘结构，加电后在高速旋转的磁盘表面飞行，飞高间隙只有 0.1~0.3 μm，可以获得极高的数据传输速率。现在转速 5 400 r/min 以上的硬盘飞高都低于 0.3 μm，以利于读取较大的高信噪比信号，提高数据传输存储的可靠性。

②磁头驱动机构。磁头驱动机构由音圈电机和磁头驱动小车组成，新型大容量硬盘还具有高效的防震动机构。高精度的轻型磁头驱动机构能够对磁头进行正确的驱动和定位，并在很短的时间内精确定位系统指令指定的磁道，保证数据读写的可靠性。

③盘片和主轴组件。盘片是硬盘存储数据的载体，现在的盘片大都采用金属薄膜磁盘，这种金属薄膜较之软磁盘的不连续颗粒载体具有更高的记录密度，同时还具有高剩磁和高矫顽力的特点。主轴组件包括主轴部件，如轴瓦和驱动电机等。随着硬盘容量的扩大和速度的提高，主轴电机的速度也在不断提升，有厂商开始采用精密机械工业的液态轴承电机技术。

④前置控制电路。前置放大电路控制磁头感应的信号、主轴电机调速、磁头驱动和伺服定位等，由于磁头读取的信号微弱，将放大电路密封在腔体内可减少外来信号的干扰，提高操作指令的准确性。

2. 固态硬盘的结构

（1）固态硬盘。

固态硬盘（Solid State Drives），简称固盘，它是用固态电子存储芯片阵列制作而成的硬盘，由控制单元和存储单元（FLASH 芯片、DRAM 芯片）组成。

新一代的固态硬盘普遍采用 SATA-2、SATA-3、SAS、MSATA.PCI-E、NGFF、CFast 和 SFF-8639 等接口形式。

固态硬盘的存储介质分为两种：一种是采用闪存（FLASH 芯片）作为存储介质；另外一种是采用 DRAM 作为存储介质。

基于闪存的固态硬盘采用 FLASH 芯片作为存储介质，这也是通常所说的 SSD。这种 SSD 固态硬盘最大的优点就是可以移动，而且数据保护不受电源控制，能适应于各种环境，适合于个人用户使用；基于 DRAM 的固态硬盘采用 DRAM 作为存储介质，应用范围较窄。它仿效传统硬盘的设计，可被绝大部分操作系统的文件系统工具进行卷设置和管理，并提供工业标准的 PCI 和 FC 接口，用于连接主机或者服务器。应用方式可分为 SSD 硬盘和 SSD 硬盘阵列两种。它是一种高性能的存储器，而且使用寿命很长，美中不足的是需要独立电源来保护数据安全。DRAM 固态硬盘属于非主流的设备。

（2）固态硬盘的内部结构

基于闪存的固态硬盘是固态硬盘的主要类别，其内部构造十分简单，其内部主体就是一块 PCB 板，而这块 PCB 板上最基本的配件就是控制芯片、缓存芯片（部分低端硬盘无缓存芯片）和用于存储数据的闪存芯片，如图 2-40 所示。

①控制芯片。市面上比较常见的固态硬盘有 LSIS and Force、Indilinx、JMicron、Marvell、Phison、Goldendisk、Samsung 以及 Intel 等多种主控芯片。主控芯片是固态硬盘的大脑，其作用

图 2-40　固态硬盘的内部结构

一是合理调配数据在各个闪存芯片上的负荷；二则是承担了整个数据中转，连接闪存芯片和外部 SATA 接口。不同的主控之间能力相差非常大，在数据处理能力、算法，对闪存芯片的读取写入控制上会有非常大的不同，直接会导致固态硬盘产品在性能上差距高达数十倍。

②缓存芯片。主控芯片旁边是缓存芯片，固态硬盘和传统硬盘一样需要高速的缓存芯片辅助主控芯片进行数据处理。这里需要注意的是，有一些廉价固态硬盘方案为了节省成本，省去了这块缓存芯片，这样对于性能会有一定的影响。

③闪存芯片。除了主控芯片和缓存芯片以外，PCB 板上其余的大部分位置都是 NAND Flash 闪存芯片。NAND Flash 闪存芯片又分为 SLC（单层单元）、MLC（多层单元）以及 TLC（三层单元）的 NAND 闪存。

（3）固态硬盘的特点。

固态硬盘的接口规范和定义、功能及使用方法与普通硬盘几近相同，外形和尺寸也基本与普通的 2.5 英寸硬盘一致。

固态硬盘具有传统机械硬盘不具备的快速读写、质量轻、能耗低、抗震能力强以及体积小等优点，同时也具有容量小、价格高、寿命短和数据恢复难等缺点。

影响固态硬盘性能的几个因素主要是：主控芯片、NAND 闪存介质和固件。在上述条件相同的情况下，采用何种接口也可能会影响 SSD 的性能。

主流的接口是 SATA（包括 3 Gbit/s 和 6 Gbit/s 两种）接口，亦有 PCIe 3.0 接口的 SSD 问世。

拓展知识

固态硬盘

（三）硬盘的性能指标

这里以西部数据 WD20EZRZ 硬盘为例，介绍机械硬盘的性能指标。图 2-41 所示为该硬盘的外观。

表 2-3 列出了该硬盘的主要性能参数。

图 2-41　西部数据 WD20EZRZ 硬盘的外观

表 2-3　西部数据 WD20EZRZ 硬盘的主要性能参数

	适用类型	台式机
	硬盘尺寸	3.5 英寸
	硬盘容量	2 000 GB
	盘片数量	2 片
	单碟容量	1 000 GB
基本参数	磁头数量	4 个
	缓存容量	64 MB
	主轴转速	5 400 r/min
	接口类型	SATA3.0
	接口速率	6 Gbit/s

1. 适用类型

现在市场上的主流硬盘主要适用于三种类型的计算机，即台式机、笔记本电脑和服务器等。

（1）台式机硬盘。

台式机硬盘就是最为常见的台式计算机内部使用的硬盘。随着用户对个人 PC 性能的需求日益提高，台式机硬盘也在朝着大容量、高速度、低噪声的方向发展，单碟容量逐年提高，主轴转速也达到了 7 200 r/min，甚至还出现了 10 000 r/min 的 SATA 接口的硬盘。台式机硬盘的生产厂商主要有希捷、迈拓、西部数据、日立、三星等，市场竞争很激烈。

（2）笔记本硬盘。

笔记本硬盘就是应用于笔记本电脑的硬盘，笔记本电脑强调的是便携性和移动性，因此笔记本硬盘必须在体积、稳定性、功耗上达到很高的要求，而且防震性能要好。

笔记本硬盘最大的特点就是体积小巧，目前标准产品的直径仅为 2.5 英寸，当然还有 1.8 英寸甚至更小的，硬盘的厚度也远低于 3.5 英寸台式机硬盘。一般厚度仅有 8.5 ~12.5 mm，质量在 100 g 左右，堪称小巧玲珑。由于笔记本计算机内部空间狭小、散热不便，且电池能量有限，再加上移动中难免出现磕碰，所以对其部件的体积、功耗和坚固性等提出了很高的要求。笔记本硬盘本身就设计了比台式机硬盘更好的防震功能，在遇到震动时能够暂时停止转动以保护硬盘。

笔记本硬盘由于受到盘片直径、功耗和防震等因素的制约，在性能上要相对落后于台式机硬盘。在桌面系统中，主轴转速为 7 200 r/min 的硬盘已成为主流，转速为 10 000 r/min 的硬盘也已推出，而在笔记本中还是以 5 400 r/min 的硬盘为主，主要是因为笔记本硬盘空间狭小，而且采用高速电机必然会带来更大的功耗和发热量。而在缓存容量方面笔记本硬盘也略微少于台式机硬盘。转速和缓存都低，自然在数据传输速率方面也就较低了。在接口方面，笔记本硬盘基本与台式机硬盘发展持平，市场上主流的笔记本硬盘都采用了 SATA 3.0 接口标准。

（3）服务器硬盘。

服务器硬盘在性能上的要求要远远高于台式机硬盘和笔记本硬盘，这是由服务器大数据量、高负荷、高速度等要求所决定的。服务器硬盘一般采用 SCSI 接口，高端产品还有采用光纤通道接口的，极少的低端服务器采用台式机上的 ATA 接口硬盘，但性能会受到很大影响。

2. 主轴转速

主轴转速（Rotationl Speed）是决定硬盘内部数据传输速率的关键因素之一，它的快慢在很大程度上影响了硬盘的速度，同时主轴转速的快慢也是区分硬盘档次的重要标志之一。现在主流硬盘的转速一般在 5 400 r/min~7 200 r/min 之间。

3. 接口类型

我们前面提到过，机械硬盘的接口类型常见的有 IDE、SATA 和 SCSI 等三种，IDE 接口的硬盘已经逐步退出市场，SCSI 接口的硬盘适合在服务器中使用，现在市场主流硬盘的接口普遍都为 SATA 接口，它有三个不同的版本，即 SATA1.0、SATA2.0 和 SATA3.0，最新版本为 SATA 3.0 接口，使用这种接口的硬盘最高数据传输速率可达 6 Gbit/s。

4. 缓存容量

缓存（Cache Memory）是硬盘控制器上的一块内存芯片，具有极快的存取速度，它是硬盘内部存储和外界接口之间的缓冲器。由于硬盘的内部数据传输速度和外界接口的传输速度不同，缓存在其中起到一个缓冲的作用。缓存的大小与速度是直接关系到硬盘传输速度的重要因素，能够大幅度地提高硬盘整体性能。当硬盘存取零碎数据时，需要不断地在硬盘与内存之间交换数据，如果有大缓存，则可以将那些零碎数据暂存在缓存中，减小外系统的负荷，也提高了数据的传输速度。

大容量的缓存虽然可以在硬盘读写工作状态下，让更多的数据存储在缓存中，以提高硬盘的访问速度，但并不意味着缓存越大就越出众。缓存的应用存在一个算法的问题，即便缓存容量很大，而没有一个高效率的算法，那将导致应用中缓存数据的命中率偏低，无法有效发挥出大容量缓存的优势。所以，算法是和缓存容量是相辅相成的，大容量的缓存需要更为有效率的算法。更大容量缓存是未来硬盘发展的必然趋势。

（四）硬盘的选购技巧

1. 看硬盘用途

如果将硬盘作为系统盘或缓存盘，建议选择小容量固态硬盘；如果将硬盘作为资料存储盘使用，则建议选择机械硬盘。当然也可以采用"固态硬盘＋机械硬盘"的方式来配置计算机的硬盘。

2. 看硬盘容量

硬盘容量是很多用户在选购硬盘时首先要考虑的因素。现在市场上主流硬盘的容量基本都在500 GB 以上，而且容量为 500 GB 的硬盘占比非常小，在此基础上，还有 1 TB、2 TB、3 TB、4 TB、6 TB、8 TB 以及 10 TB 以上容量的硬盘。普通用户购机，选择容量为 1~2 TB 的硬盘已经足够用了，如果数据的存储量不大，选择容量为 500 GB 的硬盘也是没有任何问题的。如果硬盘用在服务器中，那就另当别论了，服务器中的硬盘容量当然是越大越好。不过对于普通的个人用户来说，硬盘容量越大，虽能存储的数据就越多，但一旦硬盘发生故障，发生数据丢失所带来的风险也就越高。

3. 看主轴转速

前面提到过，主轴转速直接影响硬盘的数据读写速度，因而对系统整体的性能也有一定的影响。现在市场上主流硬盘的主轴转速为 5 400 r/min~7 200 r/min。主轴转速越快，硬盘的传输速度也就越高。

4. 看性价比

硬盘的性能指标有多种，而且固态硬盘与机械硬盘的性能参数也不一致，用户在购买时要仔细参考硬盘的各项性能指标，以作横向对比。此外，固态硬盘的价格要比机械硬盘高，要充分考虑硬盘的性价比。

5. 看硬盘品牌

市场上硬盘的品牌很多，如三星、东芝、希捷、日立、IBM、Intel、金士顿等，选择知名品牌的硬盘意味着质量的保证，另外，知名品牌往往代表着良好的售后服务。如果硬盘存储的是比较重要的数据，一旦损坏，可能会造成很大的损失，而良好的售后服务则可以减少这些损失。

五、显卡

显卡也称显示适配器、图形加速卡，它工作在 CPU 和显示器之间，能够根据 CPU 的指令将相关数据转换成显示器可以识别的文字和图形等信号。显卡的优劣影响着计算机的整体性能，因此显卡的选购也是非常重要的。

（一）显卡的基本分类

1. 独立显卡

独立显卡是以独立的板卡形式存在于主机中，需要插在主板的显卡专用插槽上（就现在的主板而言，一般都是指 PCI-E 16X 扩展槽）。根据独立显卡的组成结构，它拥有自己的显示芯片和显存，不需要额外占用 CPU 的资源。配置独立显卡，虽然增加了购机的成本，但它换回的是比较好的显示效果和较佳的性能。对于游戏型用户来说，配置独立显卡更能带来比较好的视觉体验。

2. 集成显卡

集成显卡是将显示芯片、显存及相关电路都集成到主板上，通常集成显卡的显示芯片都集成在了主板的芯片组（一般是北桥芯片）中，有的集成显卡会有独立的显存，但是容量很小。集成显卡的发热量小、功耗低，但显示效果相对较差，而且集成显卡无法进行硬件升级，只能和主板一起更换。

3. 核心显卡

显卡还有一种特殊的集成方式，这种集成方式借助处理器的先进工艺和新的架构设计，将图形核心与处理器集成在一块基板上，构成一颗完整的处理器，这种集成显卡叫作核心显卡。它是新一代图形处理核心。这种设计大大降低了图形核心、处理核心、内存和内存控制器之间的数据周期时间，能在更低功耗下完成图像处理工作，而且其显示效果和性能并不比传统的集成显卡差。

（二）显卡的基本结构

显卡的基本结构如图 2-42 所示。它包括显卡总线接口、显示芯片（Graphic Processing Unit，GPU）、显存、显卡 BIOS 和输出接口等几个组成部分。

1. 显卡总线接口

伴随着计算机技术的飞速发展，主板上的显卡总线接口也历经过几次重大演变，从最初的 ISA 总线接口开始，历经 PCI 接口、AGP 接口到现在的 PCI-E×16 接口（见图 2-43）。每一次的演变都意味着显卡技术的一大进步。目前市面上的显卡主要采用 PCI-E×16 总线接口。

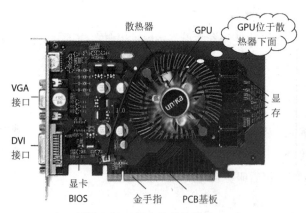

图 2-42　显卡的基本结构

图 2-43　PCI-E×16 总线接口

2. 显示芯片（GPU）

如图 2-44 所示，显示芯片是显卡的核心部件，它决定了显卡的性能和档次，其作用主要是根据 CPU 的指令完成大量的运算任务，让显卡能完成某些特定的绘图功能。

由于显示芯片需要配合 CPU 完成复杂的计算任务，其功耗比较大，所以显示芯片一般都加了散热风扇，这样使显卡能够在一定的温度范围内更加稳定地工作。

目前，显示芯片的生产厂家主要有 nVIDIA.ATI 和 Matrox 等三家公司。而其中的 nVIDIA.ATI 两家公司最具实力。

3. 显存

显存，又称帧缓存，它的作用是用来存储显卡芯片处理过或者即将提取的渲染数据。如同计算机的内存一样，显存是用来存储要处理的图形信息的

图 2-44　显示芯片（GPU）

部件。我们在显示器上看到的画面是由一个个像素点构成的，而每个像素点都以 4 至 32 甚至 64 位的数据来控制它的亮度和色彩，这些数据必须通过显存来保存，再交由显示芯片和 CPU 调配，最后把运算结果转化为图形输出到显示器上。

4. 显卡 BIOS

显卡 BIOS 是显卡上的一块 Flash ROM 芯片（见图 2-45），它主要用于存放显示芯片与驱动程序之间的控制程序，存放了显卡的型号、规格、生产厂商、出厂日期、显存的容量信息。现在显卡的 BIOS 都采用 EEPROM 芯片，可以在特定的条件下重新修改升级。

图 2-45　显卡的 BIOS

5. 输出接口

市场主流显卡的输出接口一般有 VGA 接口和 DVI 接口，目前还有部分显卡具有 HDMI 高清接口，如图 2-46 所示。

（三）显卡的基本工作原理

CPU 通过显卡完成数据的显示过程可以分成以下五个步骤：

1.CPU 将需要处理的数据通过系统总线传送给北桥芯片。

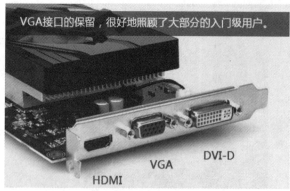

图 2-46 显卡的输出接口

2. 北桥芯片通过显卡总线接口传送到显卡的显示芯片（GPU）进行处理。

3. 显示芯片（GPU）将处理完成的数据存放在显存。

4. 显示芯片（GPU）从显存读取数据进行视频信号转换（D/A）。

5. 显示芯片（GPU）将转换完成的信号通过输出接口输出到显示器显示。

（四）显卡的主要性能指标

图 2-47 为影驰 GeForce GTX 1050Ti 大将显卡的整体外观图，图 2-48 为影驰 GeForce GTX 1050Ti 大将显卡的拆解图。

图 2-47 影驰 GeForce GTX 1050Ti 大将显卡整体外观图　　图 2-48 影驰 GeForce GTX 1050Ti 大将显卡拆解图

影驰 GeForce GTX 1050Ti 大将显卡的详细性能参数如表 2-4 所示。

表 2-4 影驰 GeForce GTX 1050Ti 大将显卡详细参数

	芯片厂商	NVIDIA
	显卡芯片	GeForce GTX 1050Ti
显卡核心	显示芯片系列	NVIDIA GTX 10 系列
	制作工艺	14 nm
	核心代号	GP107-400
显卡频率	核心频率	1 354/1 468 MHz
	显存频率	7 000 MHz
	显存类型	GDDR5
	显存容量	4 GB
显存规格	显存位宽	128 bit
	最大分辨率	7 680×4 320 像素
显卡散热	散热方式	双风扇散热＋热管散热

显卡接口	接口类型	PCI Express 3.0 × 16
	I/O 接口	1 × HDMI 接口，2 × DVI 接口，1 × Display Port 接口
	电源接口	6 pin
物理特性	3D	DirectX 12，OpenGL 4.5
其他参数	显卡类型	入门级
	支持 HDCP	是
	最大功耗	75 W
	建议电源	300 W 以上

1. 芯片厂商

目前生产显示芯片的三大厂商分别为 NVIDIA.AMD 和 Intel，而 NVIDIA 和 AMD 则各占半壁江山，互有攻守。Intel 的显卡都是整合在主板上的，也就是集成显卡。

2. 芯片型号

显示芯片公开发布时，每一个生产商都遵循自己的规律编号，例如，GeForce GTX 1050Ti、R6970 等都是芯片型号，厂商一般也用显示芯片型号来对显卡进行型号标识。

3. 显存类型

显存制造工艺越先进，工作频率就越高，传送数据的速度也就越快，目前主流显卡都采用了 GDDR5 显存芯片，其工作频率高达 7 000 MHz。

4. 显存容量

显存在显卡正常工作过程中有着不可替代的作用，显示芯片提供的数据都是要通过显存的。一般来说，显存容量越大越好。目前低端显卡的显存容量一般达到 512 MB~4 GB，高端显存的容量甚至高达 24 GB。

5. 显存位宽

显存位宽是指显存在一个时钟周期内所能传送数据的位数，位数越大，则瞬间所能传输的数据量就越大，这是显存的重要参数之一。

目前市场上的显存位宽有 64 位、128 位和 256 位三种，人们习惯叫的 64 位显卡、128 位显卡和 256 位显卡就是指其相应的显存位宽。显存位宽越高，性能越好，价格也就越高，因此 256 位宽的显存更多应用于高端显卡，而主流显卡基本都采用 128 位显存。

6. 核心频率

核心频率是指显示芯片的工作频率，核心频率越高，显示芯片处理数据的速度就越快。

7. 刷新频率

刷新频率是指显示器每秒刷新屏幕的次数，单位为 Hz，如果显卡的刷新频率过低，用户会感到屏幕在闪烁，体验较差，通常，显卡的刷新频率在 56~120 Hz，刷新频率越高，图像越稳定。

8. 支持的分辨率

分辨率是指显卡在显示器上所呈现的像素点的数量，它用水平像素点数乘垂直像素点数表示，例如，1024×768 像素，表示水平像素点数为 1 024，垂直像素点为 768，分辨率越高，图像越清晰逼真，代表显卡性能越好。

（五）显卡的选购技巧

显卡是计算机中性能和价格差别较大的部件，市场上从两三百元的入门级显卡到几千元的高档专业级显卡应有尽有，因此在选购显卡时，除了了解显卡的性能外，还要掌握一些选购的技巧。

1. 明确用户需求

不同类型的用户决定了对显卡的应用需求，不同的应用需求决定了对显卡的最终选择。

（1）桌面办公型用户。

拓展知识

显卡的
性能天梯

这类用户对显示子系统的性能几乎没有什么要求，只要能够做到 2D 显示清晰锐利即可，对 3D 加速能力完全没有要求。在这种情况下，市面所售的所有 3D 娱乐显卡都显得有些浪费，任何特效贴图的支持在办公类软件的处理上都显得毫无意义。对于这类用户，推荐使用集成显卡，并且在相当长的时间内都无须对显卡进行升级换代。

（2）家用娱乐型用户。

这类用户对于显卡的 3D 加速性能要求并不十分严格，更快的显示处理速度、更大的显存容量并不能给用户带来更多、更好的体验。这类用户平时使用计算机上网、看视频或进行文字处理，偶尔玩一些对硬件要求并不高的游戏，也不会对显卡提出太高的要求。在这种情况下一块显示效果出色，同时拥有一定 3D 处理能力的高性价比产品应该说是最好的选择。在预算方面，合理的范围应该是 300~800 元之间的产品，节约下来的经费可以用来选择更好的显示器和其他外设产品。

（3）游戏发烧型用户。

这类用户对显卡的加速性能要求很高，合理的选择范围应该是 1 000~8 000 元的产品，它更快的 GPU 速度、更多的流处理器，加上大容量的显存和高带宽，在游戏中既保持画面的精美又十分流畅，运行绝大多数大型游戏都没有问题。

2. 包装做工方面

正规的显卡通常包装都比较完整，说明书、质保卡等都比较齐全。显卡做工比较精细，其表面的参数指标清晰明朗，PCB 板、线路和各元件都比较规范。

3. 显卡的品牌选择

大品牌显卡一般都有质量保证且售后服务良好，各种档次的产品都比较多，可选择范围广。主流的显卡品牌有很多，如七彩虹、华硕、微星等。

六、显示器

显示器又称监视器，它是计算机系统中最主要的输出设备之一，用于显示计算机处理后的数据、图片和文字等，是人机交互的窗口。显示器的价格变动幅度不像 CPU、内存和硬盘那样大。在购机预算中，显示器理应占有一个较大的比例，所以挑选一台好的显示器是非常重要的。

（一）显示器的分类

1. 按显示的颜色分类

显示器按显示颜色的不同可以分为单色显示器和彩色显示器。当然，目前市场上的绝大多数显示器为彩色显示器。

2. 按照显示器件分类

显示器按显示器件的不同可以分为 CRT 显示器、LCD 显示器和 LED 显示器等三种常见类型。其中，LCD 显示器和 LED 显示器是目前市场上的主流产品。

（1）CRT 显示器。

CRT 显示器是通过阴极射线管进行图像显示的一种显示器。目前较常见的 CRT 显示器一般都采用了纯平技术，故此也称为纯平显示器，如图 2-49 所示。

CRT 显示器体积较大、重量较沉，而且耗电量较高，但对普通消费者而言适用性强，显示速度和效果较好。目前部分游戏发烧友和图形图像设计人员大都使用 CRT 显示器。

（2）LCD 显示器。

LCD 显示器，是液晶显示器的一种，它是目前最流行的一种显示器，如图 2-50 所示。

与 CRT 显示器相比，LCD 显示器的优点主要是耗电量小、辐射低、屏幕不闪烁，而且质量轻、体积小，这些优点都是 CRT 显示器所不具备的。但 LCD 显示器的画面质量没有 CRT 显示器好，其显示的色彩会随用户观察角度的不同而发生变化。

（3）LED 显示器。

LED 显示器和 LCD 显示器在外观上看起来差不多，但它们却是两种不同类型的显示器。LED 显示器，准确地说，就是 LED 背光型液晶显示器。液晶面板与 LCD 显示器一样，采用 TFT 面板。LED 显示器和 LCD 显示器的区别仅仅是它们的背光类型不一样，它们分别使用 LED 背光源和 CCFL 背光源。正因为 LED 显示器采用全 LED 背光控制，使得 LED 显示器全屏亮度均匀、色彩看起来更加亮丽，如图 2-51 所示。

图 2-49　CRT 显示器

图 2-50　LCD 显示器

（二）显示器的主要性能指标

由于 LED 显示器拥有质量轻、体积小、无辐射、屏幕不闪烁、色彩亮丽、可视角度大、工作电压低、功耗小等诸多优点，普通用户放在桌面上又不占太大空间，所以深受广大计算机用户喜爱。目前 LED 显示器已成为市场主流产品，所以以 LED 显示器为例介绍显示器的主要性能指标。其他类型显示器在这里就不花太多篇幅介绍了。

　　显示器的性能指标主要包括：屏幕尺寸、可视角度、分辨率、点距、亮度和对比度、响应时间等。下面先来看一下市场上一款具有代表性的产品，对照显示器的性能指标，了解该显示器的相关特性。图 2-52 为三星 S24F350FHC LED 显示器的外观图。

图 2-51　LED 显示器　　　　　图 2-52　三星 S24F350FHC LED 显示器的外观图

三星 S24F350FHC LED 显示器的详细性能参数如表 2-5 所示。

表 2-5　三星 S24F350FHC LED 显示器的详细性能参数

基本参数	产品类型	LED 显示器
	产品定位	影音娱乐
	屏幕尺寸	23.8 英寸
	最佳分辨率	1 920 × 1 080
	屏幕比例	16：9（宽屏）
	面板类型	IPS
	背光类型	LED 背光
显示参数	可视角度	178/178°
	显示颜色	16.7M
接口	视频接口	D-Sub（VGA），HDMI

1. 屏幕尺寸

　　LED 显示器的屏幕尺寸是指液晶面板的对角线长度，一般以英寸为单位。由于 LED 显示器的外观设计的特点，液晶面板的四周都有一条比较窄的包边，所以 LED 显示器实际可视区域比屏幕尺寸要小。

　　目前主流显示器的屏幕尺寸一般都在 22~29 英寸之间，在此区间之外的显示器也有，但从其产量和销量来看，不算是主流产品。

2. 可视角度

　　可视角度也是 LED 显示器的一个重要参数。它是指用户可以从不同的方向清晰地观察屏幕上所有内容的角度。现在市场主流显示器的可视角度都能够达到 170° 以上，有的甚至接近 180°，所以均能提供比较好的视觉效果。

3. 分辨率

分辨率是 LED 显示器的关键指标之一。关于分辨率的概念，前面已有介绍，这里不再赘述。LED 显示器的分辨率与 CRT 显示器不同，它是由制造商设置和规定的，一般不能任意调整。显示器出厂时，其外包装上都有针对该款显示器的最佳分辨率标识，在此分辨率下，LED 显示器才能显示最佳影像。如果用户自行调整显示器为其他分辨率，可能给显示器的显示效果带来影响。

4. 亮度与对比度

通俗地讲，亮度指的是画面的明暗程度，单位是 cd/m^2。对比度是最大亮度（全白）与最小亮度（全黑）的比值。对于显示器来说，亮度过高或过低都不好，亮度过高会使眼睛感到不适，也会使对比度降低，影响色阶和灰阶的表现，整个显示屏会发白，因此在提高亮度时也要适当提高对比度，优质的显示器亮度和对比度都比较适中，画面柔和不刺眼，无明显暗区。目前市场上主流的显示器亮度一般都维持在 200~400 cd/m^2 之间，对比度一般集中在 1 000∶1~3 000∶1 之间。

5. 点距与刷新频率

点距是指屏幕上两个相同颜色的荧光点之间的距离，点距越小，像素就越高，画质越细腻。液晶显示器的优点是屏幕不会产生闪烁感，也不会因此对用户的视力产生影响，所以液晶显示器在刷新频率这项参数的设置上，一般选择默认的 60 Hz 即可。

6. 响应时间

响应时间是液晶显示器的特定指标，它是指各像素点对输入信号反应的速度，即像素由暗转亮或由亮转暗的速度，其单位是毫秒（ms）。响应速率分为两个部分：Rising 和 Falling。响应时间就是两者之和。响应时间越短越好，如果响应时间过长，在显示动态影像（看 DVD、玩游戏）时，就会产生较严重的"拖尾"现象。

（三）显示器的选购技巧

显示器是计算机系统最常用的输出设备，也是人们在使用计算机时眼睛注视最多的设备。如何选择一台适合自己的显示器，对保护视力、达到更好的视觉效果都会起到很好的作用。下面将介绍如何选购一台适合自己的显示器。

1. 了解性能

按照前面所介绍的显示器的重要性能指标，了解市场主流显示器的相关特性，在了解的基础上再作其他方向的考虑。

2. 按需选购

关于显示器的类型、屏幕尺寸、曲面或平面的选择，需要依据个人的职业、喜好和工作习惯来确定，具有个性化的选择倾向。比如你是做设计工作的，可能会根据职业的需要选择大屏幕的 CRT 显示器；再比如你是一个游戏发烧友，可能对于屏幕分辨率和屏幕尺寸方面有更高的要求，高分辨率的大尺寸 LED 显示器将会成为你的首选；如果只是出于办公的需要，经常要处理一些文档，其实 19~27 英寸范围的 LED 显示器已经足够满足你的个性需求。

3. 选择品牌

显示器的生产厂商有很多，有三星、HKC、惠普、AOC、飞利浦、优派、DELL、LG、明基、长城、方正等，如图 2-53 所示。

图 2-53　常见的显示器品牌

在这些品牌中，知名度较高且质量公认为比较好的品牌有索尼、三星、飞利浦、DELL 等。好的品牌能够给用户带来好的质量和售后保障。

4. 电性能检查

电性能可通过调节亮度及对比度来检查。购买时，把亮度、对比度由暗到亮地慢慢调节，调节过程中不应该出现突变的现象。

七、声卡和音箱

声卡和音箱是多媒体计算机声音系统的主要组成部分，声卡负责音频信号的数 / 模转换，以及音频数据的解码等操作。音箱作为回放设备，对人的主观听觉感受影响很大。

（一）选购声卡

声卡（Sound Card）是多媒体技术中最基本的组成部分，是实现声波 / 数字信号相互转换的一种硬件电路。声卡的基本功能是把来自话筒、磁带、光盘的原始声音信号加以转换，输出到耳机、音箱、扩音机、录音机等声响设备，或通过音乐设备数字接口（MIDI）使乐器发出美妙的声音。此外，现在声卡一般具有多声道，用于模拟真实环境下的声音效果。

1. 声卡的分类

目前，声卡主要分为集成声卡、独立声卡和外置声卡等三种类型，以适用不同用户的需求，这三种类型的产品各有优缺点。

（1）集成声卡。

此类产品一般都是将音效处理芯片集成在主板上，如图 2-54 所示，具有不占用 PCI 接口资源、成本更低廉、兼容性更好等优势，能够满足绝大部分普通用户的需求，自然就受到市场青睐。

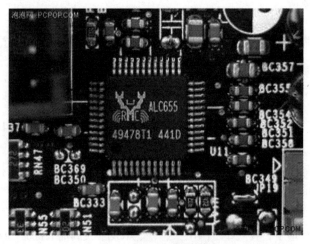

图 2-54　主板集成声卡

（2）独立声卡。

独立声卡如图 2-55 所示。对于那些对声音品质要求比较高的专业级用户来说，独立声卡绝对是首选，因为独立声卡拥有更好的性能及兼容性，不同价位的产品能够满足不同层次的专业级用户的需求，而且独立声卡支持即插即用，安装、使用都很方便。

（3）外置声卡。

外置声卡独立于主机，在主机的外部存在，如图 2-56 所示，它通过 USB 接口与 PC 相连接，具有使用方便、便于移动等优势。但这类产品主要应用于特殊环境，如连接笔记本电脑以实现更好的音质效果等。

图 2-55　独立声卡

图 2-56　外置式声卡

2. 声卡的选购

在声卡的选购方面，建议一般的用户可以直接使用主板上集成的声卡，这样既可以满足一般的需求，又不用花更多的代价，节省的经费可以用于升级购买其他更重要的部件，而且集成声卡也可以实现多声道的环绕立体声效果。

高级用户和专业音频工作者根据自己的喜好和职业要求选择独立声卡或外置式声卡比较合适，品牌可以选择创新（CREATIVE）、华硕、德国坦克、乐之邦等。

（二）选购音箱

音箱是音响系统的主要组成部分，其性能高低决定着一个音响系统的放音质量。计算机系统配套的音箱由于其需要放置在计算机显示器的旁边，所以具有特殊的防磁要求，音箱必须使用防磁扬声器（即所谓的磁体密闭型音箱或是"永磁式"音箱），功放电路也不能使用电磁波外泄较大的设计。

为了配合多声道声卡，在游戏和影视节目中实现环绕效果，计算机音箱根据箱体个数的不同，可以分为 2.0 音箱、2.1 音箱、5.1 音箱，甚至是 7.1 音箱。其中前面的数字代表环绕声场音箱的个数，后面的".1"代表的是超重低音。

1. 2.0 音箱摆放法则

对于 2.0 音箱的摆放其实比较简单，一般以使用者的头部为中轴线，把音箱放在显示器左右两侧，为了保证两边声音的平衡，两只音箱到中轴线的距离应该一样，并且两音箱间的距离不能太近（见

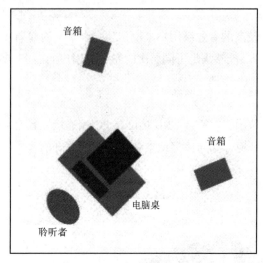

图 2-57　2.0 音箱摆放法则

图 2-57），理论上是越远越好，以获得更为广阔的音场，但是这个理论只适用于家庭影院，因为计算机音箱的功率远远没有家庭影院的大，放得太远是不切实际的，所以两个音箱的距离在 1~2 m 比较适合。

2. 5.1 音箱摆放法则

5.1 音箱是在 4.1 音箱的基础上增加了一个中央声道的中置音箱，专门用以播放电影对白和人声等音效。对于中置音箱，可将其摆放在显示器的上方或显示器前的桌面上，要求它与前方的两个主音箱面向聆听者一字排开，可在同一平面上且高度尽可能相同，也可将中置音箱稍稍后移一些，但其正面仍与前置主音箱正面平行，这样才能达到满意的声音回放效果（见图 2-58）。架得太高，声音会显得像是从上面压下来的，放得太低就会造成对白被矮化。

3. 7.1 音箱摆放法则

7.1 音箱的摆放，重点放在四个环绕音箱上。可将其摆放或挂在聆听者左前、左后、右前、右后的两侧位置（墙上或音箱架上），朝向聆听者并且以面对面的方式摆放，架设高度约高出聆听者坐姿时头部以上 60~90 cm 处，应保证左边的两个音箱和右边的两个音箱分别处在同一条直线上。另外，左前、右前环绕音箱，除了应处于与聆听者和计算机屏幕垂直的一条直线上，还要与后面的一对环绕音箱同处一个平面内，如图 2-59 所示。

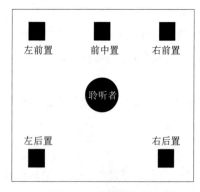

图 2-58　5.1 音箱摆放法则

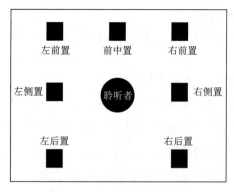

图 2-59　7.1 音箱摆放法则

4. 音箱的选购

（1）喇叭的材质。

挑选音箱时应考虑喇叭的材质，高音单元以球顶为主，有钛膜球顶和软球顶，前者有更高的频率上限，高音音色明亮，在模拟音源的系统中明显优于后者；后者广泛用于中高档音箱中，与数字音源相配合能减少高频信号的生硬感，给人以温柔、光滑、细腻的感觉。

（2）防磁功能。

音箱中有一块较大的磁铁，它产生的磁场会干扰计算机的其他部件，因此应选购具备防磁功能的音箱。

（3）现场试听。

在选购音箱时，最好能现场听一下音乐、人声等音频文件，以获取播放的直接效果。

八、键盘和鼠标

键盘和鼠标是计算机的基本输入设备，它们是用户经常要接触的设备，如果这两个设备使用起来得心应手，可极大地提高用户的工作效率，因此，在配置计算机时也需要认真挑选。

（一）选购键盘

键盘是计算机系统中最为常见的输入设备之一，计算机用户通过键盘向计算机输入各种指令和数据，指挥计算机完成规定的工作。

早期的键盘主要是以 83 键为主，后来随着 Windows 系统的流行，又出现了 101 键和 104 键键盘，并占据市场的主流地位。近几年出现的多媒体键盘，在传统的 101 键盘基础上又增加了不少常用快捷键或音量调节装置，使 PC 的操作进一步简化，对于收发电子邮件、打开浏览器软件、启动多媒体播放器等都只需要按一个特殊按键即可。

1. 键盘的分类

现在市场上的键盘从结构上可以分为机械式键盘、塑料薄膜式键盘和电容式键盘等三种。

（1）机械式键盘。

如图 2-60 所示，机械式键盘（Mechanical）采用类似金属接触式开关，每一个按键都有一个单独的 Switch（也就是开关）来控制闭合。机械式键盘具有工艺简单、噪声大、易维护等特点。

机械式键盘曾一度被淘汰，近年来，随着工艺的提升，出现了很多高档机械键盘，如 Cherry MX 系列黑轴键盘，其高达 5 000 万次的寿命和清晰的段落感，成为高端键盘的首选。

（2）塑料薄膜式键盘。

如图 2-61 所示，塑料薄膜式键盘（Membrane）内部共分四层，实现了无机械磨损。其特点是低价格、低噪声和低成本，在一定程度上可以防水，已占领中、低端市场的绝大部分份额。

图 2-60 机械式键盘

图 2-61 塑料薄膜式键盘

（3）电容式键盘。

电容式键盘的特点是密封性较好。按照外形又可以分为普通键盘与人体工程学键盘，人体工程学键盘的设计更加人性化，合理美观，提高了用户的舒适度。普通键盘与人体工程学键盘分别如图 2-62 和图 2-63 所示。

图 2-62　普通键盘

图 2-63　人体工程学键盘

2. 键盘的选购

（1）功能方面。

虽然大多数键盘的布局和功能大致相同，但是有不少厂家为贴近用户需求，在设计生产时会添加一些额外的功能，使不同的键盘有不同的侧重点，如果用户经常上网、接触影视音乐等，可以选购多媒体键盘；如果办公、玩游戏等可以购买操作性能更高的键盘，这样有助力提高工作效率。

（2）追求手感。

键盘的手感对用户来说非常重要，好的键盘触摸起来倍感舒适，按键灵活且有富有弹性，操作按键时速度快且无阻力，没有卡键现象，用户在使用时得心应手，可大大提高操作效率。

（3）做工精良。

与计算机中其他的部件相比较，键盘和鼠标虽然属于低值易耗外设，需要周期性的更换，但是做工精良的产品，质量更好，使用周期更长，用户操作起来更加习惯。

（4）专业品牌。

在品牌的选择上，建议用户尽量购买大品牌的产品，如微软、罗技、联想、海盗船等。这些品牌键盘一般都可以保证质量且提供良好的售后服务。

（二）选购鼠标

鼠标是现代计算机系统中最常用的输入设备，自从图形化的视窗操作系统诞生以来，鼠标的使用使得计算机的操作变得更加简便。

1. 鼠标的分类

（1）按连接方式分类。

鼠标按连接方式的不同可以分为有线鼠标和无线鼠标两种，如图 2-64 所示。有线鼠标稳定性强，反应灵敏，但距离受限且可携带性差；无线鼠标没有线的束缚，便于携带，但它的灵敏度往往不及有线鼠标。

（2）按工作原理分类。

鼠标按工作原理的不同又可以分为机械式鼠标和光电式鼠标，机械式鼠标的内部结构如图 2-65 所示。

机械式鼠标主要由滚球、辊柱和光栅信号传感器组成。当拖动鼠标时，带动滚球转动，滚球又带动辊柱转动，装在辊柱端部的光栅信号传感器产生的光电脉冲信号反映出鼠标在垂直和水平方向的位移变化，再通过计算机程序的处理和转换来控制屏幕上光标箭头的移动。

图 2-64　无线鼠标和有线鼠标

图 2-65　机械式鼠标的内部结构

光电鼠标是通过检测鼠标的位移，将位移信号转换为电脉冲信号，再通过程序的处理和转换来控制屏幕上鼠标箭头的移动。光电鼠标用光电传感器代替了滚球，如图2-66所示。

光电鼠标内部没有机械运动，不易进灰尘，定位精度高，反应速度快，已成为市场的绝对主流。

2.鼠标的选购

（1）追求手感。

鼠标的外形决定了其手感，在购买时应体验对鼠标的适应性。一款手感好的鼠标，手握起来非常舒适，且按键分布合理，灵活有弹性，滚轮灵敏，定位准确无延迟，用户在使用时，手对鼠标的力度刚刚好。手感好的鼠标可有效地提高用户的操作效率。

图 2-66　光电鼠标的内部结构

（2）功能方面。

一般的鼠标，其功能大致相同，但有不少厂商提供了具有额外功能的鼠标，用户可以通过鼠标完成更多操作。一般的计算机用户选择普通鼠标即可满足需求，如果有特殊需求，由可购买具有多个按键的多功能鼠标。

（3）专业品牌。

市场上鼠标的种类很多，主流的品牌如 Microsoft（微软）、罗技、IBM、联想等，不同品牌的鼠标其价格和质量也不尽相同，我们在选购时尽量选购口碑较好的品牌，它们的产品在做工、用料、质量和售后服务等方面都会有保证。

九、机箱与电源

在冯·诺依曼理论体系中，构成计算机硬件的五大核心部件在计算机系统中发挥的作用不言而喻，因此它们也成为人们在配置计算机过程中关注的焦点，而最容易被忽略的就是机箱和电源。事实上，机箱和电源对于一台计算机来讲也是非常重要的，尤其是电源，它能直接影响一台计算机的稳定性、易用性和使用寿命，下面分别针对机箱和电源加以介绍。

（一）机箱

机箱的主要作用是安装固定其他计算机配件，对其他硬件起到承托和保护作用。此外，机箱还具有屏蔽电磁辐射的作用。

1. 机箱的内部结构

如图 2-67 所示，机箱一般包括外壳、固定支架、外部面板上的各种开关和指示灯等组成部分。外壳一般使用钢板和塑料相结合制成，其硬度高，主要起保护机箱内部各种配件和屏蔽电磁辐射的作用；固定支架主要用于固定主板、电源和驱动器等。

2. 机箱的分类

机箱从外观上看，可以分为立式机箱和卧式机箱。卧式机箱外形美观小巧，显示器可以放置在机箱上，节省空间，但它的内部空间较小，不利于散热；目前市场主流的机箱都是立式机箱，它的最大特点是内部空间较大，散热性能很好。

从机箱所支持的主板类型来看，又可以分为 ATX 机箱、BTX 机箱和 ITX 机箱。BTX 机箱内部与 ATX 机箱内部相比有着较大的区别，如图 2-68 所示。

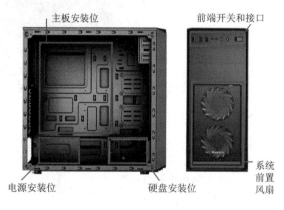

图 2-67　机箱的内部结构

图 2-68　BTX 机箱的内部结构

BTX 机箱最让人关注的设计重点在于对散热方面的改进，CPU、显卡和内存的位置相比 ATX 架构都完全不同，CPU 插座被移到了机箱靠前端的位置，而不是原先的靠后部的位置，这是为了更有效地利用散热设备，提升机箱内部各个设备的散热效能。为此，BTX 架构的设备将会以线性进行配置，并在设计上以降低散热气流的阻抗因素为主；通过从机箱前部向后吸入冷却气流，并顺沿内部线性配置的设备，最后在机箱背部流出。这样不仅更利于提高内部的散热效能，而且也可以因此而降低散热设备的风扇转速，保证机箱内部的低噪声环境。

为了增强机箱的通用性，现在市场主流的机箱一般都同时支持几种类型的主板，具体要看机箱的性能参数，如表 2-6 所示。

表 2-6　航嘉 GS400X 机箱详细参数

基本参数	机箱类型	台式机箱（中塔）
	摆放方式	立式
	机箱结构	ATX
	适用主板	ATX 板型、MATX 板型、ITX 板型

基本参数	电源设计	下置电源
	显卡限长	350 mm
	CPU 散热器限高	165 mm
扩展参数	5.25 英寸仓位	1 个
	3.5 英寸仓位	4 个
	2.5 英寸仓位	2 个
	面板接口	USB2.0 接口 ×2，USB3.0 接口 ×1，耳机接口 ×1，麦克风接口 ×1
功能参数	散热性能	前置：2×120 mm 风扇位 后置：1×120 mm 风扇位 侧置：1×120 mm 风扇位
	理线功能	背部理线
	免工具拆装	支持免工具拆装
	其他特点	内置 240 一体式水冷

3. 机箱的选购

（1）散热性。

由于计算机的主要工作都是由机箱中的硬件完成的，整体发热量会比较大，因此在选购机箱时要看其是否具有良好的散热性能，如果散热性能不好，会影响计算机的整体工作性能。目前，机箱内部的散热主要依靠系统风扇来完成，一般好的机箱在前面板和侧板都装有系统风扇，以加速机箱内部的散热，确保系统在正常温度范围内稳定地工作。

（2）静音设计。

机箱的噪声可以简单地分为两类：一类是风噪，一类是震噪。降低风扇噪声除了减少风扇和降低转速之外，在机箱内部做一些隔音处理也可以获得很好的效果。而降低震噪主要是将硬盘的连接部件处理好，结构需要足够的刚性，而连接硬盘部分则需要一定的弹性，如加装橡胶垫等。

（3）做工方面。

机箱承托了计算机的主要部件，因此机箱的做工非常重要，做工好的机箱，边缘垂直，卷边处光滑无毛刺，插槽定位准确，机箱用料也比较讲究，面板强度高、韧性大。

（4）结构。

结构主要指的是机箱内部各个配件的摆放位置，一般来说，空间优秀的机箱往往也拥有较为优秀的结构，但是也有少量机箱虽然拥有很大的空间，但是结构设计并不合理，绝大多数空间被浪费。

（5）辅助功能。

为了方便用户的使用，很多机箱在其前面板上提供了开关和复位按键以及硬盘、电源工作指示灯的个性化设计，同时还提供了连接外部存储器的 USB 接口；另外，为了减少机箱内部线缆对散热系统造成的影响，避免线缆在机箱内部的杂乱分布，一部分机箱采用了背部理线设计；还有部分机箱甚至带有液晶显示屏，用于实时监测和显示计算机工作时机箱内部的温度。

（二）电源

目前主流微型计算机一般都采用 ATX 电源，如图 2-69 所示。ATX 电源是由 Intel 公司于 1995 年

图 2-69　ATX 电源

提出的工业标准，从最初的 ATX 1.0 开始，ATX 标准经过了多次的升级和完善，目前国内市场上流行的主要是 ATX 2.03 和 ATX 12V 这两种标准，其中 ATX 12V 又可分为 ATX 12V 1.2、ATX 12V 1.3、ATX 12V 2.0 等多个版本。

ATX 电源与之前的传统电源相比最大的区别是，关机时 ATX 电源本身并没有彻底断电，而是维持了一个比较微弱的电流。同时它利用这一电流增加了一个电源管理功能，称为 Stand-By。它可以让操作系统直接对电源进行管理。通过此功能，用户就可以直接通过操作系统实现软关机，而且还可以实现网络化的电源管理。

2005 年，随着 PCI-Express 的出现，带动显卡对供电的需求，因此 Intel 推出了电源 ATX 12V 2.0 规范，增加第二路 +12V 输出的方式，来解决大功耗设备的电源供应问题。现在 ATX 12V 电源的版本已经升级到 ATX 12V 2.31。图 2-70 所示的鑫谷 GP600G 黑金版即为 ATX 12V 2.31 版本。

1. 电源的性能指标

鑫谷 GP600G 黑金版 ATX 电源的详细参数如表 2-7 所示。

表 2-7　鑫谷 GP600G 黑金版 ATX 电源的详细参数

基本参数	电源类型	台式机电源
	适用范围	全面兼容 Intel 与 AMD 全系列产品
	电源版本	ATX 12V 2.31
	出线类型	非模组电源
	额定功率	500 W
	风扇描述	12 cm 液压轴承静音风扇
电源接口	主板接口	20+4 pin
	CPU 接口（4+4 pin）	1 个
	显卡接口（6+2 pin）	2 个
	硬盘接口	4 个
	软驱接口（小 4 pin）	1 个
	供电接口（大 4 pin）	3 个
性能参数	交流输入	100~240 V（宽幅），6~12 A，47~63 Hz
	3.3 V 输出电流	24 A
	5 V 输出电流	15 A
	5 Vsb 输出电流	2.5 A
	12 V 输出电流	38 A
	-12 V 输出电流	0.3 A

续表

其他参数	PFC 类型	主动式（功率因数为 0.98）
	保护功能	过压保护 OVP，低电压保护 UVP，过电流保护 OCP，过功率保护 OPP，过温保护 OTP，短路保护 SCP
	转换效率	91%
	80PLUS 认证	金牌
	平均无故障时间	120 000 小时

现在市场上有额定功率为 300~1 000 W 等多种规格的电源。额定功率越大，代表可以连接的设备就越多，计算机的扩充性就越好。随着计算机性能的不断提升，耗电量也越来越大，大功率的电源是计算机稳定工作的重要保证，电源功率的相关参数在电源的产品标识上一般都可以看到，如图 2-71 所示。

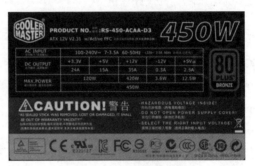

图 2-70 鑫谷 GP600G 黑金版 ATX 电源　　　　图 2-71 电源的产品标识

2. 电源的选购

电源是微型计算机中各种设备的动力源泉，电源品质的好坏直接影响微型计算机的工作状态，电源一般都和机箱一同出售（也有单独出售的），在选购电源时应考虑以下因素。

（1）看品牌。

市场上的电源主流品牌有航嘉、鑫谷、aigo、金河田、先马、长城机电、至睿等，在选购电源时，应尽量选择知名品牌电源，通常大品牌的电源都有质量保证，且售后服务良好。

（2）看功率。

电源的功率有额定功率和最大输出功率之分，在选购电源时，要保证电源的额定功率大于所有硬件的功率之和。电源的最大输出功率越大，计算机就可以连接越多的设备。一般电源的功率都在 300~500 W 之间。

（3）看认证。

为了避免因电源质量问题引起的严重事故，电源产品必须通过各种安全认证才能在市场上销售，因此，一般在电源的产品标签上都会印有国际或国内认证标记，如 3C、CE、TUV、FCC、UL、GOST、BSMT、KCC、C-Tick 等。没有安全认证的电源，最好不要选购。

（4）看做工。

电源的做工一般可以从电源质量和输出线的粗细两方面进行判断，做工好的电源通常质量较大，输出线较粗，散热孔的位置布局合理，能够及时将热量排出，从散热孔向内部观察，可以看到内部的散热片和各种电子元件。

 项目实施

任务 2.1　确定计算机的配置方案

通过前面的介绍，我们已经对台式计算机的硬件配件有了一定的了解，这为自主配置计算机打下了基础，如果你已经迫不及待地想证明自己的专业能力，尝试为同学或家人配置一台台式计算机，那么请认真地完成以下任务。

任务目标

模拟电脑城经销商的工作环境（见图 2-72），以硬件技术工程师的身份，按照需求至上的原则，为不同类型的用户配置台式计算机。

任务实施

1. 了解计算机配置的基本常识

PC 可以分为台式机和便携式机型。而其中台式机又分为品牌机和组装机两种类型。品牌机是由具有一定规模和实力的商家推出，并标识有经过注册的商标品牌的计算机；而组装机是指根据用户的个性化需求，自主配置的计算机。便携式机型又可以分为笔记本、上网本、超级本和平板电脑等。

（1）关于品牌机。

品牌机内部的结构与组装机大致相同，有些品牌机在外观上和部分配件上具有个性化的设计。另外，品牌机一般都能提供比组装机更好的售后服务和技术支持。

图 2-72　电脑城经销商的工作场景

品牌机根据用途的不同，通常分为家用计算机、商用计算机，以及面向高端应用的图形工作站和服务器等。其中，家用计算机主要在多媒体和 3D 图像处理性能方面有所增强；商用计算机主要面向单位的办公型用户，一般配置比较保守，追求文本显示的质量和工作的稳定性；图形工作站和服务器一般是提供给专业用户使用的，价格一般都比较昂贵。

（2）关于组装机。

组装机就是通常说的攒机，其最大的优势是性价比高、配置灵活，另外，组装机的升级空间也比较大。在国内，作为个人用户往往在软件配置上不需要花费太多的成本，所以在价格上较同档次的品牌机要便宜不少，性能比较高。

初学者装机的过程中，在掌握以下几条原则：

①为了控制整机的成本，建议掌握减法配机的原则（即首先选择非关键部件，然后将主要精力放在核心部件的选择上）。

②掌握需求至上的原则。即在配机的过程中，充分考虑用户的配机需求。

③重点考虑核心配件间的相关匹配项。装机的过程中，要详细阅读主板说明书，了解主板所支持的 CPU、内存和显卡的类型，掌握核心配件间的搭配技巧。如果核心配件搭配不合理，将无法发挥核心配件的最佳性能，甚至会引发系统的兼容性问题，带来不稳定的因素。

（3）关于笔记本。

与台式机相比，笔记本电脑除具有体积小、便于携带的优点外，它的抗震性能也较好，且可以使用两种方式供电。

早期的笔记本电脑价格昂贵，大都用于办公或商用。现在，笔记本电脑的价格已与台式机相差不大，所以在校大学生购买计算机都首选笔记本。

购买笔记本电脑与购买台式机一样，主要看用在哪些方面，不同的应用需求，对笔记本电脑的配置要求就不一样。如果用户喜欢玩游戏或进行图像处理工作，那么，用户对显示系统的要求就会高一些，一般会选择独立显卡，以增强计算机的显示性能。

购买笔记本电脑时还要考虑到屏幕的尺寸、机身质量、电池续航时间等。无线网卡现在已成为笔记本电脑的标准配置了，所以在购买时要留意。

2. 配机前先做好需求分析

要配置一台计算机，一定要从用户的实际需求出发，明确配置计算机的主要目的，也就是说，要知道配机主要是为了做什么，主要用来处理哪些业务，处理这些业务时又需要用到哪些软件等。在满足用户需求的情况下，再追求高性价比，最关键的是要保证各配件之间的相互匹配。

例如，针对一名数字媒体艺术设计专业的学生，需要从以下几个方面作好需求分析。

（1）计算机的主要用途。

配置计算机的主要目的是满足数字媒体艺术设计专业学生的学习需要，主要用计算机完成图形、图像和音视频的处理，静态、动态网页的设计与制作，网站建设与管理，音视频的编辑以及学习各种编程语言等。

（2）系统和应用软件需求。

安装 Windows 10 操作系统，常用软件包括 Office、网络通信工具、网络下载软件、压缩解压缩软件、音视频播放器、音视频编辑软件、动画制作软件、网页开发工具（如 Dreamweaver）、图形处理工具（如 Adobe Photoshop）和各种语言编译器等。

（3）用户的购买能力。

作为学生用户，配置计算机应以"满足学习需要"为第一参考，但也要考虑家庭的经济条件，需要把握一定的消费尺度，在配置上基本够用即可。以目前的市场价格为参考，配置一台价格在 4 000 元左右的台式机即可满足该用户的需求。

（4）特殊要求。

配置独立显卡、声卡、音箱和大容量串口硬盘。

3. 登录中关村在线，了解最新的硬件资讯和市场行情

网址：http://detail.zol.com.cn/product_cate_1.html。

4. 登录中关村在线模拟攒机网站（http://zj.zol.com.cn）进行模拟配机

根据用户的实际需求，模拟完成计算机的配置过程，列出配置清单（见表2-8），并简述配置的理由。

表2-8　计算机的配置清单

配件名称	品牌 + 型号	价格 / 元
CPU		
主板		
内存		
硬盘		
显卡		
声卡		
网卡		
光驱		
显示器		
鼠标		
键盘		
音箱		
机箱电源		
整机价格		
配置理由		

任务小结

通过本任务的完成，我们基本掌握了台式计算机配置的基本原则，学会了根据不同用户的实际需求配置台式计算机的方法；同时，我们也了解了台式计算机配置的注意事项，并利用中关村在线模拟攒机网站，体验了模拟配机的过程。

任务 2.2　亲临电脑城，购置计算机的硬件配件

通过任务 2.1，我们已经学会了如何配置一台计算机，并通过实践生成了一张详细的台式机配置清单，相信这种结果已经让一部分同学感到很兴奋，成就感倍增，恨不得飞奔电脑城，把配置单上的所有配件都买回来，为装机做好硬件上的准备。

但购买台式机的配件这个过程可不是我们想象中的那么轻松。首先，配置单上的价格信息都是网上提供的，与本地电脑市场的行情会存在一些差异。因此，到电脑城核实价格是我们要做的一项重要工作；其次，选择什么样的时机购买也比较关键，一部分商家为了吸引顾客购买自己的产品，经常会做一些线下的促销活动，活动期间购买计算机产品，价格方面肯定有比较大的优惠幅度；第三，手持

自己的配置单到电脑城购机，一部分经销商为了追求更高的利润，肯定会以各种各样的理由对顾客手上的配置单作微调，这就需要购机者与商家洽谈后才能确定最终的配置。

任务目标

根据完成的配置清单，购买台式计算机的硬件配件，为下一步的装机作好硬件上的准备。

任务实施

1. 选择合适的购机时机

有些购机者一旦确定了机器的配置，就迫不及待地希望早点把机器买回来，这种心情是可以理解，但是我们必须理性选择购机时机，选择一切有利于自己的因素。原因很简单，就是要追求更高的性价比。多到市场上去走走看看，总会找到让自己感觉比较合适的购机时机。

2. 选择信誉良好的商家

电脑城里的一些商家，大致可以分成几种不同的类型，一是计算机硬件配件的代理商（包括区域总代理商和分级代理商）；二是普通的经销商。

在购买计算机硬件配件的过程中，选择关键部件的代理商（例如某品牌主板的代理商），有助于购机者获得优惠的价格和良好的售后支持，购机有保障；如果购机者选择的是一般的经销商，那么这些经销商承诺的某些售后服务可能无法得到保障。所以建议购机者应尽量选择关键部件的代理商和规模较大且重信誉的经销商。

3. 通过洽谈确定机器的配置

尽管来到电脑城之前，我们已经做了很多功课，确定了一个大致的配置，但当购机者手持自己的配置单到电脑城购机时，一部分经销商总会以各种各样的理由建议购机者适当调整机器的配置，以追求利润的最大化。这时，购机者应保持清醒的头脑，理性地对待经销商给出的建议，即便对配置单进行微调，也要有说得过去的理由。否则，宁愿多找几家经销商，也要坚持自己的初始配置。

4. 确定价格（货比三家）

机器的配置确定以后，我们再与商家洽谈机器的价格。这个过程中要掌握一定的技巧，讨价还价是必然的，并且要为自己争取更好的售后服务和更多的购机优惠。一家不行，可以走第二家，甚至第三家。价比三家，总不会让购机者吃亏的。

5. 现场验货（真假识别）

如果购机者碰到的是良心商家，大可不必担心商家会有以假乱真的行为，但不排除商家在拿货的过程中出现差错，所以建议大家在购机过程中一定要注意这一点。当然，如果购机者碰到的是黑心商家，就更加需要提防了，一定要按照配置单上的详细型号，进行仔细核对，不能出现任何差错，否则，商家就会趁此机会，以低端产品替换配置单上的高端配件。这样，吃亏的还是购机者，而且这种情况下，商家会以"热情"的装机服务，掩盖其偷梁换柱的事实。

任务小结

本任务主要向大家介绍了购买计算机硬件时应掌握的技巧和应该遵循的基本原则，包括选择合适的购机时间、选择信誉良好的商家、通过洽谈确定最终配置、确定成交价格和现场验货（真假识别）等。

希望能给大家购机带来实际的帮助。

项目总结

　　本项目主要介绍了台式计算机中的各种硬件配件，包括 CPU、主板、内存、硬盘和显卡等关键核心部件，同时也介绍了显示器、声卡、音箱、键盘、鼠标、机箱和电源等常见外设，让同学们增加了对计算机硬件配件的了解，掌握了计算机硬件配件的选购原则。最后通过两个具体的工作任务让同学们分别完成了台式计算机的配置过程和硬件配件的购买，增强了实践动手能力。

自测题

一、单项选择题

1. 计算机中的各个硬件部件都是连接到（　　　）上的。

A. CPU　　　　　　　　　B. 主板　　　　　　　　　C. IDE　　　　　　　　　D. SATA

2. CPU 的（　　　），直接反映了 CPU 的运算速度。

A. 字长　　　　　　　　　B. 外频　　　　　　　　　C. 主频　　　　　　　　　D. 指令集

3. 主板的核心部件是（　　　）。

A. 芯片组　　　　　　　　B. 接口　　　　　　　　　C. 处理器　　　　　　　　D. 以上三项都是

4. 现在市面上的主板一般都提供了 USB 2.0 和 USB3.0 接口，这两类接口数据传输速率是不一样的，USB 3.0 的数据传输率是 USB2.0 的（　　　）倍，达到 5 Gbit/s。

A. 4　　　　　　　　　　　B. 10　　　　　　　　　　C. 40　　　　　　　　　　D. 100

5. 目前市场主流机型中的内存都是（　　　）。

A. DDR4　　　　　　　　　B. SDRAM　　　　　　　　C. RAMBUS　　　　　　　　D. DDR3

6. 现在市场主流 CPU 都设计有三级高速缓存，它们中最靠近 CPU 核心电路的是（　　　）。

A. L2 Cache　　　　　　　B. L1 Cache　　　　　　　C. L3 Cache　　　　　　　D. L4 Cache

7. 在多核心的 CPU 中，各个核心共享（　　　）。

A. L1i Cache　　　　　　　B. L1d Cache　　　　　　C. L2 Cache　　　　　　　D. L3 Cache

8. 部分主板采用了双 BIOS 设计，其主要目的是为了（　　　）。

A. 增加 BIOS 芯片的存储容量　　　　　　　　　　B. 提高 BIOS 对硬件的兼容性

C. 防止病毒的破坏　　　　　　　　　　　　　　　D. 增强主板的功能

9. DDR4 代内存条的金手指数量是（　　　）。

A. 168 线　　　　　　　　B. 184 线　　　　　　　　C. 240 线　　　　　　　　D. 284 线

10. 下面不生产显示芯片的厂商是（　　　）。

A. Intel　　　　　　　　　B. AMD　　　　　　　　　C. Cisco　　　　　　　　　D. NVIDIA

二、多项选择题

1. 主要的 CPU 生产商有（　　　）。

A. Intel　　　　　　　　　B. Microsoft　　　　　　　C. AMD　　　　　　　　　D. VIA

2. 下列属于硬盘接口的是（　　　）。

A. IDE   B. ATA   C. SATA   D. PCI

3. 机箱的选购，主要要考虑以下因素：（　　　）。

A. 散热性   B. 静音设计   C. 做工方面   D. 结　构

4. 在机械式硬盘的使用过程中，为了确保数据的安全，一般要求做到（　　　）。

A. 防磁   B. 防潮   C. 防震动   D. 防高温

5. 电源产品必须通过各种安全认证才能在市场上销售，电源常见的安全认证一般有：（　　　）。

A. 3C   B. CE   C. TUV   D. FCC

三、判断题

1. Intel 公司生产的主板芯片组能很好地支持 AMD 公司生产的 CPU。　　　（　　）

2. SATA 接口的数据传输速率不如 IDE 接口的快。　　　（　　）

3. USB 2.0 和 USB 1.1 在接口外观上是相同的。　　　（　　）

4. 点距是显示器的一项重要技术指标，点距越小，可以达到的分辨率就越高，画面就越清晰。

　　　（　　）

5. 若显示器的分辨率为 1024×768，表示屏幕垂直方向每列有 1024 个像素点，水平方向每行有 768 个像素点。　　　（　　）

四、简答题

1. 简单叙述 CRT 显示器和 LCD 显示器的优缺点。

2. 简述光电鼠标的工作原理。

项目三
完成台式机的硬件组装

项目情境

给自己创造一次实践的机会

经过项目二的学习，小强不仅了解了台式机的各种配件及选购技巧，而且还学习到了如何根据用户的实际需求配置一台台式计算机，同时还了解了亲临电脑城购买台式机硬件配件时应掌握的技巧和应该遵循的基本原则，可谓收获颇丰，这也让小强增添了几分自信。但是当台式机的这些配件从市场上购买回来以后，又如何将它们组装成一台完整的计算机呢，这又让小强感受到一点压力，毕竟这个过程自己没有亲身经历过，所以自信心略显不足。

本项目将介绍台式机硬件组装的注意事项和组装前的准备工作，以及台式机组装的基本流程和操作步骤，并通过两个工作任务，亲身体验台式机硬件组装的全过程，以解决小强心中的疑惑。

学习目标

◆了解台式机硬件组装的注意事项；
◆熟悉台式机硬件组装前的准备工作及基本工具的使用；
◆掌握台式机硬件组装的基本流程和操作步骤。

技能要求

◆能够独立完成台式机硬件的组装；
◆能够独立完成台式机硬件组装后的检查操作。

相关知识

一、台式机硬件组装前的准备工作

台式机的硬件组装并不是想象中那么困难，只要对台式机的硬件配件有了足够的了解，就能够自己动手轻松完成这项工作。但是有必要提醒大家，一定要做好硬件组装前的准备工作，严格遵守装机的操作规范，以免在操作过程中出现各种问题或者因失误操作导致部分硬件损坏。

（一）电脑城装机过程的注意事项

当我们手持配置单，在市场上找到一家经销商，并且购买到了台式机的所有配件，一般情况下，经销商都会提供免费的装机服务（包括硬件的组装和软件系统的安装）。这种装机服务，从好的方面来讲，可以让我们充分感受到商家的贴心服务，我们也可以借此机会，学习到硬件组装的一些基本常识；从不好的方面来讲，这个过程又会给一些非专业的购机者带来不少困惑，毕竟市场上有极少数的黑心商家曾经有过"以次充好、偷梁换柱"的行为。在此，我们有必要提醒大家注意以下几点：

1. 装机前，主动要求核对配件的型号

（1）在经销商的技术人员开始装机操作前，作为购机者，我们应主动要求检查、核对各个配件的品牌、型号（对于主板、显卡等型号命名较长的配件尤其要注意），要保证与配置单上所描述的信息完全一致。如果经销商向购机者解释，说某一款配件市场上已经缺货，并极力推荐其他品牌的产品进行替代，这时购机者应坚持自己的原则，不轻易采用经销商推荐的产品。如果双方协商无果，购机者完全可以解除购机合同，并向经销商索回定金。

（2）检测 CPU 是否为盒装正品。如果我们在配置单上明确注明 CPU 为盒装产品，那么一定要注意这个细节。对于 Intel 处理器，主要看包装盒侧面的序列号贴纸，如图 3-1 所示。如果发现该贴纸有揭开过的痕迹或者有两层以上贴纸覆盖，则可以判定该包装有问题，可以要求经销商及时更换。CPU的序列号贴纸务必要保存好，因为它是商家履行售后服务的凭证之一。

（3）检查主板，主要查看主板包装盒内的附件是否齐全，以华硕 PRIME B250-PLUS 主板为例，其包装盒内一般包括 PRIME B250-PLUS 主板、1 × I/O 挡板、2 × Serial ATA 6.0Gb/s 数据线，2 颗 M.2螺丝以及一本用户手册，如图 3-2 所示；另外，还要仔细观察主板上 CPU 插座和显卡插槽处的贴纸是否有被动过的痕迹，如果有动过的痕迹，我们有充足的理由要求经销商及时更换。

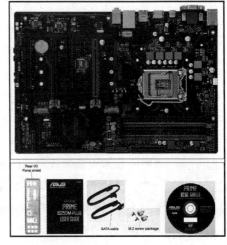

图 3-1　CPU 的产品序列号贴纸　　　　图 3-2　主板包装盒内产品及附件清单

（4）检查内存，主要检查内存的金手指部分是否有多次插拔而造成的划痕；另外，可以拨打内存产品标签上所附的厂商的查询电话，查询该内存是否为盒装正品，如图 3-3 所示。

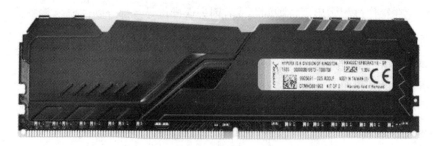

图 3-3　检查内存的外观

（5）检查硬盘、光驱，主要查看安装螺丝孔是否有磨损过的痕迹。

（6）检查显卡、声卡和网卡等配件，主要查看板卡的金手指部分是否有多次插拔而造成的划痕；另外，要仔细对照产品的型号标识，看是否与配置单上描述的信息一致。

（7）检查显示器包装，主要查看显示器的包装箱是否有二次封装的痕迹；另外，还要注意查看纸箱底部的封条，是否为厂商的专用封条。

（8）检查机箱、电源。对照产品图片，查看机箱的外观是否与图片保持一致，型号是否吻合；对于电源，应仔细检查电源品牌、型号是否与配置单上的信息保持一致，如果是机箱附带的电源，则需要仔细查看电源的参数，看是否能够满足整机运行的需求。

2. 把装机过程当成一次学习机会

（1）当经销商的技术员开始硬件组装时，购机者应珍惜这个机会，检视整个装机过程，一方面可以防止部分商家在装机过程中偷梁换柱；另一方面，购机者还可以借此机会与装机技术人员多交流，从中学习一些装机的常识和技巧。

（2）一般情况下，经销商的技术人员在装机过程中会在用户新购买的机器的各种配件上贴上一个易碎贴，该易碎贴上带有时间标记，以证明购机者购机的时间，方便经销商履行售后服务。

细心的购机者应检查各种配件上易碎贴的位置。如果易碎贴贴在产品的侧面，那么在安装此类配件时，易碎贴非常容易因该配件与其他配件的摩擦而被刮坏，给产品的售后带来麻烦。

（3）检查装机工作人员是否将机箱内的各种线缆捆扎整齐、规范，支持背部理线的机箱应尽量将线缆从机箱的背板走线，以免占用机箱内部的空间，保证机箱内部散热良好。

（4）硬件组装完成后，购机者应查看各配件包装盒内的附件（驱动光盘、说明书和质保单等）是否齐全，妥善保管主板包装盒内的附件，不要轻易丢掉。

3. 硬件组装完成后的通电检测

（1）当经销商的技术人员完成机器的硬件组装，接下来会连接主机和外设，并接通外部电源，开始对机器进行检测，如果开机后机器正常点亮并进入自检过程，即表明整个硬件组装过程正确无误，机器的硬件工作状态良好；如果按下电源开关，机器无法点亮或听到某种故障提示音，即表明机器的硬件组装过程并不顺利，或存在某种硬件故障。这时一定要提醒装机技术人员即时更换同型号的配件，确保每次都能正常开机且运行稳定，不要给机器的后期使用带来隐患。

（2）提醒装机工作人员检查机箱前面板的电源开关、重启按键功能是否正常，确认电源指示灯、硬盘指示灯是否正常显示，确认机箱前置 USB 接口、音频接口是否连接正常。

4. 系统安装完成后的状态检测

硬件组装完成后，接下来经销商还会派技术人员为购机用户完成操作系统和常用软件的安装，为了确保经销商的服务到位，在此过程中，应做好以下几个方面的检查工作。

（1）通过设备管理器或其他专用测试软件检查各配件的驱动程序是否安装正常，如驱动程序安装不正常，相应设备将无法正常工作，需要重新安装驱动程序。

（2）通过试用 U 盘，检测前置 USB 接口是否正常；通过耳麦验证前置音频接口是否正常。

（3）仔细听主机内部散热风扇有无异常的噪声，硬盘的电机运转声音是否正常。使用鲁大师软件检测 CPU 的温度，如果温度过高，影响机器的正常工作，则可要求经销商当场解决问题。

（4）安装一、两款大型的 3D 游戏，并试玩，或播放一段高清视频文件，通过这种方式简单测试整机的稳定性。

5. 装机完成后的售后服务保障

（1）仔细询问各配件的质保期和售后服务方式，最好在装机单或用户手册上详细注明。

（2）如果经销商在促销活动期间有赠品相送，及时向商家索取。如机器今后有升级需要，可向经销商索要少量不同规格的螺丝，以便在安装新硬件时使用。

（3）购机过程完成后，不要轻易地扔掉关键配件的包装盒。因为在质保期内，如果某个配件有品质问题需要进行更换时，部分商家会要求提供原始的包装才能予以更换。

（二）自助装机时的注意事项

1. 自助装机必备的基础知识

初学者自助装机需要具备一定的基础知识，比如，要了解一些电子学的基本常识，以避免在装机过程中走弯路，减少装机的风险。最好在自己动手装机前，通过观看视频或现场观摩的形式学习别人是如何装机的，尤其要注重装机过程中的各种细节；另外，对于台式机中的各种配件要相当了解，熟悉各种外部接口及其标准，理解各项性能参数的含义，了解计算机的工作原理和使用方法。

2. 尽量消除静电带来的影响

计算机中的各种配件都带有精密的电子元件或集成电路，这些精密的电子元件或集成电路最令人担心的就是受静电的影响产生随机的、不可预测的故障。

静电的大小不可预测，在其释放的瞬间，产生的电压有时可以达到上万伏，在这样高的电压作用下，电子元件或集成电路完全有可能被击穿。

为了减少环境因素和静电给装机带来的影响，确保装机过程万无一失，需注重以下细节：

（1）不要在十分干燥的环境下组装计算机。环境湿度最好在 60%~70%。

（2）预先进行放静电处理。人存在于干燥的环境中，只要产生摩擦就会使人体积累大量的电荷，这就是所谓静电，如果不及时进行放静电处理，那么在接触计算机配件的瞬间会发生静电释放现象，有可能导致计算机配件的损坏。因此，在不确定身体是否有静电时，最好预先进行放静电处理，然后再开始装机操作。

如何才能释放身上的静电呢？如果没有专业设备支持，就采用洗手和触摸大块的接地金属物品（如自来水管）的办法，这种方法简单有效，如果在此基础上，再佩戴防静电设备，安全系数就会得到进一步提高。

有不少人认为，在装机前，释放一次身上所携带的静电即可以放心地完成整个装机过程，其实这种观点也不完全正确。因为在装机过程中，还会由于不断地摩擦而产生静电。所以建议大家在组装台式机的过程中，不要直接用手触摸主板、显卡、内存卡等板卡上的电子元器件或金手指部分，以确保绝对安全。由于静电的影响导致装机过程出现问题，很难通过常规手段检测出来。

（3）佩戴专用的防静电设备。如果有条件，最好佩戴专用的防静电设备，如防静电服、防静电手套、防静电鞋和防静电手环等，如图3-4～图3-7所示。

图 3-4　防静电工作服

图 3-5　防静电手套

图 3-6　防静电鞋

图 3-7　防静电手环

3. 仔细阅读主板说明书

在装机前，仔细阅读主板说明书，有助于装机过程的顺利进行，因为主板说明书上包含丰富的内容，可以指导我们快速装机。

4. 尽可能做到规范操作

自助装机过程中，为了减少失误，一定要提出高标准要求，要注重细节，严格遵守装机过程中的规范。取放部件一定要做到轻拿轻放，特别是对于 CPU、显卡、内存条、硬盘等重要部件，不要堆叠，在安装过程中也不要使用蛮力。

5. 正确使用各种连接线缆

为了防止用户连接错误，计算机内部的各种连接线缆都采用了防呆设计，只要找到相应的接口，按照正确的方向插入即可，反方向则无法插入。在拔插线缆时，建议不要使用蛮力，切勿生拉硬扯，以免损坏接口，造成接口插针弯曲、变形或脱落。

（三）自助装机前的准备工作

1. 准备好台式机的各种配件

详细核对配置清单，确保配置单上所列的全部配件已经到位。一台配置完整的台式机应该包括主板、CPU、CPU 散热器、内存、硬盘、显卡、声卡（主板中都有板载声卡，除非用户有特殊需求）、网卡（默认集成）、机箱、电源、键盘、鼠标、显示器、数据线和电源线等配件。拆开所有配件的外包装盒，将它们规则地摆放在工作台上，并逐一识别确认，确保品牌、型号和数量与配置单上描述的信息完全一致，如图 3-8 所示。

图 3-8　台式机配件清单

2. 选择合适的装机环境

为了方便操作，建议整个装机过程在专业实验室内或专门的装机生产线上进行，如果个人用户不具备上述条件，也至少要选择一个大的防静电工作台，如图 3-9 所示，以防止静电给装机过程带来的影响。

3. 仔细阅读主板说明书

如图 3-10 所示，主板说明书图文并茂，包含的信息量很大，比如主板上的资源分布、各类接口的位置、信号的标识和各种跳线的设置等都有详细的说明。因此，在装机前阅读主板说明书，可以帮助我们解决在装机过程中可能遇到的很多问题，使装机过程变得更轻松。

图 3-9　防静电工作台

4. 准备必要的安装工具

"工欲善其事，必先利其器"，要想自己动手组装一台计算机，就应该提前准备好一套装机必备的工具。这些工具包括：平口螺丝刀、十字螺丝刀、尖嘴钳、斜口钳、镊子、万用表、吹气球、毛刷和导热硅脂等。

（1）螺丝刀。在装机时会用到两种螺丝刀，一种是平口螺丝刀，另一种是十字螺丝刀，如图 3-11 所示。购买螺丝刀时，应尽量选择带有磁性的螺丝刀，这样可以降低安装的难度，因为机箱内空间狭小，用手扶住螺丝进行安装很不方便。但螺丝刀上的磁性不能过大，以免对部分硬件（尤其是机械式硬磁盘）造成损坏。磁性的强弱以螺丝刀能吸住螺丝并不脱离为宜。

（2）尖嘴钳。如图 3-12 所示，尖嘴钳，主要用来固定一些螺丝、拆卸机箱后面的挡板或挡片。不过，现在的机箱多数都采用断裂式设计，用户只需用手来回对折几次，挡板或挡片就会从机箱上脱落。当然，使用尖嘴钳操作时会更加方便和安全。

（3）斜口钳。主要用于剪断导线以及元器件多余的引线，此外，还常用来代替一般剪刀剪切绝缘套管、尼龙扎线等。

（4）万用表。万用表主要用来检测主机电源的各路输出是否正常，另外还可以用它来检测关键元件的电阻、电压和电流是否正常，从而判断配件的故障点。

万用表分为数字式万用表和指针式万用表两种类型，它们的外观分别如图 3-13 和图 3-14 所示。数字式万用表使用方便、测试结果全面直观、读取速度迅速。指针式万用表测量的精度高于数字式万用表，但它使用起来不如数字式万用表方便。

（5）镊子。如图 3-15 所示，镊子用于设置主板上的跳线，比如用镊子夹出跳线帽并再次安装进去。还可用来夹取各种螺丝和比较小的零散物品。比如在安装过程中一颗螺丝掉入机箱内部，并且在一个地方被卡住，用手又无法取出，这时只能借助镊子取出。

（6）导热硅脂。如图 3-16 所示，它是安装 CPU 时必不可少的辅助用品。将导热硅脂均匀地涂抹到 CPU 的表面，可以帮助消除 CPU 和散热片接触面的空气间隙，增大热流通，减小热阻，有效降低 CPU 的工作温度，提高 CPU 的散热效率。

（7）其他可选工具。如图 3-17 所示，如果对旧机器进行升级或维护，当机箱内部灰尘较多时，可

图 3-10　主板说明书（用户手册）

图 3-11　螺丝刀

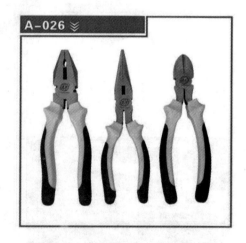

图 3-12　尖嘴钳、平口钳和斜口钳

使用吹气球或毛刷对机箱内部的灰尘进行清除，以解决因灰尘过多影响机器散热而所产生的故障。

图 3-13　数字万用表　　图 3-14　指针万用表　　　　　图 3-15　镊子

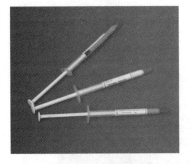

拓展知识

装机过程中的
注意事项

图 3-16　导热硅脂　　　　　　图 3-17　吹气球和毛刷

二、台式机组装的详细步骤

（一）主机部分的安装步骤

第 1 步：安装 CPU。在这里我们以 Intel 酷睿 i5-9400F 处理器的安装过程为例进行说明，该处理器是 64 位的，采用 LGA 1151 接口，如图 3-18 和图 3-19 所示。

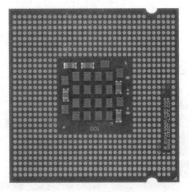

图 3-18　Intel 酷睿 i5-9400F 正面　　图 3-19　Intel 酷睿 i5-9400F 背面

　　取出主板，找到主板上 CPU 插槽的位置，按压 CPU 插槽边上的杠杆，如图 3-20 所示。抬起杠杆，CPU 底座即处于解锁状态，如图 3-21 所示。

图 3-20　按压 CPU 插槽边上的杠杆

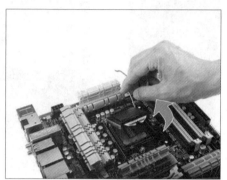

图 3-21　CPU 底座处于解锁状态

　　打开 CPU 盖子，如图 3-22 所示。注意 2 个三角标志，一个位于 CPU 插槽左下角，另一个位于 CPU 的一个边角，安装时注意保证两个三角标志同向对齐，如图 3-23 所示。

图 3-22　打开 CPU 的盖子

图 3-23　CPU 安装的正确方向

　　按下杠杆锁紧插槽，如图 3-24 所示。当 CPU 安装到位后，插槽上的塑料保护盖就会被顶出，如图 3-25 所示。

图 3-24　按下杠杆锁紧插槽

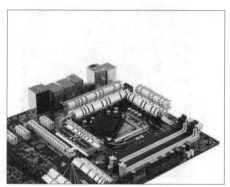

图 3-25　CPU 保护盖被自动顶出

　　第 2 步：安装 CPU 散热器。安装风扇前，清洁 CPU 表面并涂上适量的导热硅脂，如图 3-26 所示。

注意：如果风扇底部已经默认有导热硅脂，该步骤可省略。将散热器置于 CPU 的顶部，同时将 4 个锁扣对准主板上对应孔位，向下按压，风扇就被锁住了，如图 3-27 所示。

图 3-26 CPU 表面涂抹导热硅脂

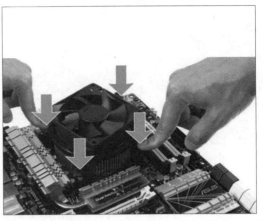

图 3-27 将散热器置于 CPU 的顶部固定

将 CPU 风扇电源座连接到主板对应的 CPU_FAN 位置，如图 3-28 所示。

第 3 步：安装内存条。现在大多数的主板都采用了双通道的内存设计，因此建议大家在选购内存条时，尽量选择两根同品牌、同规格的内存条来搭建内存的双通道，以充分发挥内存的性能。

主板上的内存插槽一般都采用不同的颜色来区分，如图 3-29 所示，将两根同品牌、同规格的内存条插入到相同颜色的插槽中，就相当于打开了内存的双通道功能。

图 3-28 连接 CPU 风扇的电源插座

图 3-29 主板上的内存插槽

安装内存条时，先用手将内存插槽两端的固定锁扣向外侧扳开，如图 3-30 所示。将内存条下方金手指处的缺口对准内存插槽内的凸起点，如图 3-31 所示。

将内存条垂直放入内存插槽内，再用两个大拇指按住内存条两端用力向下压，当听到"咔"的一声响后，即说明内存条已经安装到位，如图 3-32 所示。

拓展知识

内存的
双通道模式

图 3-30　扳开内存插槽两端的锁扣

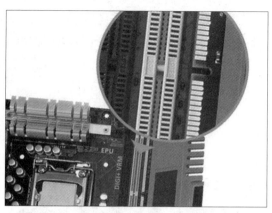

图 3-31　内存模组与内存插槽对齐

第 4 步：安装主机电源。卸下机箱侧盖的固定螺丝，打开机箱侧盖，如图 3-33 所示。将主机电源固定在机箱内部指定的位置。有些机箱的电源需要安装在顶部，而有些机箱的电源则需要安装在机箱底部，如图 3-34 所示。

确保电源固定螺丝孔位与机箱对应的螺孔对齐，将螺丝一一拧紧，电源即固定妥当，如图 3-35 所示。

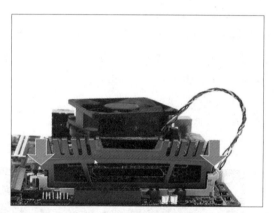

图 3-32　内存条安装到位

图 3-33　打开机箱侧盖板

图 3-34　安装主机电源

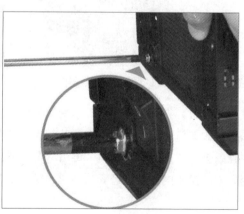

图 3-35　固定主机电源

第 5 步：固定主板。将主板附带的 I/O 挡片对准机箱背部长方形的开孔位置固定好，如图 3-36 所示。确认机箱内部对应位置的支撑铜柱是否均有安装，如果没有安装，则需要对位补齐。然后将主板放进机箱中，注意主板的 I/O 端口要与机箱 I/O 挡片开口处对齐，不要让主板直接接触到机箱的侧盖，主板上螺丝孔位（圆形开口）和机箱内的铜柱位置对齐，以便后续螺丝的固定，如图 3-37 所示。

图 3-36　固定 I/O 挡片

在机箱的附件中，可以看到有一个螺丝包，从中找到一款适合固定主板的圆头螺丝，然后与机箱铜柱孔对齐，用螺丝刀小心拧紧，注意不要滑口，如图 3-38 所示。

提示：不要将螺丝拧得太紧，以免损伤到主板的硬件。

第 6 步：连接主板上的前置接口、开关和指示灯跳线。

在将主板放入机箱内部之前，为了操作的方便，应先将主板上的前置 USB 接口、前置音频接口、电源开关、复位开关和硬盘、电源指示灯跳线与机箱前面板信号线相连接。如果忽略了这一步骤，那么机箱前面板的各种接口、开关和指示灯都将不起作用。

图 3-37　将主板放入机箱

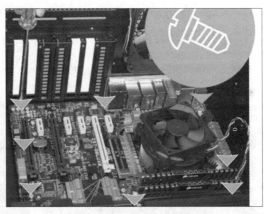

图 3-38　用螺丝固定主板

华硕独家设计的 Q-Connector（仅在部分指定型号有附赠）和主板前置面板跳线插针定义完全一致，用户仅需将机箱前置信号线插针先连接到 Q-Connector 对应的位置，然后再将 Q-Connector 插头插入主板对应的跳线插座即可，如图 3-39 和图 3-40 所示。

如果没有 Q-Connector，机箱前面板信号线插针有文字的一面需要朝着主板外部，然后对照主板跳线的信号标识插入相应跳线插座即可，如图 3-41 和图 3-42 所示。

按主板上的标识或参考主板说明书，找到主板上对应的前置 USB 和音频接口跳线插座，注意看好缺针的位置后，再将机箱前面板前置接口信号线插头插入即可，如图 3-43 所示。

第 7 步：安装显卡。如果需要安装扩展卡，首先需要移除对应插槽位置的金属背板，所以安装显示卡前，也应将 PCI-E 16X 插槽对应的金属背板移除，如图 3-44 所示。

将 PCI-E 16X 显卡插入距离 CPU 最近的一个 PCI-E X16 插槽中，如图 3-45 所示。

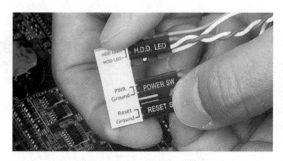

图 3-39 机箱前置信号线插针连接到 Q-Connector

图 3-40 Q-Connector 插头插入主板对应跳线插座

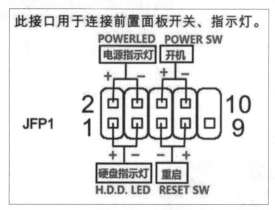

图 3-41 主板上机箱前面板开关和指示灯跳线插座

图 3-42 机箱前面板开关和指示灯信号线插头

图 3-43 主板前置接口的跳线插座和
主箱前面板前置接口信号线插头

图 3-44 移除 PCI-E 16X 插槽对应的金属背板

　　确认 PCI-E 16X 插槽一侧的锁扣扣住显卡的金手指，同时显示卡另一侧挡板与机箱背板的位置吻合，用螺丝将显卡挡板与机箱固定，如图 3-46 所示。

　　将主机电源中显卡专用电源信号输出插头插到显卡的电源插座上，如图 3-47 所示。

　　第 8 步：安装硬盘。对于普通的机箱而言，我们只需要将硬盘放入机箱的硬盘托架上，拧紧螺丝使其固定即可。有很多用户使用了可折卸的 3.5 寸硬盘托架，如图 3-48 所示。这样硬盘安装起来就会更加简单。这样的机箱中，一般都设计有固定 3.5 寸硬盘托架的扳手，拉动此扳手即可固定或取下 3.5 寸硬盘托架，如图 3-49 所示。

图 3-45　将 PCI-E 16X 显卡插入主板 PCI-E X16 插槽中　　图 3-46　用螺丝将 PCI-E 16X 显卡固定在机箱上

图 3-47　显卡专用电源信号输出插头　　　　　　　　图 3-48　可拆卸的硬盘托架

图 3-49　硬盘托架的拆卸

硬盘托架取出后。这样，我们就可以在机箱外完成硬盘的安装操作，如图 3-50 和图 3-51 所示。

 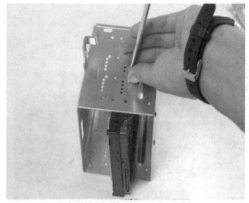

图 3-50　在机箱外完成硬盘的安装　　　　　图 3-51　将硬盘固定在硬盘托架上

将托架重新装入机箱，并将固定扳手拉回原位固定好硬盘托架，如图 3-52 所示。

图 3-52　将硬盘托架固定在机箱上

第 9 步：安装光驱。安装光驱的方法与安装硬盘的方法大致相同，对于普通的机箱，我们只需要将机箱 5.25 寸的托架前的面板拆除，如图 3-53 所示。然后将光驱按正确的方向推入空出的仓位，拧紧螺丝即可，如图 3-54 所示。

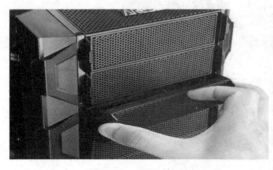 

图 3-53　取下前面板　　　　　　　　　图 3-54　将光驱推入安装仓位

第 10 步：连接数据线和电源线。

首先连接硬盘的数据线和电源线。图 3-55 所示为一块 SATA 接口的硬盘，右边红色的为数据线，左边黑、黄、红交叉排列的则是电源线，安装时将这些线缆的一端分别插入硬盘对应的接口即可。数据线的另一端则插到主板上的 SATA 接口上，一般接 SATA1 6 Gbit/s 的接口。

有必要提醒大家的是：现在计算机主机内部的接口设计均比较人性化，采用了防呆设计，如果我们在连接电缆时，不慎将方向搞反了，该线缆是无法插入对应接口的。

由于现在的光驱也都采用了 SATA 接口，所以光驱的电源线和数据线的连接与硬盘相应端口的连接方式类似，如图 3-56 所示。

接下来，找到主机电源的 ATX 24/20+4 输出插头，将其插入主板的供电接口，如图 3-57 所示。

关于 CPU 的供电接口，现在部分主板仍采用 4PIN 的加强供电接口设计，而高端主板则使用了 8PIN 的设计，以保证 CPU 稳定的电源供应。

在主板靠近 CPU 的位置找到 CPU 的供电接口，将主机电源的 8 针 CPU 电源输出插头（4+4 针或原生 8 针）插入其中，如果 CPU 只用了 4 根电源线，那就只连接其中的 4 根电源线插头，而另一半放在一边即可，如图 3-58 所示。

上述线缆连接完成以后，出于主机散热方面的考虑，有必要对机箱内部的各种线缆进行简单的整理和适当的捆扎，以保证其排列有序并尽量节省机箱内部空间，这对机箱内部的散热有好处。

图 3-55　硬盘数据线和电源线的连接

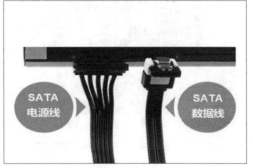

图 3-56　光驱数据线和电源线的连接

图 3-57　连接主板的电源

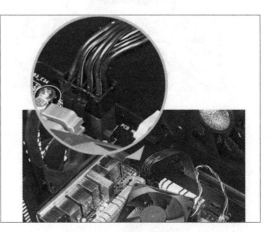

图 3-58　连接 CPU 的电源

（二）完成主机与外设的连接

1. 连接显示器

参照图 3-59 和图 3-60，先将显示器摆放在主机一侧，然后将显示器电源线和数据线分别与显示器背后对应的接口相连接（如果显卡支持 DVI 接口，建议使用 DVI 数据线，如果不支持也可以使用 VGA 接口数据线，但一般两种接口只选择其一连接主机即可），电源线的另外一端连接外部 220 V 交流电电源插座（电源插座的开关暂时处于关闭状态），数据线的另外一端连接主机背后显卡的输出接口。

2. 连接键盘、鼠标

键盘和鼠标是现代计算机中最为重要的输入设备，分为 PS/2 接口和 USB 接口和无线等三种类型，如图 3-61 和图 3-62 所示。

在连接 PS/2 接口的键盘和鼠标时，一定要看清楚插头的方向，一般插头上标有箭头的一面应朝主板的正面上方；至于 USB 接口的键盘和鼠标，连接起来就更简单了，分别插入主板后侧面板的任意 USB 接口即可，如图 3-63 所示。但最好不要占用 USB 3.x 高速接口，以免造成高速接口的资源浪费。

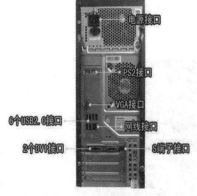

图 3-59　显示器背后的接口　　　　图 3-60　主机背后的接口

图 3-61　PS/2 接口的鼠标和键盘　　　图 3-62　USB 接口和无线键盘、鼠标

3. 连接音箱

在多媒体计算机中音箱已经成为必不可少的音频输出设备。连接音箱时，先将音箱摆放在主机的

一侧,然后将音箱的电源线连接 220 V 交流电电源插座上。紧接着将音箱的信号线与主机背后的音频输出端相连接,连接时注意接口颜色和标识,如图 3-64 所示的 4、5、6 号接口。

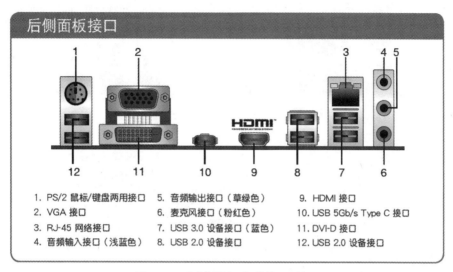

图 3-63 主板后侧面板的 USB 接口

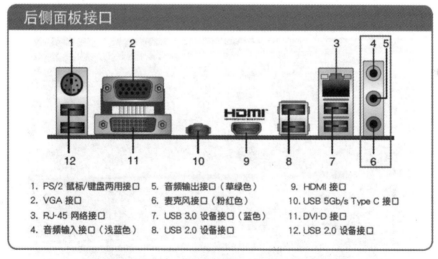

图 3-64 主板后侧面板的音频接口

4. 连接网线

将网线的 RJ-45 插头插入主板后侧面板的网络接口,如图 3-65 所示的 3 号接口。

5. 其他外设的连接

例如,摄像头、打印机、扫描仪等,由于这些设备都是选配设备,这里就不再详细描述了。

(三)开机检测

首先将主机电源线接至 220 V 交流电输入插座,按下插座开关,接通外部电源,然后按主机前面板的电源开关,认真观察主机和显示器的反应。

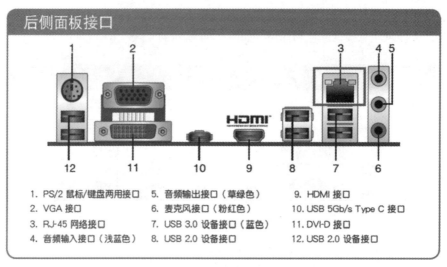

图 3-65 主板后侧面板的网络接口

1. 开机后正常自检

正常情况下，按一下主机前面板的电源开关，主机前面板的电源指示灯会亮，此时若听到"嘀"的一声响，表明 CPU 已经开始工作，并且显示器上出现开机自检的界面，如图 3-66 所示，如果自检过程比较顺利，无异常信息或报警声，就可以初步判断计算机的硬件组装成功。

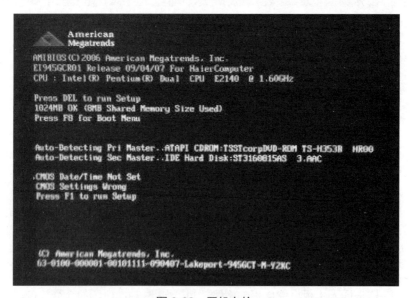

图 3-66 开机自检

2. 无法正常开机

如果按一下主机前面板的电源开关，计算机没有任何反应，则要根据实际情况，查找故障原因，具体检查步骤如下：

（1）检查主机电源线是与否外部 220 V 交流电输入插座正常连接，并打开插座开关。

（2）使用数字万用表检测主机电源的各路输出电压是否在正常的范围内。

（3）检查机箱内部数据线、电源线连接是否正确。

（4）检查机箱前置接口、前面板电源开关、复位开关和电源、硬盘工作指示灯接线是否正确，没有连接或连接错误，将会导致机箱前面板开关、指示灯无效。

（5）对照主板说明书，检查主板上的跳线设置是否正确。

（6）检查各个硬件配件的安装是否牢固，如 CPU、显卡、内存、硬盘等。

（7）检查机箱中的线缆是否搭在散热器的风扇上，影响正常散热。

（8）检查机箱内有无其他杂物落入其中。

（9）检查主机与外设的连接是否正常，如显示器、键盘、鼠标和音箱等。

最坏的一种情况，就是当按一下主机前面板的电源开关，机箱内出现冒烟或发出焦臭味等异常情况，则应立即切断外部电源，防止硬件的进一步损坏，然后请计算机专家处理。

（四）整理工作

经过开机检测，确定计算机硬件的组装过程没有任何问题，硬件组装阶段的工作就将大功告成。接下来，需要整理机箱内部的线缆，并盖上机箱的侧盖，为下一阶段软件的安装做准备。

整理机箱内部的线缆是一项细心而必要的工作，因为机箱内部空间有限，连接线缆又比较多，如果不进行必要的整理，会显得十分杂乱，影响机箱内部空气的流通，对系统散热造成影响；另外，杂乱的线缆有可能会卡住 CPU 散热器、主板、显卡等设备的散热风扇，影响其正常工作，导致 CPU 或显卡等配件工作时温度过高，引发各种不确定性故障的出现。所以千万不要忽略硬件组装完成后的整理工作，工作做得越细，对系统后期的维护越有利。

为了节省机箱内部的空间，现在的机箱大多数都采用了背部理线设计，也就是使用塑料捆扎带将各种连接线缆分类捆扎好，然后按背部理线的方法进行走线，如图 3-67 所示。

（五）安全性须知

1. 电气方面的安全性

（1）为避免可能的电击造成严重损害，在搬动计算机主机之前，务必先将主机的电源线暂时从外部电源输入插座中拔掉，确保在断电情况下移动主机。

（2）当需要添加新的硬件设备到系统中时，请务必先连接该设备的数据线，然后再连接电源线。可能的话，在安装硬件设备之前先拔掉主机的电源线。

（3）当要从主板上拔掉任何的数据线之前，请确定所有的电源线已事先拔掉。

（4）使用扩展卡或适配卡之前，建议先寻求专业人士的协助，这些设备有可能会干扰接地的回路。

图 3-67　背部理线示意图

（5）请确定外部电源的电压设置已调整到本国 / 本区域所使用的电压标准值。若用户不确定所属区域的供应电压值，那么请就近询问当地的电力公司人员。

（6）如果主机电源已损坏，请不要尝试自行修复，请将之交给专业技术服务人员或经销商来处理。

2. 操作方面的安全性

（1）在尝试自行组装计算机的硬件之前，请务必详细阅读主板说明书，以获得相关的帮助信息。

（2）使用主板前，应检查确认包装盒中的附件是否齐全。

（3）硬件组装基本完成，在进行开机检测前，确保所有配件的数据线和电源线都已连接好。

（4）为避免发生电气短路的情形，务必将所有没用到的螺丝、回形针及其他零件收好，不要遗留在主板上或计算机主机中。

（5）灰尘、湿气以及剧烈的温度变化都会影响主机的使用寿命，因此用户应尽量避免将主机放置在这些地方。

（6）请勿将计算机主机放置在容易摇晃的地方。

（7）若在装机的过程中遇到任何技术性的问题，请尽量与专业技术人员进行联络。

项目实施

任务 3.1　做好硬件组装前的准备工作

小强根据自己所学专业知识，确定了自己想要购买的台式机的详细配置，并且选择合适的时机亲自到电脑城购买了计算机的所有配件，现在想要亲自动手完成台式机硬件的组装过程。为了保证装机过程的顺利进行，在进行硬件组装之前必须要做好相应的准备工作。

任务目标

根据前面所学的自助装机基本常识，做好台式机硬件组装前的准备工作。

任务实施

1. 参观合作企业装机流水线

根据课程的授课计划，由课程任课教师和实验指导教师共同组织学生到惠普、联想、富士康等企业参观装机流水线，熟悉台式机的装机环境、装机要求和操作规程等。

2. 通过观摩学习，积累经验

如果有同学或朋友需要购买台式机或笔记本电脑，请以专业人员的身份为他们提供必要的帮助，并主动陪他们到电脑城完成购机过程的现场体验，因为这对你来讲又是一次难得的学习机会。

3. 购买一套属于自己的工具

从网上购买一套专业的台式机组装必备的工具，可以根据实际需要选择性购买，但这些工具至少应包含十字螺丝刀、平口螺丝刀、尖嘴钳、扁口钳、镊子、吹气球、毛刷和导热硅脂等。

4. 选择合适的装机工作环境

从专业的角度来讲，准备一个大的工作台，铺上一层防静电的垫子，保持桌面的干净、整洁，采取必要的防静电措施，这是非常有必要的。如果你是一名在校学生，选择在专业实训室完成装机任务当然是最好的选择，因为实训室内环境优越，工具设备也比较齐全，还可以有老师的监督指导。

5.准备好台式机的各种配件

拆开台式机所有配件的包装盒，并将它们规则地摆放在工作台上。根据前面所学的知识，一一识别确认，并对照配置清单清点，检查各种配件的品牌、型号和数量，确保正确无误。

6.认真仔细阅读主板说明书

认真仔细阅读主板说明书，了解装机过程必须掌握的信息，例如，主板的详细参数、主板的结构、各种接口和跳线的位置、跳线的设置方法、机箱前置接口、前面板的电源开关、复位开关和电源、硬盘工作指示灯的信号线的连接方法、BIOS 设置详解等，这些对于初次装机的你来讲太重要了。

任务小结

本任务带着大家完成了台式机硬件组装前的准备工作，这为下一步完成台式机硬件的组装奠定了基础，准备工作越充分，装机过程越顺利。

任务 3.2　自助完成台式机的硬件组装

在做了充分的准备工作后，小强请求任课老师作技术指导，监督自己完成一台台式机的硬件组装过程。对于小强提出的想法，任课老师表示充分肯定，鼓励其放下顾虑，大胆操作，完成一次真正的装机过程，并为其提供了场地和设备的支持。

任务目标

在任课老师的监督和指导下，亲自动手完成台式机的硬件组装，然后对任务完成情况进行总结。

视 频

台式机的硬件
组装视频

任务实施

1.观看硬件组装相关视频

2.做好简单的放静电处理

按照前面所述的方法，进行简单的放静电处理，防止操作过程中受静电的影响导致不确定性故障的出现，确保硬件组装过程万无一失。

3.台式机组装的操作步骤

第 1 步：拆开主机箱的完整包装，将其中所附带的螺丝包打开，并按照不同规格分开放置到螺丝器皿中。

第 2 步：拆开主板的包装盒并从中取出主板，然后背光观察主板的定位螺丝孔位置，并参照螺丝孔位置在主机箱的底板上安装固定螺栓。

第 3 步：认真阅读主板说明书，了解主板的结构以及各种跳线的含义，以确定机箱前面板开关、指示灯及前置接口信号线连接方法。

第 4 步：将 CPU 按照正确的方向安装到主板上。

第 5 步：在 CPU 表面涂抹适量的导热硅脂，再将 CPU 散热器平稳地安装到位。

第 6 步：将 CPU 散热器的风扇电源线与主板上 CPU 风扇电源插座 CPU_FAN 相连接。

第 7 步：按正确的方向，将内存条正确地安装到主板上（注意双通道内存条的安装方法）。

第 8 步：将主机电源固定在机箱上，注意安装方向和螺丝孔的准确定位。

第 9 步：参照主板说明书，将机箱前面板开关、指示灯及前置接口信号线与主板相连。

第 10 步：对照主板定位螺丝孔，用规定型号螺丝将主板固定到机箱底板上。

第 11 步：将硬盘、光驱安装到机箱合适的仓位，安装时考虑数据线的长度和安装的方便性。

第 12 步：将硬盘、光驱的数据线和电源线分别与主板和主机电源相连接。

第 13 步：接着安装网卡、显卡及其他扩展板卡到主板相应的扩展插槽中。

第 14 步：连接主板的电源线。

第 15 步：将键盘、鼠标、显示器等外设分别与主机连接，注意键盘和鼠标的接口不能混用。

4. 开机检测

第 1 步：将显示器、主机的电源线与外部交流电的输入插座相连。

第 2 步：打开外部电源输入插座的开关，打开显示器，然后按主机箱前面板的电源开关。

第 3 步：这时如果显示器正常点亮，计算机作正常的开机自检，并无错误和警告信息，则表明硬件的组装过程基本完成。

5. 硬件组装完成后的整理

经过开机检测，确定硬件的组装过程没有任何问题。接下来，需要整理机箱内部的线缆，并盖上机箱的侧盖，为下一阶段软件的安装作准备。

任务小结

本任务引导大家完成了台式机的硬件组装工作，通过本任务的完成，同学们应该掌握了台式机硬件组装的方法，这为自助装机的后续工作打下了基础。

项目总结

本项目主要介绍了台式机硬件组装前的注意事项、硬件组装前的准备工作，包括装机环境和工具方面的准备，同时也强调了硬件组装过程中的注意事项；最后通过两个具体的工作任务，让大家实际体验了台式机硬件组装的全过程。相信通过本项目的学习，让大家真正地掌握台式机硬件组装的实用技能。

自测题

一、单项选择题

1. 在安装 CPU 散热器前，我们需要在 CPU 的表面涂抹少量硅脂，其主要目的是（   ）。

A. 将 CPU 工作时产生的热量迅速传导至散热器上　　　B. 保持散热器安装平稳

C. 让 CPU 与主板保持良好接触　　　　　　　　　　　D. 提高 CPU 散热器风扇的转速

2. 为了保证用户的权益，盒装 CPU 在安装完成后，必须要保留的附件是（   ）。

A. CPU 的购买发票　　　　　　　　　　　　　　　　B. 计算机的装机单

C. CPU 散热器 D. CPU 产品序列号贴纸

3. 对于支持双通道内存的主板，我们在购买内存时的建议是（ ）。

A. 买单条的内存 B. 买双条或四条内存

C. 没有限制，怎么买都可以 D. 哪种买法省钱，就按哪种买法购买

4. 在进行计算机硬件组装的过程中，有必须使用最小系统测试法对基本硬件的组装进行验证，以确保前面的组装步骤没有问题，这里指的最小系统是指（ ）。

A. 主板 +CPU+ 散热器

B. 主板 +CPU+ 散热器 + 内存条

C. 主板 +CPU+ 散热器 + 内存条 + 显卡 + 电源 + 显示器

D. 主板 +CPU+ 内存条

5. （ ）决定了主板可以支持的内存类型、插槽形式和支持的内存条数量。

A. 南桥芯片 B. 北桥芯片 C. 内存接口 D. 内存颗粒

6. 不要在十分干燥的环境下组装计算机。环境湿度最好在（ ）左右。

A. 20%~30% B. 30%~40% C. 40%~50% D. 60%~70%

7. 在组装台式机的过程中，建议不要直接用手触摸主板、显卡、内存条等部件上的电子元器件或金手指部分，其原因是（ ）。

A. 在装机过程中由于摩擦而产生的静电积累，可能会击穿元器件

B. 以免弄脏了主板等相关部件，不易清洁

C. 避免因为用户的误操作导致部件关键部位的损坏

D. 避免主板、显卡、内存条件的电路部分发生短路

8. 对微型计算机工作影响最小的是（ ）。

A. 温度 B. 噪声 C. 灰尘 D. 磁铁

9. 下列设备中既属于输入设备又属于输出设备的是（ ）。

A. 硬盘 B. 显示器 C. 打印机 D. 键盘

10. 如果有机械式硬盘和固态硬盘两块硬盘需要安装，那么应该选择（ ）作为系统盘使用，并优先使用 SATA 6Gbit/s 1 接口。

A. 机械式硬盘 B. 固态硬盘

C. 随便哪一块硬盘 D. 按硬盘接口类型区分

二、多项选择题

1. 盒装 CPU 与散装 CPU 存在（ ）区别。

A. 供应市 bai 场区别 B. 保修期区别

C. 风扇的区别 D. 质量上的区别

2. 主板的包装盒内一般包含以下附件（ ）。

A. 主板说明书或用户手册 B. 驱动程序光盘

C. 主板主机箱背后的挡板 D. 硬盘的数据线

3.目前市场主流主板都带有 M.2 接口，用于连接固态硬盘，它有 PCI-EX2 和 PCI-EX4 两种接口标准，对于这种接口标准的速度描述正确的是（　　）。

A. 两种接口标准的速度速度差不多

B. 采用 PCI-EX2 接口标准的 M.2 接口最大的读取速度可以达到 700 MB/s，写入也能达到 550 MB/s

C. 采用 PCI-EX2 接口标准的 M.2 接口最大的读取速度可以达到 550 MB/s，写入更能达到 700 MB/s

D. 采用 PCI-EX4 接口标准的 M.2 接口，理论带宽可达 4 GB/s

4.对于现在市场主流显卡描述正确的是（　　）。

A. 需要独立供电　　　　　　　　　B. 附带独立的散热装置

C. 显存容量比较大　　　　　　　　D. 显存的类型一般都是 GDDR5

5.现在市场主流机箱，一般都具有以下特点（　　）。

A. 下置电源设计　　　　　　　　　B. 支持背部理线

C. 提供 USB 3.0 接口　　　　　　　D. 不支持 HDMI 接口

三、判断题

1.计算机硬件组装的前几个步骤分别为：安装 CPU 和散热器、安装内存条、连接机箱前面板开关和指示灯跳线，主要原因是方便在机箱外操作并观察主板上相关接口和跳线的标识。　　　　（　　）

2.使用最小系统测试法可以判断故障发生的部位。　　　　　　　　　　　　　　　　（　　）

3.因为 VGA 接口比起 HDMI 接口速度要快，所以一般显示器与主机连接时使用的是 VGA 接口。
　　　　　　　　　　　　　　　　　　　　　　　　　　　　　　　　　　　　　（　　）

4.由于键盘和鼠标是最常用的输入设备，为了保证其反应速度较快，所以最好使用 USB 接口将其连接到主机箱背后的 USB3.0 接口上。　　　　　　　　　　　　　　　　　　　　　（　　）

5.在硬件组装的全过程中，为了避免电源短路烧坏硬件部件和减少误操作带来的风险，最好与外部电源断开连接，直到安装的最后阶段，经反复确认没有问题，才连接外部电源进行测试。（　　）

四、简答题

1.按照配置单的要求，将所有配件从市场上购置到位以后，一般需要提醒用户哪些附件是必须要保留的，以便于日后进行产品的售后及指导硬件安装的过程。

2.在硬件组装过程中，如果事先没有做好防静电处理，可能会对计算机产生什么影响？

项目四
系统安装前的准备工作

 **项目情境**

为何看不到我们熟悉的 Windows 徽标

经过项目三的学习，小强又一次实现了自我突破，已经能够独立地完成一台台式机的硬件组装了。要知道，这对于一个初学者来讲，意味着什么，算是一个很大的进步了。

可是当小强完成台式机的硬件组装，进行开机检测时，却没有看到他所期待的界面，为何看不到他熟悉的 Windows 徽标呢？

当他带着这个问题询问任课老师时，老师耐心地告诉他："有这种探究精神非常好，带着问题学习会让你学习起来更具针对性。但你问到的这个问题同时表明你对计算机的了解还不够深入，我们通过项目四组装完成一台新机，硬盘里面是空的，没有安装包括操作系统在内的任何软件，开机能够自检，表明硬件组装过程没有问题，且它是有生命的，但我们只能勉强称它为'裸机'，因为它没有安装软件，所以什么都干不了。"这样的解答让小强恍然大悟，他对后面的学习内容有更多的期待。

本项目将为大家讲解系统安装前的准备工作，包括 BIOS 相关知识、系统 U 盘的制作、硬盘的初始化操作等。

 **学习目标**

◆ 了解 BIOS 设置以及硬盘初始化的相关知识；

◆ 理解 BIOS 设置项的含义，掌握 BIOS 设置的基本方法；

◆ 掌握系统启动 U 盘的制作方法；

◆ 掌握硬盘的分区及高级格式化的操作方法。

技能要求

◆ 能够针对具体的计算机系统合理地完成其 BIOS 的相关设置；

◆ 能够制作系统启动 U 盘；

◆能够根据实际的应用需求完成硬盘的分区及高级格式化操作。

相关知识

一、BIOS 设置与升级

（一）BIOS 相关知识

1.BIOS

BIOS 全称为 Basic Input and Output System，即基本输入 / 输出系统（见图 4-1），是被固化在主板

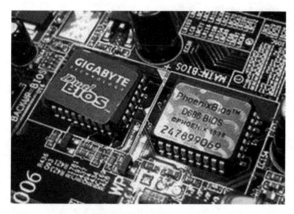

上的一个 ROM 芯片中的一组程序，这组程序包括基本输入 / 输出程序、系统信息设置程序、开机加电自检程序和系统启动自检程序等。BIOS 为计算机提供最底层的、最直接的硬件设置和控制。

BIOS 的主要功能包括加电自检（Power-On Self-Test，POST）及初始化、系统启动自检、系统设置和硬件中断处理等。现在的 BIOS 中还加入了电源管理、CPU 参数调整、系统监控、计算机病毒防护等功能。有些厂商会定期地对 BIOS 进行更新，使得 BIOS 功能越来越强大。

图 4-1　主板上的 BIOS 芯片

计算机开机后 BIOS 首先被启动，由它对计算机的硬件进行自检和初始化。如果未发现问题，再引导操作系统，把对计算机的控制权交给用户。

BIOS 是主板的重要组成部分，一块主板的性能是否优越，很大程度上决定于主板 BIOS 程序是否包含先进的功能。

2.CMOS

系统的硬件信息存储在主板上的一个 RAM 芯片中，这个芯片也称为 CMOS（Complementary Metal Oxide Semiconductor）芯片，现在该芯片已经被集成在主板芯片组中，并由 CMOS 电池独立供电，即使系统断电，信息也不会丢失。而 BIOS 中的系统信息设置程序就是用于对这部分的信息进行设置的。BIOS 中的系统信息设置程序可提供一个交互式的界面供用户使用，方便用户对系统信息进行设置。通常，我们将这个设置过程称为"BIOS 设置"或"CMOS 设置"。

3.BIOS 和 CMOS 的区别和联系

在计算机的日常维护过程中，我们经常会听到"BIOS 芯片"和"CMOS 设置"等这些术语，对于非专业人员来讲，很容易将这两个术语混淆。因此，我们有必要在这里对这两者进行一个简单的比较。

事实上，BIOS 芯片就是主板上的一个用于存放 BIOS 程序的芯片，BOIS 程序中又包含了系统信息设置程序，系统信息设置程序在系统自检过程中，以中断的方式进行调用，并向用户提供一个交互式的操作界面，方便对存储于 CMOS 芯片中的系统信息进行（包括硬件配置和用户对某些参数的设定）

设置和修改。

换句话说，CMOS 芯片是系统参数存放的地方，而 BIOS 中的系统信息设置程序是完成参数设置的手段，即通过 BIOS 中的系统信息设置程序完成对 CMOS 芯片中系统参数的设置。

（二）BIOS 的种类

目前市面上较流行的主板 BIOS 主要有 Award BIOS、AMI BIOS、Phoenix BIOS 三种类型。

Award BIOS 是由 Award Software 公司开发的 BIOS 产品，在目前的主板中使用最为广泛。Award BIOS 功能较为齐全，支持许多新硬件，目前市面上多数主板都采用了这种 BIOS。

AMI BIOS 是 AMI 公司出品的 BIOS 系统软件，开发于 20 世纪 80 年代中期，早期的 286、386 大多采用 AMI BIOS，它对各种软、硬件的适应性好，能保证系统性能的稳定，到 20 世纪 90 年代后，绿色节能计算机开始普及，AMI 却没能及时推出新版本来适应市场，使得 Award BIOS 占领了大半壁江山。当然现在的 AMI 也有非常不错的表现，新推出的版本依然功能强劲。

Phoenix BIOS 是 Phoenix 公司产品，Phoenix 意为凤凰或埃及神话中的长生鸟，有完美之物的含义。Phoenix BIOS 多用于高档原装品牌机和笔记本电脑上，具有画面整洁、操作简单等优点。

（三）BIOS 的设置

1. 进入 BIOS 设置界面

不同厂家推出的 BIOS，其功能有一定的差异，BIOS 中的系统信息设置程序提供的交互式界面也有不同的风格，进入 BIOS 设置程序的方法也略有不同。通常情况下，只有在计算机开机自检过程中按下键盘上的某个功能键，才能进入 BIOS 设置程序的主界面。

对于使用 Phoenix BIOS 的主板，开机自检过程中按 <Del> 键即进入 BIOS 设置程序的主界面，如图 4-2 所示。

对于使用 Award BIOS 的主板，开机自检过程中按 <Ctrl> + <Alt> + <Esc>、<Del> 或 <Esc> 键即可进入 BIOS 设置程序的主界面，如图 4-3 所示。

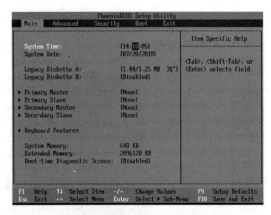

图 4-2　Phoenix BIOS 设置程序

对于使用 AMI BIOS 的主板，开机自检过程中按 <Del> 或 <Esc> 键即进入 BIOS 设置程序的主界面，如图 4-4 所示。

扩展知识

对于特定的品牌机或笔记本电脑进入 BIOS 设置程序的方式不尽相同。例如，有的品牌机规定在开机自检过程中按下 <F1>、<F2> 或 <F10> 功能键才能进入 BIOS 设置程序的界面。具体情况用户可以查阅主板说明书或咨询主板经销商或代理商的客服人员。

2.BIOS 设置

BIOS 的种类不同，各参数选项名称与设置方式在细节上略有差别，但是一些基本的设置选项都比较类似。由于现在的智能化程度非常高，主板出厂的设置基本都是最佳设置，因此用户在设置相关参数时，只需要根据需要调整很少的一部分，没有必要大范围调整，如大范围调整导致部分参数设置不合理，反倒会影响系统的正常工作或降低系统性能。在这里，我们就以 Phoenix BIOS 为例，介绍一些经常用到的设置选项，如设置密码、调整系统日期和时间、设置启动顺序等，以便实际应用时作参考。

在设置相应的选项之前，请留意 BIOS 设置程序主界面中的必要帮助，如图 4-5 所示。

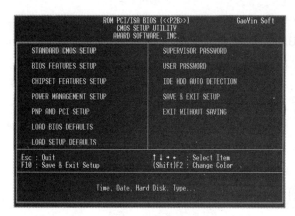

<table>
<tr><td>图 4-3　Award BIOS 设置程序</td><td>图 4-4　AMI BIOS 设置程序</td></tr>
</table>

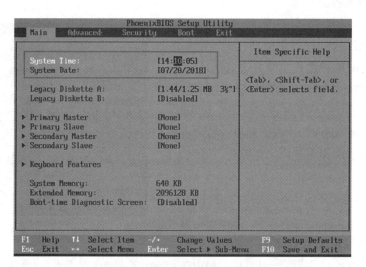

图 4-5　Phoenix BIOS 设置帮助

（1）设置日期和时间。

在 Phoenix BIOS 设置程序的主界面中，System Time 和 System Date 分别用于调整系统的时间和日期。在设置时间和日期时，直接在光标处输入相应的数字即可，如图 4-6 所示。

（2）设置密码。

这里所说的密码是指进入 BIOS 设置程序时，为区别用户的身份而设置的密码，不同身份对于 BIOS 设置的权限是不一样的。比如，超级用户可以对 BIOS 设置的所有选项进行调整，而对于一般用户而言，BIOS 设置中的大多数选项是没有权限修改的。当然，这里设置的密码也可以是为了保护计算机而专门设置的开机保护密码，它不同于系统的登录密码，开机时只有输入正确的开机密码，才能够正确引导操作系统至系统登录界面。

基于以上原因，所以在 BIOS 中可以为计算机设置两种密码：即超级用户密码和用户密码。

在 BIOS 设置程序的界面中，选择"Security"主菜单项，找到其中的"Set Supervisor Password"选项后按 <Enter> 键，就能够设置超级用户的密码，如图 4-7 所示。

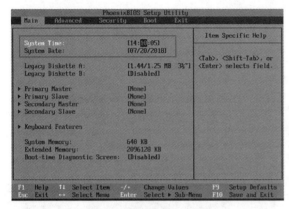

图 4-6　调整系统日期和时间

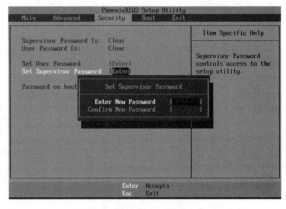

图 4-7　设置超级用户密码

注意：密码可以是英文字母、数字、特殊符号和空格键，且字母区分大小写。

这里需要输入两次相同的密码，确保设置的密码正确无误，然后按 <Enter> 键确认密码设置成功，如图 4-8 所示。

如果要设置一般用户的密码，则需选择"Security"主菜单项，找到其中的"Set User Password"选项后按 <Enter> 键，就能够设置一般用户的密码。这里不再赘述。

如果要取消密码，必须先以超级用户身份进入 BIOS 设置程序，然后选择"Security"主菜单项，找到其中的"Set Supervisor Password"或"Set User Password"选项后，连续按两次 <Enter> 键即可清空相应用户的密码。

（3）设置系统的启动顺序。

设置系统的启动顺序可以说是 BIOS 设置程序中用得最多的一个选项，在使用 U 盘重新安装系统、对硬盘进行初始化或对系统进行必要的维护时，一般都会调整此项设置。

要调整系统的启动顺序，必须在 BIOS 设置程序的界面中，选择"Boot"主菜单项，如图 4-9 所示。在界面中，我们可以看到有四种常见的启动设备，即 Removable Devices（移动存储设备，比如 U 盘）、+Hard Drive（硬盘）、CD-ROM Drive（光盘驱动器）和 Network boot（网卡）。从上到下的排列顺序代表了系统启动时读取设备的优先级（从高到低的排列顺序）。

如果需要使用可启动的系统安装 U 盘初始化硬盘或安装操作系统，则可将"Removable Devices"选项调整到最上面，即让 U 盘优先启动。具体调整方法是：光标移动到"Removable Devices"选项，然后通过按"+"、"—"键使相应选项向上或向下移动。

（4）保存并退出 BIOS。

当调整完所有需要调整的选项后，可以保存设置的结果并退出 BIOS 设置程序，重新启动计算机。具体方法是：在 BIOS 设置程序的界面中，选择"Exit"主菜单项，如图 4-10 所示。

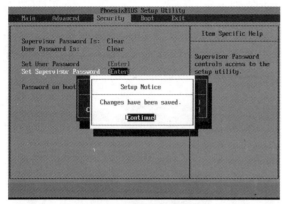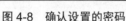

图 4-8　确认设置的密码

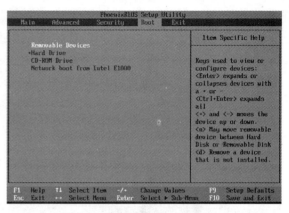

图 4-9　设置系统的启动顺序

在"Exit"主菜单下有 5 个选项,各个选项含义如下所示:

Exit Saving Changes:保存修改并退出。

Exit Discarding Changes:放弃修改并退出。

Load Setup Defaults:加载缺少的设置。

Discard Changes:不保存修改。

Save Changes:保存修改值。

可以根据实际情况,选择相应的选项,完成具体操作。

(四)BIOS 的更新

对于 BIOS 来说,并不是越新越好。主板厂家对于 BIOS 的更新,主要用来解决主板对于极个别硬件的兼容性问题,使之可以支持更多、更新的硬件产品,但对于整机性能的影响却微乎其微。

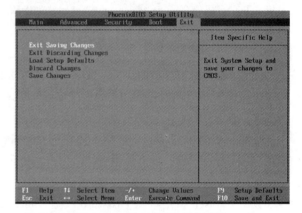

图 4-10　退出 BIOS 设置程序

升级、更新 BIOS,只要方法得当,胆大心细,并且做好了万一失败后的修复准备工作,应该来说还是比较简单的。当然也存在一定的风险,所以对于一般的用户来说,如果没有特殊原因,还是不要去冒这个险。

下面以技嘉品牌主板为例介绍 BIOS 的更新方法。技嘉主板提供了两种独特的 BIOS 更新方法:Q-Flash 及 @BIOS。我们可以选择其中一种方法,不用进入 DOS 模式,即可轻松完成 BIOS 更新。

此外,技嘉的某些主板提供了 DualBIOS 设计,即通过增加一颗实体备份 BIOS,使计算机的安全及稳定性得到增强。

1.DualBIOS

DualBIOS 就是在主板上设置两颗实体 BIOS 芯片,分别为主 BIOS 和备份 BIOS。在一般正常的状态下,系统是由主 BIOS 完成开机,当系统的主 BIOS 受损时,则会由备份 BIOS 接管,且备份 BIOS 会将文件复制至主 BIOS,使系统维持正常运行。备份 BIOS 并不提供更新功能,以维护系统的安全性。

2.Q-Flash

Q-Flash(BIOS 快速刷新)是一个简单的 BIOS 管理工具,可以让用户轻易省时地更新或储存备份 BIOS。当客户需要更新 BIOS 时，并不需要进入任何操作系统环境（例如 DOS 或 Windows）就能使用 Q-Flash，而且更新过程并不复杂，因为它就在 BIOS 设置选项中。

3.@BIOS

@BIOS（BIOS 在线更新）提供在 Windows 模式下就能进行更新 BIOS 的可能。通过 @BIOS 与距离最近的 BIOS 服务器连接，下载最新版本的 BIOS 文件，以更新主板上的 BIOS。

拓展知识

使用Q-Flash
更新BIOS

二、系统启动 U 盘的制作

（一）Windows PE 系统简介

目前制作系统启动 U 盘的工具软件有很多，如老毛桃、大白菜、深度等，使用这些工具制作的系统启动 U 盘功能都很相似，且附带很多实用的 DOS 小工具，如分区工具、磁盘检查工具等。此外，还可以利用制作好的系统启动 U 盘进入 Windows PE 系统。

Windows PE 是 Windows Preinstallation Evironment（Windows 预安装环境）的缩写，是基于以保护模式运行的 Windows XP Professional 内核构建的带有有限服务的最小 Win32 子系统，它包括运行 Windows 安装程序及脚本、连接网络共享、自动化基本过程以及执行硬件验证所需的最少功能。由于在启动过程中所需要的硬件资源相对较少，它可以直接运行于内存中。

当计算机出现故障导致无法正常启动时，可以使用 Windows PE 系统启动 U 盘启动计算机，并利用其附带的各种实用程序（如光盘工具、硬盘初始化工具、Ghost 软件等）修复系统故障或重新安装操作系统，也可以创建和管理磁盘分区，备份和还原操作系统等。

（二）系统启动 U 盘的制作

下面以"老毛桃 U 盘启动盘制作工具"为例，介绍系统启动 U 盘的制作方法。其他用于制作系统启动 U 盘的工具和"老毛桃 U 盘启动盘制作工具"的操作步骤类似。

第 1 步：制作前的软件、硬件准备。

（1）准备一个容量为 32GB 以上且接口类型为 USB2.0 以上的 U 盘。

（2）从老毛桃官网下载"老毛桃 U 盘启动盘制作工具 V9.5_2001"（目前算是较新的版本）。

（3）从系统之家官网下载 Windows 7、Windows 10 安装光盘镜像文件（*.iso）。

（4）安装"老毛桃 U 盘启动盘制作工具"到计算机上，如图 4-11~ 图 4-13 所示。

图 4-11　选择安装路径

图 4-12　启动安装过程

第 2 步：将准备好的 U 盘插入计算机的 USB 接口，然后单击图 4-13 中的"立即体验"按钮，出现如图 4-14 所示的界面。

第 3 步：单击"默认模式"按钮，并在"请选择"下拉列表框中选择 U 盘，然后单击"一键制作"按钮。此时会弹出如图 4-15 所示的警告框。

第 4 步：在确认 U 盘内容为空或此前已经将 U 盘数据进行过备份的情况下，单击"确定"按钮，弹出如图 4-16 所示的界面，表明制作过程已经开始。整个过程可能需要几分钟时间，请耐心等待，且不要在此期间进行其他操作，以保证制作过程安全、顺利。

图 4-13　完成安装过程

图 4-14　准备制作系统启动 U 盘

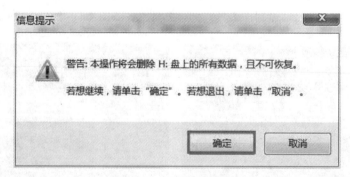

图 4-15　弹出警告信息

第 5 步：当发现屏幕弹出如图 4-17 所示的对话框时，表明制作过程已经顺利完成。软件正在询问是否要启动计算机模拟器测试 U 盘的启动情况。

图 4-16 开始系统启动 U 盘的制作

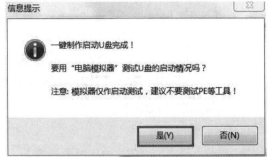

图 4-17 系统启动 U 盘制作完成

第 6 步：在图 4-17 所示的对话框中，单击"是（Y）"按钮。将出现如图 4-18 所示的界面，这就是系统启动 U 盘在计算机模拟器环境下正常启动的界面。

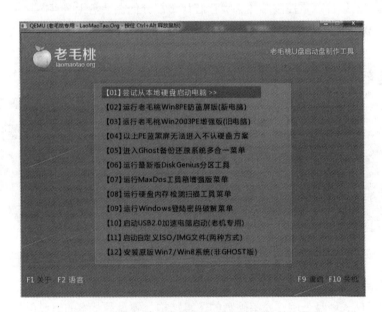

图 4-18 启动 U 盘在模拟环境下的正常启动界面

按下【Ctrl+Alt】组合键释放鼠标，然后可以单击右上角的"关闭"按钮退出电脑模拟器。

到这一步，我们基本上可以确定系统启动 U 盘的制作已经完成，但是该 U 盘还不能作为操作系统的安装盘使用。因为 U 盘中没有安装系统所需的系统镜像文件。

第 7 步：将步骤 1 中准备好的用于满足不同系统安装所需的系统镜像文件（*.GHO 或 *.ISO）复制到 U 盘的 GHO 文件夹中。到此为止，老毛桃装机版系统启动 U 盘就制作完成了。

三、硬盘的初始化

一个硬盘在使用之前必须先进行初始化，这里的初始化是指分区和高级格式化操作。

所谓分区是指对硬盘的物理存储空间进行逻辑划分，将一个较大容量的硬盘分成多个大小不等的逻辑区间，各个区间的大小和数量由用户根据自己的实际需求来决定。

高级格式化，又称逻辑格式化，它是指根据用户选定的文件系统（如 FAT12、FAT16、FAT32、NTFS、EXT2、EXT3 等），在磁盘的特定区域写入特定数据，以达到初始化磁盘或磁盘分区、清除原磁盘或磁盘分区中所有文件的一项操作。

高级格式化包括对主引导记录中分区表相应区域的重写、根据用户选定的文件系统，在分区中划出一片用于存放文件分配表、目录表等用于文件管理的磁盘空间，以便用户使用该空间管理文件。

（一）硬盘的组成结构

1. 硬盘的物理结构

传统机械式硬盘的内部结构如图 4-19 所示，主要由磁头组件、磁盘片、控制电路、主轴组件及外壳组成，磁头组件和磁盘片组件是构成硬盘的核心，由于现在硬盘厂商把硬盘驱动器和盘片都安置在一封闭的净化腔内，所以一般提到的硬盘至少应该包括硬盘驱动器和盘片两个组成部分。

而基于闪存存储的固态硬盘，其内部结构十分简单，其内部主体就是一块 PCB 电路板，而这块 PCB 电路板上最基本的组件就是控制芯片、缓存芯片（部分低端硬盘无缓存芯片）和用于存储数据的闪存芯片，如图 4-20 所示。

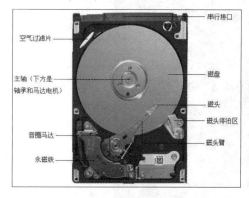

图 4-19　机械式硬盘的内部结构

图 4-20　固态硬盘的内部结构

2. 硬盘的逻辑结构

这里以传统的机械式硬盘为例，介绍硬盘的逻辑结构。硬盘最基本的组成部分是涂有磁性介质的磁盘片，不同容量的硬盘其内部所包含的磁盘片数量可能不等。每个磁盘片都有两面，每一面都可以记录信息，每个磁盘片都配有一对独立的磁头，用于从磁盘片读取信息和磁盘片写入信息。

（1）磁道，指硬盘盘片上以主轴为中心的存储数据的同心圆。由外向内依次编号为 0，1，2……

（2）柱面，指硬盘不同盘片上具有相同半径的同心圆（也就是编号相同的磁道）构成的圆柱面。

（3）扇区。磁盘上的每个磁道被等分为若干个弧段，这些弧段便是磁盘的扇区，每个扇区可以存放 512 个字节的信息，磁盘驱动器在向磁盘读取和写入数据时，要以扇区为单位。

（4）主引导扇区。硬盘的 0 面 0 道 1 扇区。存储 MBR（主引导记录），含硬盘分区信息。

扇区、磁道（或柱面）和磁头数构成了硬盘结构的基本参数，由这些参数可以计算出硬盘的容量，具体计算公式如下：

硬盘的存储容量＝磁头数 × 磁道（柱面）数 × 每磁道扇区数 × 每扇区字节数

3. 硬盘的存储结构

分区是由成百上千个连续的扇区组成的硬盘存储区域。一个硬盘中通常存在以下几种分区类型。

（1）主分区。它是硬盘的主要分区，操作系统主要安装在这样的分区中。

（2）扩展分区。即硬盘除主分区以外的其他区域。

（3）逻辑分区。它是扩展分区的进一步划分。一个扩展分区可以划分成很多逻辑分区，一个分区对应一个盘符。在一个硬盘中，可以最多分为 4 个主分区和若干个逻辑分区。

（4）活动分区。它是指被设置为活动属性（ACTIVE）的硬盘主分区。一个硬盘可设置一个主分区为活动属性，操作系统便从此分区引导。

4. 文件系统格式

不同的操作系统使用的文件系统格式也不尽相同，有的操作系统只支持一种文件系统格式，而有的操作系统同时支持几种文件系统格式。不同的文件系统格式在记录文件的方法和对磁盘的占用率方面是有差别的。Windows 操作系统常用的文件格式有 FAT16、FAT32 和 NTFS。

（1）FAT16。支持每个分区最大容量为 2 GB，每簇的大小为 32 KB。也就是说某个文件只有一个字节，它也要占用 32 KB 的磁盘空间，比较浪费磁盘空间。

（2）FAT32。支持每个分区最大容量为 32 GB，每簇大小在 4~32 KB 范围内，随着分区的大小而变动。如果分区小于 8 GB，每簇大小在 4~32 KB 范围内，随着分区大小而变动。如果分区小于 8 GB，每簇大小为 4 KB，比 FAT16 节约磁盘空间，从而提高磁盘空间的利用率。FAT32 完全兼容 FAT16 应用程序，因此，大容量硬盘一般都使用 FAT32 格式，不但可以增大单个分区的容量，还可以提高空间利用率，节约磁盘空间。

（3）NTFS。NTFS 是一个安全性的文件系统，采用独特的文件系统结构保护文件，并且可以节约存储资源，减少磁盘占用，适用于 Windows NT 以后版本的操作系统，是现在主要使用的分区格式。NTFS 可以支持高达 2 TB 的分区，支持的单个文件大小达到 64 GB，远远大于 FAT32 的 4 GB，还支持长文件名。NTFS 对磁盘的利用率更高，当分区在 2 GB 以下时，簇的大小比相应的 FAT32 小；当分区的大小在 2 GB 以上时，簇的大小为 4 KB，因此 NTFS 比 FAT32 能更有效地管理磁盘空间。

（二）硬盘的分区操作

1. 硬盘分区的原则

对于专业人员来讲，硬盘的分区操作虽然很简单，只需几个简单的步骤即可完成，但是了解硬盘分区的原则对于合理利用硬盘空间是绝对有好处的。硬盘分区主要要掌握以下五个原则。

（1）FAT32 最适合 C 盘。

C 盘一般都用来安装操作系统，通常有 FAT32 和 NTFS 两种磁盘文件系统格式可选。使用 FAT32 要更加方便一些，因为操作系统用的时间久了难免会出现系统异常或被病毒、木马所感染，这时往往需要用到系统启动工具盘来对系统进行修复。而很多系统启动工具盘是由 Windows 98 启动盘演变而来，大多数情况下不能识别 NTFS 文件系统格式的分区，从而无法操作 C 盘，甚至在 DOS 环境下将逻辑分区 D 盘误认为是系统主分区 C 盘，如果重装系统将会使 D 盘重要数据丢失。

（2）C 盘的空间不宜太大。

一般情况下，C 盘是系统的主分区，也是系统盘，在这个区域，硬盘的读写操作比较频繁，时间长了产生磁盘错误和磁盘碎片的几率也较大。如果 C 盘的容量设置过大，那么在访问 C 盘的过程中，寻找文件犹如海底捞针，在对 C 盘进行磁盘扫描和碎片整理时所花的时间也会比较长，这样就会影响系统的工作效率。当然，我们建议 C 盘的容量也不要设置太小对于 Windows 7 以上操作系统而言，将 C 盘容设置为 60 GB~80 GB 就比较合适了。

（3）如果安装 Windows 操作系统，那么 C 盘以外的其他逻辑分区尽量使用 NTFS 文件系统格式。

NTFS 是一个基于安全性及可靠性的文件系统格式，除兼容性之外，它远远优于 FAT32。它不但可以支持大到 2 TB 容量的分区，而且支持对分区、文件夹和文件的压缩操作，可以更有效地管理磁盘空间。对局域网用户来说，在 NTFS 分区上可以为共享资源、文件夹以及文件设置访问许可权限，安全性要比 FAT32 高得多。综合以上因素，C 盘以外的其他逻辑分区采用 NTFS 文件系统格式还是比较合适的。

（4）系统、应用、数据和资料分离。

Windows 系统有个默认的设置，就是把"我的文档"定向到了系统分区中的某个文件夹。这样会给用户带来一定的潜在风险，一旦要重装系统或因为某种其他原因要格式化系统盘，如果用户没有及时备份放在"我的文档"中的用户资料，将会给用户带来一定的损失。

比较好的做法是将"我的文档"重定向到其他逻辑分区，比如 E 盘；将系统盘 C 盘作为系统软件安装的专用分区；除系统软件之外的其他应用程序则安装在 D 盘；E 盘则用来保存用户数据或由应用程序生成的文档；对于从网上下载的资源，包括软件安装包、游戏、音视频等，一般都放在 F 盘；其他逻辑分区则根据用户的实际需求，分类存放其他类型的资料。

（5）保留至少一个巨型分区。

随着技术的进步，硬盘生产厂家推出的硬盘容量越来越大，用户可以存储在硬盘中的文件资料也越来越多。不过，再大容量的硬盘也应付不了用户资料的日积月累，用户终究会感到硬盘存储空间的紧张。所以在使用硬盘时，一定要留有余地，尤其是应对那些巨型文件的存储，要保留一个容量较大的巨型分区（这时所说的巨型分区是一个相对的概念）。

2. 利用系统启动 U 盘对硬盘进行初始化

计算机的硬件组装完成以后，我们通常想到的是安装操作系统和应用软件，以方便用户的使用。但我们不要忽略了一件重要的事情，就是对硬盘的初始化操作，包括对硬盘进行分区和高级格式化。

硬盘分区的方法有很多，专门用于硬盘分区的工具软件也比较多。那么，怎样才能既快速又安全地进行硬盘分区呢？在此，推荐使用系统启动 U 盘中自带的 DiskGenius 软件完成对硬盘的分区操作。具体的操作步骤如下：

第 1 步：启动计算机，在计算机进行加电自检时，按【Del】键进入 BIOS 设置程序，如图 4-21 所示。

第 2 步：选择主菜单中的"Boot"选项，将 Removable Devices（移动存储设备，比如 U 盘）调整到最上面，即设置系统的启动顺序为移动存储设备优先启动，如图 4-22 所示。

第 3 步：将事先制作好的系统启动 U 盘插入计算机的 USB 接口，然后按【F10】功能键，保存 BIOS 设置的结果并重新启动计算机。

第 4 步：计算机由系统启动 U 盘引导，并出现老毛桃主菜单页面。这时我们选择"【02】运行老毛桃 Win8PE 防蓝屏版（新电脑）"菜单项，然后按【Enter】键启动 Windows PE 系统，如图 4-23 所示。

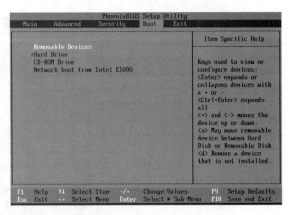

图 4-21 进入 BIOS 设置程序　　　　　图 4-22 调整系统的启动顺序为移动存储设备优先

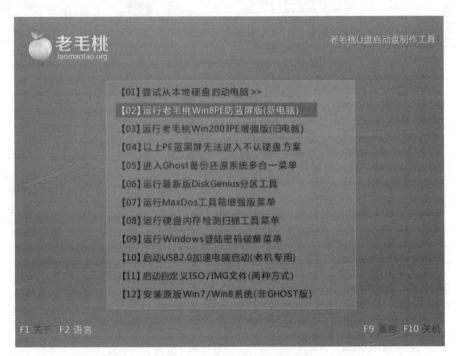

图 4-23 老毛桃启动 U 盘主菜单

第 5 步：登录 Windows PE 系统桌面后，双击桌面上的"DiskGenius"图标。启动 DiskGenius 分区工具，如图 4-24 所示。

在左下角的导航窗格中，选择需要分区的硬盘，这时可以在快捷工具栏下方看到当前硬盘的存储空间情况。如果是一个全新的硬盘，就可以直接单击快捷工具栏中的"快速分区"工具，出现如图 4-25所示的界面。

第 6 步：根据实际需求，设置需要分区的数目、分区表类型、文件系统格式、每个分区的大小、卷标和主分区等。设置完成后，单击"确定"按钮。

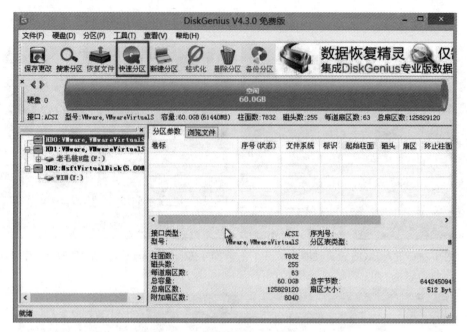

图 4-24　启动 DiskGenius 分区工具

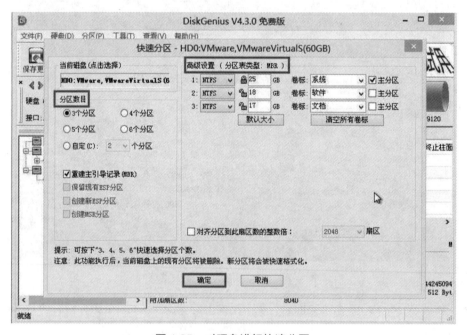

图 4-25　对硬盘进行快速分区

第 7 步：当看到如图 4-26 所示的界面，表明 DiskGenius 分区工具已经开始对硬盘进行分区和高级格式化操作。

第 8 步：上述步骤完成后，便可以看到如图 4-27 所示的硬盘初始化结果。

第 9 步：重新启动计算机，就可以开始系统安装之旅。

图 4-26　开始对硬盘进行分区和高级格式化操作

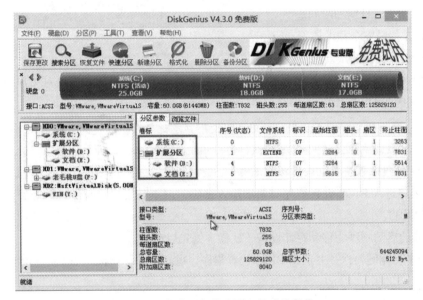

图 4-27　完成硬盘的分区和格式化操作

 项目实施

任务 4.1　BIOS 的基本设置

在完成了台式机的硬件组装后，小强同学打算自己动手完成操作系统和应用软件的安装。但 BIOS 设置和硬盘初始化是必经的步骤。

对于一个初学者而言，第一次进入系统 BIOS 设置程序，总会有一些担心，怕因为自己对 BIOS 的不合理设置导致系统出问题。其实，这种担心完全没有必要，仅仅是为了安装操作系统，没有必要对 BIOS 设置的所有选项进行调整，仅设置一些基本的项目即可满足需求；即便我们对 BIOS 进行设置时，因为对部分参数的含义不太了解，导致其值设置不合理，影响了机器的正常工作或降低了机器的性能，也并不是不可挽回。也可以通过重新载入出厂设置，排除不合理设置带来的故障。

任务目标

搭建虚拟实训环境，根据软件安装的实际需求，对系统 BIOS 的部分设置选项进行必要的调整。

任务实施

（1）下载 VMware WorkStation 12 Pro 软件。

（2）VMware WorkStation 12 Pro 的安装。

（3）创建 1 台 Windows 7 虚拟机。

（4）对虚拟机 BIOS 设置选项进行必要的调整。

①启动虚拟机，将鼠标移至虚拟机屏幕中间，单击，然后按【F2】
功能键进入虚拟机 BIOS 设置程序。

②设置系统当前的日期和时间。

③载入 BIOS 的最安全预设值。

④载入 BIOS 最优化的预设值。

⑤设置超级用户和一般用户的密码，并设置一开机就要求输入密码，以便对用户的身份进行合法性验证，达到保护计算机的目的。

拓展知识
VMware
WorkStation
12 Pro的安装

拓展知识
创建Windows 7
虚拟机

💡 **说明：** 当使用真实的台式机做实验时，假设用户忘记了曾经设置的开机密码，导致无法开机。则需要打开机箱，找到主板上的 CMOS 跳线，通过该跳线清除机器的开机密码（参见主板说明书或直接在主板 CMOS 跳线位置查看跳线的功能说明）。

⑥设置当用户进入 BIOS 设置程序时要求输入密码，用于对用户的身份进行合法性验证，达到保护 BIOS 设置的目的。

⑦设置机器的启动顺序为移动存储设备（U 盘）优先启动。

⑧按【F10】功能键，保存并退出 BIOS 设置程序，重新启动计算机。

任务小结

本任务让大家亲自动手完成了 BIOS 设置程序中的几项基本选项的设置，这也是我们在正式装机之前必须完成的一项重要工作。关于 BIOS 设置的更多扩展选项，请大家参照主板说明书，根据实际需要进行调整。

任务 4.2　制作系统启动 U 盘

小强在电脑城购机的过程中，注意到了经销商的技术人员使用自备的系统启动 U 盘安装操作系统，并亲眼目睹了使用该 U 盘快速装机的全过程，感觉该系统启动 U 盘非常实用。于是他也想为自己定制一个系统启动 U 盘，以方便完成系统安装和维护工作。

任务目标

自己动手完成系统启动 U 盘的制作。

任务实施

1. 系统启动 U 盘简介

系统启动 U 盘是一种用来取代传统光盘安装方式的新的安装介质，它不仅带有引导功能，而且其自带的 Windows PE 系统为用户提供了桌面操作环境，附带的各种实用工具，为硬盘的初始化和机器的维护带来了极大的便利，同时系统启动 U 盘也提供了几种不同的系统安装方式。

系统启动 U 盘是由一般的 U 盘通过专门的工具软件制作而成，它具有灵活定制、方便升级等特点，所以深受广大计算机爱好者的喜欢，也正因为如此，现在光驱已不再是配置台式机的标准选项。

在制作系统启动 U 盘时，要根据用户的实际需求进行定制，比如有的用户喜欢安装 Windows 7 操作系统，有的用户喜欢 Windows 10 操作系统。在应用软件方面的搭配方面，Office 2010 则与 Windows 7、Windows 8 是一种良好组合，Office 2016 搭配 Windows 10 操作系统是再好不过。具体制作什么样的系统启动 U 盘完全由用户自行决定。不过，如果希望一个系统启动 U 盘能够支持安装以上所有操作系统，那么就应该选择一个容量足够大的，能够容纳以上所有操作系统镜像文件的 U 盘。

2. 制作系统启动 U 盘

第 1 步：购买一个大容量 U 盘（建议容量不少于 32 GB），最好带有写保护开关，用于定制一个多功能多用途的系统启动 U 盘。

第 2 步：从老毛桃官网下载"老毛桃 U 盘启动盘制作工具"最新版，用于制作系统启动 U 盘。

第 3 步：登录"系统之家"官网，分别下载 Windows 7、Windows 8、Windows 10 系统光盘镜像文件（*.iso）。

第 4 步：按照前面介绍的方法，定制一个系统启动 U 盘，将以上几种系统的镜像文件复制到 U 盘的 GHO 目录中，另外，将常用的应用软件（包括 Office 2016、驱动精灵、鲁大师等）一并复制到 U 盘的根目录中，完成系统启动 U 盘的定制。

任务小结

通过本任务，大家已经掌握了系统启动 U 盘的制作方法，在实际的装机过程中，可以根据用户的实际需求，使用该 U 盘完成硬盘的初始化操作、系统和驱动程序的安装。

任务 4.3　对硬盘进行初始化

硬盘的初始化操作涉及硬盘的分区和高级格式化，在对硬盘进行初始化前，一方面要了解硬盘的基本参数，包括硬盘类型、接口标准、缓存大小和硬盘容量等；另一方面，还要了解用户的实际需求，比如用户属于哪一种类型，主要利用硬盘存储哪些方面的资料等，以便于根据实际情况制定一个合理的分区方案。

这里假设小强购买的台式机，其硬盘接口为 SATA 3.0，容量为 500 GB，他希望在机器上安装自己已经熟悉的 Windows 7 操作系统，平时除了上网下载一些学习资料，还有可能在硬盘上存放一些个人的学习作品。

根据以上情况，确定以下分区方案：

硬盘主分区 80 GB，NTFS 格式，指定盘符为 C，并将其设定为活动分区，主要用于安装操作系统、各种语言编译器、杀毒软件和防火墙等。

扩展分区为 400 GB，又分为 4 个逻辑驱动器，分别用于存放不同类型的资料，各个逻辑分区的大小分别为 D 盘 100 GB、E 盘 150 GB、F 盘 100 GB 和 G 盘 50 GB。

任务目标

根据用户的实际情况，确定硬盘的分区方案，完成对硬盘的初始化操作。

任务实施

　　（1）学习使用系统启动 U 盘对硬盘进行初始化的方法。

　　（2）使用系统启动 U 盘对实际硬盘进行初始化的步骤。

第 1 步：进入 BIOS 设置程序，调整系统的启动顺序为 U 盘优先启动。

第 2 步：将系统启动 U 盘插入计算机的 USB 接口，然后在 BIOS 设置程序中按【F10】功能键保存设置结果并重新启动计算机。

拓展知识

硬盘初始化

第 3 步：进入系统 U 盘启动菜单。选择"【02】运行老毛桃 Win8PE 防蓝屏版（新电脑）"菜单项，然后按【Enter】键。

第 4 步：正常登录 Windows PE 系统桌面后，双击桌面上的"DiskGenius"图标。进入 DiskGenius 软件的主界面，在快捷工具栏中，单击"快速分区"图标。

第 5 步：在快速分区窗口中，根据拟定的分区方案设置分区数目、文件系统格式、容量大小以及卷标（建议 C 盘卷标为 System，D 盘卷标为 Program，E 盘卷标为 Data，F 盘卷标为 Download，G 盘卷标为 Backup）。设置完成后，单击"确定"按钮即可。

第 6 步：DiskGenius 软件开始对硬盘进行分区和格式化操作。

第 7 步：完成上述操作后，便可以在磁盘列表中看到分区完成后的硬盘信息。

第 8 步：重新启动计算机，检查分区操作是否正常。

任务小结

本任务首先对用户的实际情况拟定了一种硬盘分区方案，然后使用系统启动 U 盘引导进入 Windows PE 桌面环境，并使用 DiskGenius 工具完成了硬盘的分区和高级格式化操作。这为我们下一步安装操作系统作好了充分的准备。

项目总结

本项目分别介绍了 BIOS 的基本设置、系统启动 U 盘的制作以及硬盘初始化的方法，将本项目所学的知识带入到平时的装机实践中，将会大大提高我们的工作效率。

自测题

一、单项选择题

1. Phoenix-Award BIOS 一般是按（　　　）键进入 BIOS 设置程序。

A. Del B. F2 C. ESC D. Ctrl+Alt+Esc

2. 以列不属于 BIOS 程序设置项目的是（　　　）。

A. 设置病毒警告功能 B. 调整系统启动顺序

C. 进行硬盘格式化 D. 设置软、硬盘规格

3. 下列选项中，（　　　）软件不能制作系统安装 U 盘。

A. 大白菜 B. 老白桃 C. UltraISO D. DiskGenius

4. 关于制作系统启动 U 盘，下列说法中错误的是（　　　）。

A. 准备一个操作系统镜像文件（其扩展名为.ISO）

B. 需要预先准备一个容量不少于 8 GB 的 U 盘

C. 如果 U 盘原来存放有数据，需要先作数据备份

D. 制作完成之后需要重启计算机

5. 关于 Windows PE，下列说法中错误的是（　　　）。

A. Windows PE 是带有有限服务的最小 Win 32 子系统

B. Windows PE 基于以保护模式运行的 Windows 7 Professional 内核

C. Windows PE 包括运行操作系统所需的最少功能

D. Windows PE 主要用于启动系统、修复系统或重新安装操作系统

6. 下列选项中，（　　　）软件无法制作 Windows PE 启动盘。

A. UltraISO B. 大白菜启动 U 盘制作工具

C. 老毛桃启动 U 盘制作工具 D. DiskGenius

7. 一个硬盘中，可存在最多（　　　）个主分区。

A. 1 B. 2 C. 3 D. 4

8. FAT16 文件系统格式支持每个分区的最大容量为（　　　）。

A. 2 GB B. 4 GB C. 6 GB D. 8 GB

9. NTFS 可以支持高达（　　　）的分区。

A. 250 GB B. 500 GB C. 1 TB D. 2 TB

10. 下列属于分区软件的是（　　　）。

A. Partition Magic B. Everest C. CPU-Z D. Snagit

二、多项选择题

1. 市面上比较流行的主板采用的 BIOS 主要有（　　　）。

A. Award BIOS B. AMI BIOS C. Phoenix BIOS D. ASUS BIOS

2. 标准 CMOS 设定，可以设置以下（　　　）项目。

A. 系统日期 B. 系统时间 C. 显示器类型 D. 病毒警告功能

3. 计算机可以从（　　　）启动。

A. 网卡 B. 硬盘 C. 光盘 D. 移动存储设备

4. Windows 操作系统常用的文件格式有（　　　）。

A. FAT16   B. FAT32   C. FAT64   D. NTFS

5. 硬盘的初始化操作主要包括（　　　　）。

A. 低级格式化   B. 分区   C. 高级初始化   D. 创建文件夹

三、判断题

1. 制作系统启动 U 盘时会将 U 盘中的原有数据全部清空。   （　　　）

2. SUPERVISOR PASSWORD 用来设置用户密码。   （　　　）

3. FAT32 格式支持每个分区最大容量为 32 GB。   （　　　）

4. NTFS 分区可以为共享资源、文件夹以及文件设置访问许可权限，安全性要比 FAT32 高得多。

    （　　　）

5. 一个扩展分区最多可以划分四个逻辑分区。   （　　　）

四、简答题

1. 请简述什么是 Windows PE。

2. BIOS 和 CMOS 的区别和联系是什么？

项目五
计算机系统的软件安装

项目情境

量身定制自己的软件操作环境

硬盘的初始化工作完成以后，小强该为自己的爱机安装操作系统和应用软件了。可是问题又来了，在市面上流行的众多操作系统里面，自己到底该选择安装哪一种操作系统呢？还是问问专业老师吧。于是他又找到在计算机专业领域从教多年的王老师。

王老师告诉他："在当前学习阶段，应该将计算机看成是一种学习工具，辅助自己在专业领域学习更多的知识，掌握更多的实用技能，而不要偏离了方向，更不要把计算机当成是游戏机或其他的娱乐工具，一切以满足自己的学习为主。所以根据本专业课程体系的设置，应该在计算机上选择安装多个不同的操作系统，比如 Red hat Linux、Windows 7 和 Windows 10 等。在后续课程的学习中，分别会用到这几种不同的操作系统环境，以满足应用与开发的需求。当然，也可以采用另外一种方案，就是在计算机上选择安装 Windows 10 操作系统，其他的操作系统环境使用虚拟机来搭建。至于应用软件嘛，应该量身定制，当前需要用到什么软件就装什么软件，千万不要把一些不常用或根本不会用到的软件安装到计算机中，占用系统资源。"

听了王老师的一席话，小强算是明白了，以学习专业知识为主要目的，进行量身定制。

学习目标

◆了解主流操作系统的特性，掌握操作系统的安装方法；
◆掌握设备驱动程序的安装与备份的方法；
◆掌握常用应用软件的安装和卸载的方法。

技能要求

◆能够独立完成 Windows 7、Windows 10 操作系统的安装；
◆能够独立地完成常用应用软件的安装。

相关知识

一、操作系统概述

操作系统是计算机中最基本也是最为重要的基础性系统软件，它处于计算机的硬件和应用软件之间，既管理着计算机的硬件资源，又负责控制应用软件的运行，并且为计算机用户提供交互式的操作界面。操作系统对于一台计算机来讲非常重要，可以说，没有操作系统的支持，计算机无法完成任何工作。

（一）操作系统简介

操作系统（Operating System，OS）是管理和控制计算机软、硬件的系统程序，它能够直接运行在"裸机"上，计算机中的应用程序都需要在操作系统的支持下才能安装和运行。计算机的硬件、操作系统与应用软件之间的关系，如图 5-1 所示。

操作系统主要包括以下几个方面的功能：

①进程管理，主要工作是进程调度。在单用户、单任务的情况下，处理器仅为一个用户的一个任务所独占，进程管理的工作十分简单；但在多用户、多任务的情况下，组织多个作业或任务时，就要解决好处理器的调度、分配和回收等问题。

②存储管理，包括存储分配、存储共享、存储保护、存储扩张等。

③设备管理，包括设备分配、设备传输控制和设备独立性等。

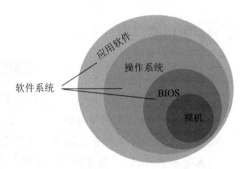

图 5-1　计算机硬件、操作系统与应用软件

④文件管理，包括文件存储空间的管理、目录管理、文件操作管理、文件保护等。

⑤作业管理，负责处理用户提交的任何要求。

操作系统按照不同的标准可以分为不同的种类，各自体现出不同的特色。但无论如何分类，操作系统都是对软、硬件资源进行更合理的管理，使其充分发挥作用，提高整个系统的使用效率，同时为用户提供一个方便有效、安全可靠的应用环境，从而使计算机成为功能更强、服务质量更高、使用更加灵活方便的设备。

（二）主流操作系统

目前，市场主流的操作系统主要有 Windows 操作系统、Linux/UNIX 操作系统和 Mac 操作系统。其中，Windows 操作系统和 Mac 操作系统主要应用于个人计算机，Linux/UNIX 操作系统主要应用于企业。下面我们分别来介绍这几种主流的操作系统。

1.Windows 操作系统

Windows 操作系统是微软公司在 20 世纪 90 年代开发的图形化界面操作系统。微软公司在最初发布 Windows 1、Windows 2 时影响并不大，直到 1995 年发布了 Windows 95 才让大家认识了 Windows 操作系统，后来 Windows 操作系统经历了 Windows 98、Windows 2000、Windows XP、Windows 7、

Windows 8、Windows 10 等众多版本的发展。目前，比较有影响的几个版本分别是 Windows 7、Windows 8 和 Windows 10。

（1）Windows 7 操作系统。

Windows 7 是由微软公司于 2009 年 10 月发布的操作系统，其内核版本号为 Windows NT 6.1。Windows 7 可供家庭及商业工作环境（笔记本电脑、多媒体中心等）使用。和同为 NT 6 成员的 Windows Vista 操作系统一脉相承。相比之前的 Windows 系统，它增加了一些新的特性和功能，包括全新的 IE 8 浏览器、Windows Media Center、触摸功能、保真媒体 PC.Aero 背景主题和高级网络支持等。此外，Windows 7 的稳定性和兼容性较好，直到现在依然拥有庞大的用户基础。

Windows 7 操作系统从问世至今已有十多年的时间了。之前微软公司承诺对该操作系统的产品支持会维持十年时间，如今也已经到期了。目前，微软已经终止了对 Windows 7 操作系统的支持。不过，停止支持并不意味着 Windows 7 就无法使用了，只是微软不再为 Windows 7 提供安全更新，Windows 7 的安全风险会提高。如果计算机用户觉得这一点没有关系，并期望可以通过第三方获取升级包或补丁，那么就依然可以继续使用该操作系统。

（2）Windows 8 操作系统。

2012 年，微软公司发布了 Windows 8 操作系统，相比以往的版本，Windows 8 大胆创新，采用 Modern 桌面显示风格，还特别强化适用于触控屏幕的平板电脑设计，使之也可以应用于平板电脑。此外，Windows 8 还增加了很多新功能，比如 IE 10 浏览器、应用商店、分屏多窗口以及支持云计算等。但 Windows 8 取消了经典的"开始"菜单，使用户操作起来不太方便。现在，Windows 8 已经退出历史舞台，取而代之的是 Windows 10 操作系统。

（3）Windows 10 操作系统。

Windows 10 操作系统发布于 2015 年，它是由 Windows 8 升级而来，为了克服 Windows 8 因取消"开始"菜单而带来的弊端，在 Windows 10 中又重新添加了"开始"菜单。相比 Windows 8 操作系统，Windows 10 并没有作重大改进，只是在细节上做了一些调整和优化。符合条件的 Windows 7、Windows 8 都可以免费升级到 Windows 10。

由于 Windows 操作系统界面友好、工作稳定且硬件的兼容性强，因此，它是目前个人计算机领域使用最为普遍的操作系统，而目前主流的 Windows 操作系统为 Windows 7 和 Windows 10。不过，由于微软已经终止了对 Windows 7 操作系统的支持，所以原来热衷于 Windows 7 的用户会逐渐转向使用 Windows 10 操作系统。

2.Linux/UNIX 操作系统

Linux 诞生于 1991 年，是一套免费使用和传播的类 UNIX 操作系统。Linux 操作系统支持多用户、多任务、多线程，能运行主要的 UNIX 工具软件、应用程序和网络协议。Linux 操作系统基于 POSIX 规范和 GNU 协议，全世界各地的计算机爱好者都可对其进行开发维护，也正是基于这种原因，Linux 已经成为世界上使用最多的类 UNIX 操作系统，并且使用人数还在迅猛地增长。

Linux 操作系统以灵活、稳定和高效著称，在服务器、超级计算机、嵌入式系统等领域都有广泛应用。在互联网和智能设备高速发展的今天，围绕人们生活的手机、平板电脑、路由器、电视机等智能设备都可能搭载了 Linux 系统。例如，移动设备上广泛使用的 Android 操作系统就是建立在 Linux 内核之上的。

Linux 操作系统的发行版本比较多，例如，RedHat、Ubuntu、Debian 等，不同的版本具有各自不同的特点。相对于 Windows 操作系统来说，Linux 操作系统界面并不太友好，普通用户操作起来有难度，因此，它并不是个人计算机的首选。

3.Mac 操作系统

Mac 操作系统是由苹果公司自行开发的操作系统，它基于 UNIX 内核，提供了图形化操作界面。Mac 操作系统的界面非常独特，突出了形象图标和人机对话功能，但它只适用于苹果机架构，在普通计算机上是无法安装 Mac 操作系统的，而且 Mac 操作系统也不兼容 Windows 应用软件。

目前，Mac 操作系统已经更新至 Mac OS X（即 Mac OS 10），相比之前的版本，Mac OS X 简单易用且功能强大，从桌面到应用软件，都设计得非常简约，浏览器、邮件、各种软件都简单高效。

二、安装 Windows 7 操作系统

（一）Windows 7 操作系统新特性

1. 全新的资源管理器

Windows 7 提供了全新的资源管理器（"计算机"窗口），可以让用户更快捷地查看文件、搜索文件、复制和移动文件，以及访问局域网资源等，如图 5-2 所示。

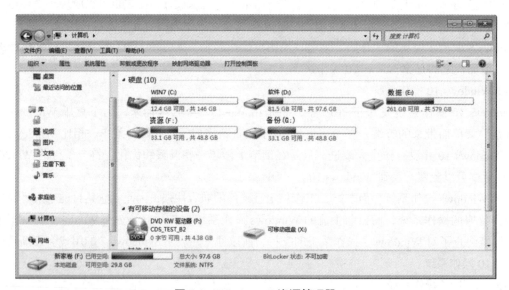

图 5-2　Windows 7 资源管理器

2. 全新的 Internet Explorer 8.0 浏览器

Internet Explorer 8.0 浏览器是 Windows 7 操作系统自带的应用程序。相对以往的版本，Internet Explorer 8.0 启动更快捷，加载网页的速度更快。此外，Internet Explorer 8.0 还对地址栏、搜索栏、收藏夹和选项卡等都做了很大的改进，如图 5-3 所示。

3.Windows Media Center

Windows Media Center 即多媒体娱乐中心，它是一个运行于 Windows VistA.Windows 7 和 Windows 8 操作系统上的多媒体应用程序。它除了能够提供 Windows Media Player 的全部功能之外，还在娱乐功

能上进行了全新的打造。通过一系列的全新娱乐软件、硬件，为用户提供了从视频、音频欣赏到通信交流等全方位的应用，如图 5-4 所示。

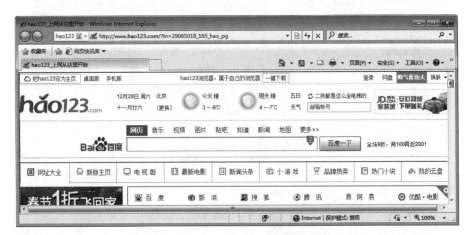

图 5-3　Internet Explorer 8.0 浏览器

图 5-4　Windows Media Center

4.Aero 主题与背景

Windows 7 操作系统自带了许多新主题，因此用户会拥有多种选择来个性化自己的计算机，每个主题都包括丰富的背景、玻璃配色、唯一的声音方案和屏幕保护程序，用户也可以下载新的主题或创建自己的主题。在任意主题中，都有 16 种玻璃配色选项。此外，用户还可以将桌面背景设置成幻灯片的形式，如图 5-5 所示。

5. 高级网络支持

Windows 7 的"网络共享中心"可以取得实时网络状态和自定义活动的连接，还可以使用交互式诊断功能识别并修复网络问题，如图 5-6 所示。

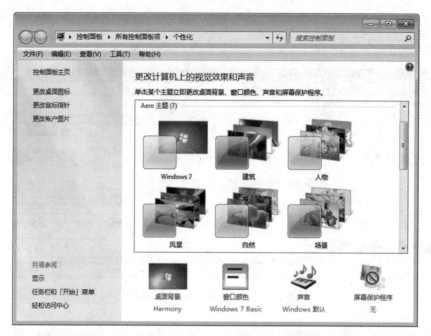

图 5-5　Aero 主题与背景

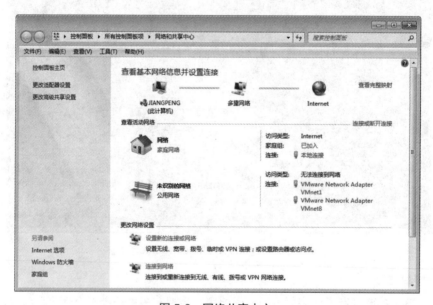

图 5-6　网络共享中心

此外，Windows 7 还可以将已经启用无线的计算机作为无线访问点，将具有无线功能的设备（如移动打印机、数码相机等）直接连接到计算机上，此时如果 PC 已连接到网络上，这些设备就可以通过 PC 直接访问网络。

（二）Windows 7 操作系统的版本

Windows 7 操作系统按功能由低到高分为 6 个版本，它们分别是 Windows 7 Starter（简易版）、

Windows 7 Home Basic（家庭普通版）、Windows 7 Home Premium（家庭高级版）、Windows 7 Professional（专业版）、Windows 7 Ultimate（旗舰版）、Windows 7 EnterPrise（企业版），其中使用 Windows 7 Ultimate（旗舰版）的用户最多。

（三）安装 Windows 7 操作系统的硬件需求

Windows 7 操作系统的功能很强大，同时它对硬件的配置要求也要高于版本低于它的操作系统。如果用户准备在计算机中安装并正常使用 Windows 7 操作系统，那么应该先检查计算机的硬件配置是否能满足安装 Windows 7 操作系统的最低配置要求。安装 Windows 7 操作系统的硬件需求如下：

1.CPU 的配置要求

考察全球的 CPU 市场，我们不难发现：目前市面上几乎适用于台式机或笔记本电脑的 CPU 都能满足安装 Windows 7 操作系统的基本需求。但有一点需要注意，Windows 7 操作系统包括 32 位和 64 位两个版本，如果要安装 64 位版本 Windows 7 操作系统，则需要使用支持 64 位运算的 64 位 CPU。

2. 显卡的配置要求

Windows 7 操作系统拥有全新的华丽图形界面和外观，因此对于显卡的配置要求稍微高一些，要保证显卡能够支持 DirectX 9 以上，最好支持 DirectX 11，显存不低于 128 MB，最好是大于 512 MB。

3. 内存的配置要求

Windows 7 操作系统要求计算机至少配置 512 MB 以上的内存，用来支持系统及应用软件的运行需求，为了有效地使用 Windows 7 操作系统的先进功能，系统内存最好是 2 GB DDR2 以上，如果平时应用软件安装很多并对硬件要求较高，则应配置更大的内存。

4. 硬盘的配置要求

安装 Windows 7 操作系统的硬盘要有 16 GB 以上的空间，如果准备安装 64 位版本的 Windows 7 操作系统，最低需要 20 GB 的可用空间。当然实际安装 Windows 7 操作系统时，对硬盘的容量要求不要过于保守。

（四）Windows 7 操作系统的安装方式

Windows 7 操作系统主要有以下三种安装方式。

1. 光盘引导全新安装

如果要用光盘引导全新安装 Windows 7 操作系统，需要设置光驱为首启动设备，然后将安装光盘放入光驱，重新开机引导系统，安装程序会自动启动。如果出现任何无法满足 Windows 7 操作系统要求的情况，安装程序都会提示用户并自动采取相应的措施。例如，当安装 Windows 7 操作系统的硬盘分区可用空间不足时会自动终止安装。

2. 使用光盘升级安装

升级安装只适用于从低版本的操作系统升级到高版本的操作系统。例如，要将现有的 Windows XP 操作系统进行升级，则可以在进入 Windows XP 操作系统之后，将 Windows 7 操作系统的安装光盘插入光驱，安装程序会自动加载并运行，这时只需要选择"升级"选项即可。这种安装方式的好处是可以保留现有系统中的应用程序和设置，但安装过程持续的时间相对较长，具体操作与光盘引导安装方式相同。

3. 利用光盘镜像安装

用户可从网上下载 Windows 7 操作系统的光盘镜像文件，存放于硬盘除系统分区以外的其他分区或系统启动 U 盘的 GHO 文件夹中。安装前可通过系统启动 U 盘引导计算机进入 Windows PE 操作系统，然后通过 Windows PE 提供的安装程序，读取 Windows 7 操作系统的光盘镜像文件完成安装过程。

（五）Windows 7 操作系统安装的详细步骤

拓展知识

Windows 7
安装步骤

由于现在光驱已不再是台式机或笔记本电脑的标配，所以推荐大家使用以上介绍的第三种安装方式。

三、安装 Windows 10 操作系统

Windows 10 操作系统是微软公司研发的新一代跨平台及设备操作系统，它既采用了全新的显示风格，又兼顾了老用户的操作习惯，因此本教材选择 Windows 10 操作系统作为主要学习环境。

（一）Windows 10 操作系统的版本

Windows 10 操作系统一共有 7 个版本，分别针对个人用户、企业、教学等，下面分别进行介绍。

1.Windows 10 Home

Windows 10 Home 是 Windows 10 家庭版，该版本的操作系统可以安装到计算机、平板电脑等设备上，它拥有 Windows 10 操作系统的主要功能，包括全新的 Windows 通用应用商店、Microsoft Edge（浏览器）、Cortana（个人助理）、Continuum（平板模式）、Windows Hello（生物识别）等。

2.Windows 10 Professional

Windows 10 Professional 是 Windows 10 专业版，该版本的操作系统可以安装到计算机、平板电脑等设备上，它除了拥有 Windows 10 家庭版的功能外，还增加了其他功能，如管理设备和应用、保护敏感数据、支持远程和移动办公、支持云技术等。除此之外，它还拥有 Windows Update for Business，让用户可以更快地获取补丁。

3.Windows 10 Enterprise

Windows 10 Enterprise 是 Windows 10 企业版，该版本以 Windows 10 专业版为基础，它只提供给微软批量许可的用户使用。Windows 10 Enterprise 版本增加了一些先进功能，用来防范身份、设备、应用和敏感的企业信息等受到威胁，此外，该版本还允许用户自定义部署新技术。Windows 10 Enterprise 是微软长期支持的分支版本。

4.Windows 10 Education

Windows 10 Education 是 Windows 10 教育版，该版本为教育机构、管理单位等提供教学环境。Windows 10 Education 能够升级到 Windows 10 Home 和 Windows 10 Professional。

5.Windows 10 Mobile

Windows 10 Mobile 是 Windows 10 移动版，主要安装在尺寸较小、配置触摸设置的移动设备，如智能手机、小尺寸平板电脑等。Windows 10 Mobile 具有 Windows 10 Home 的通用功能，而且集成了触控操作优化的 Office 功能。

6.Windows 10 Mobile Enterprise

Windows 10 Mobile Enterprise 是 Windows 10 移动企业版，该版本以 Windows 10 Mobile 为基础，提供给微软批量许可的企业用户使用。Windows 10 Mobile Enterprise 增加了企业管理功能和及时获得补丁的方式。

7.Windows 10 IoT Core

Windows 10 IoT Core 是 Windows 10 物联网中心版，该版本主要针对物联网设备，如 ATM、零售终端、机器人等。

除了上述版本之外，微软还提供 Windows 10 Multiple Editions 混合版本，该版本中集合了多个版本，最常见的是集合了 Windows 10 Home 与 Windows 10 Professional，用户在安装时可选择任一版本进行安装。

（二）安装 Windows 10 操作系统的硬件要求

如果要在计算机中安装 Windows 10 操作系统，则需要先检查计算机的硬件配置是否满足安装要求，下面介绍安装 Windows 10 操作系统需要的硬件配置。

1.CPU 的配置要求

CPU 主频至少要大于 1 GHz，目前市场上的 CPU 几乎都能满足 Windows 10 操作系统的安装要求。

2. 内存的配置要求

系统内存最低需要 2 GB，如果需要安装很多应用软件，则要保证主板还可以扩充内存。

3. 硬盘的配置要求

要安装 Windows 10 操作系统，硬盘至少要有 20 GB 的空间。

4. 显卡的配置要求

Windows 10 拥有全新的图形界面和外观，因此对显卡的要求稍高，显卡要支持 DirectX9，显存容量最好大于 128 MB。

5. 屏幕的配置要求

800×600 以上分辨率（消费者版本屏幕大于等于 8 英寸；专业版屏幕大于等于 7 英寸）。以上是安装 Windows 10 操作系统最基本的要求，现在的计算机基本都能满足要求。

（三）Windows 10 操作系统的安装方式

常用的操作系统安装方式有全新安装和升级安装两种，下面分别介绍这两种安装方式。

1. 全新安装

全新安装是指在硬盘中没有任何操作系统的情况下安装操作系统。在新组装的计算机中安装操作系统就属于全新安装。如果计算机中有操作系统，但在安装新的操作系统时，将系统盘进行了格式化，这种安装也属于全新安装。

2. 升级安装

升级安装是指计算机中已有操作系统，只是将其升级为更高版本，升级安装会保留旧系统中的部分文件，保留原有数据的设置。升级安装相对较容易，但也会把旧操作系统中的问题遗留下来。

（四）Windows 10 操作系统安装的详细步骤

我们了解了 Windows 10 操作系统的几个版本的区别，本书选择 Windows 10 Multiple Editions 版本进行安装，具体安装过程如下。

四、认识 Windows 10 桌面

相对于经典的 Windows 7 操作系统，Windows 10 操作系统采用了传统桌面与 Modern 桌面

拓展知识

Windows 10 安装步骤

相结合的方式；相对于 Windows 8 操作系统，Windows 10 界面更精美，且重新添加了"开始"菜单。Windows 10 操作系统为用户带来了一个全新的视觉体验，本节我们将带领读者认识 Windows 10 操作系统桌面。

（一）经典"开始"菜单回归

在 Windows 10 操作系统中，用户熟悉的"开始"菜单回归，在"开始"菜单旁边增加了 Modern 风格的显示区域，如图 5-7 所示。

Modern 界面主要应用在触摸设备上，它与传统界面可以通过"开始"菜单进行切换，这样 Windows 10 操作系统既可以用于触控设备，又照顾了传统用户的操作习惯。

（二）Modern 桌面

关于 Modern 桌面，我们分左和右侧进行介绍，如图 5-7 所示。

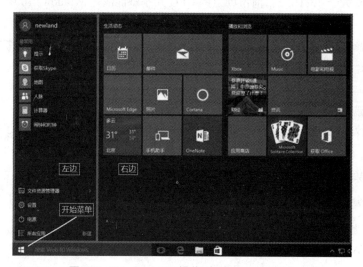

图 5-7　Windows 10 操作系统 Modern 区域

1.Modern 桌面左侧部分

界面左上角部分记录了最常用的或是新安装的应用；左下角部分是一些链接，分别指向文件资源管理器、设置、电源和所有应用。

单击"文件资源管理器"命令可以打开文件资源管理器；单击"设置"命令可以打开计算机设置；单击"电源"命令可以执行关机、重启操作；单击"所有应用"命令可以检索 Modern 界面和开始目录下的所有文件，这些文件按首字母顺序排列，如图 5-8 所示。当单击某个字母时，会出现一个字母检索页面用于快速检索，如图 5-9 所示。单击某个字母，以该字母为首字母的应用会出现在应用检索列表顶部，更便于用户进行查找。

2.Modern 桌面右侧部分

Modern 桌面的右侧部分称为开始屏幕，用来固定应用及快捷方式，因此也称为"磁贴"，是一种浏览模式。开始屏幕中的应用图标可以调整大小、可以从屏幕上取消、可以固定到任务栏，操作方法如下。

 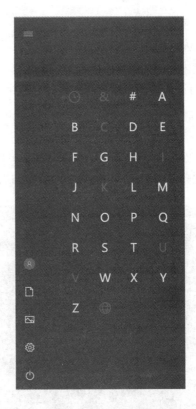

图 5-8 应用检索列表   图 5-9 字母检索

选中某个应用（比如选择"日历"应用）并右击，弹出如图 5-10 所示快捷菜单。在快捷菜单中有四个操作选项，它们的含义分别如下：

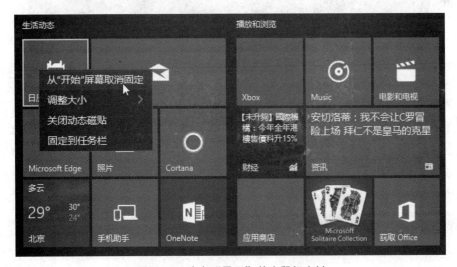

图 5-10 选中"日历"单击鼠标右键

①从"开始"屏幕取消固定：这个操作选项使应用图标从屏幕消失，如果要查找该应用，则只能从"所有应用"中查找。

②调整大小：可以调整图标大小。

③关闭动态磁贴：应用不再动态更新。

④固定到任务栏：应用图标被固定到任务栏。

用户可以将自己常用的应用放置在开始屏幕中，而将自己不常用的或隐私的应用从开始屏幕中取消。

几个应用可以组成一个磁贴组，例如，在图 5-11 所示界面中，有两个磁贴组——Office 365、娱乐。Office 365 磁贴组包括 Office、Outlook、Word、Excel、PowerPoint、OneNote；娱乐磁贴组包括地图、电影和电视、照片、Groove 音乐、画图 3D。磁贴组可以被任意组合，也可以被重命名。

图 5-11　磁贴组

（三）调出桌面常用图标

刚安装完成的 Windows 10 操作系统，桌面上只有一个回收站图标，调出其他常用图标是首先要解决的问题。Windows 10 调出桌面常用图标的方法很简单，在空白桌面右击，在弹出的快捷菜单中选择"个性化设置"→"主题"→"桌面图标"命令，弹出"桌面图标设置"对话框如图 5-12 所示。勾选常用的图标，然后单击"确定"按钮即可。

五、Windows 10 主要新增体验功能

相对于经典的 Windows 7 操作系统，Windows 10 操作系统增加了许多新功能，为用户带来了良好的使用体验，本节将介绍 Windows 10 操作系统新增的几个主要功能。

（一）Cortana

Cortana 是微软打造的一款人工智能机器人，它无疑是 Windows 10 操作系统中最为耀眼的一项新

功能，中文将其翻译为"小娜"。小娜功能十分强大，它可以有效地帮助用户查找资料、管理日程、打开应用、搜索、计算、翻译等，最重要的是它可以语音识别，所有这些操作都可以通过语音实现。使用小娜的次数越多，用户的体验会越来越个性化。

小娜的使用非常简单，任务栏会默认放置搜索框，单击即可开始使用，如图 5-13 所示。

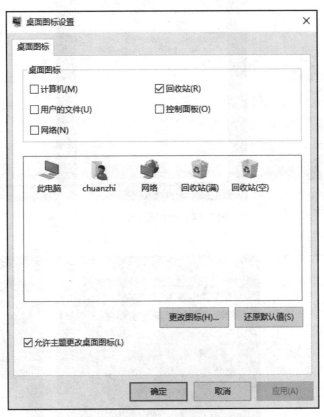

图 5-12　桌面图标设置

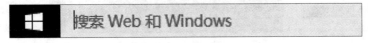

图 5-13　小娜搜索框

第一次使用小娜时，Windows 10 操作系统会引导用户进行初始化，其中包括提供信息给小娜，设置小娜对用户的昵称等。小娜的初始化过程如图 5-14 所示。

初始化完成之后，Windows 10 操作系统要求登录微软账户才可以使用小娜，如图 5-15 所示。

如果有微软账户，登录微软账户即可使用小娜。如果没有微软账户，可申请注册然后登录使用小娜。登录成功之后，小娜会显示一些信息，如当地天气、当日新闻、股票涨跌情况等，上下滑动可查看更多信息，如图 5-16 所示。

用户可以在底部的输入框中输入要咨询的问题，或者按住输入框右侧的麦克风按钮直接语音输入，小娜会在显示栏中显示出搜索的所有结果。

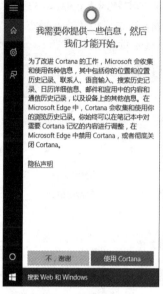

图 5-14　小娜初始化过程

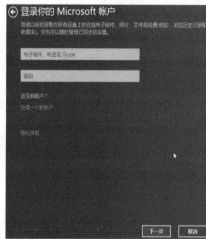

图 5-15　登录微软账户　　　　　　图 5-16　登录后的小娜窗口

（二）Microsoft Edge

　　Microsoft Edge 是 Windows 10 操作系统自带的最新版浏览器（Windows 10 保留了 IE 浏览器），默认固定在任务中。Edge 基于 IE 11 内核，相比于以往的 IE 浏览器，Edge 浏览器支持内置小娜语音功能、内置了阅读器、笔记和分享功能，在设计上注重实用和极简主义。

　　相比于其他浏览器，Edge 具有一些特色功能，下面进行简单介绍。

1. 阅读视图

　　Edge 的阅读视图可以将网页内容切换为阅读模式，帮助用户自动删除掉与正文无关的杂乱图文，如图 5-17 所示。

（a）正常模式

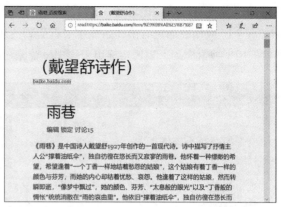

（b）阅读模式

图 5-17 Edge 浏览器的正常模式与阅读模式

2. 阅读列表

Edge 阅读列表用来保存用户希望稍后阅读的内容，它的功能类似于收藏夹，但与收藏夹不同的是，用户在不联网的情况下也可以阅读列表中的内容。将网页内容添加到阅读列表的方法如下：

（1）单击地址栏上的"收藏"按钮☆，在弹出的对话框中单击"阅读列表"选项，如图 5-18 所示。单击"添加"按钮将网页内容添加到阅读列表。

（2）添加完成之后，单击"中心"按钮≡，在弹出的对话框中单击"阅读列表"选项，就可以看到保存的内容了，如图 5-19 所示。

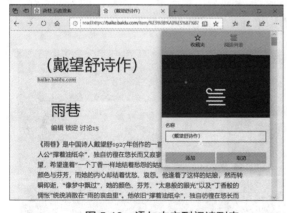

图 5-18 添加内容到阅读列表

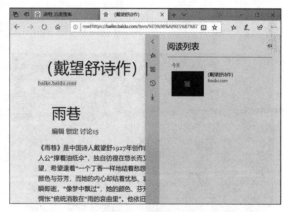

图 5-19 阅读列表

3.Web 笔记

Edge 提供了 Web 笔记功能，它也是唯一一款让用户直接在网页上做笔记、书写、涂鸦和突出显示的浏览器。单击工具栏上的"做 Web 笔记"按钮✍，弹出一排笔记工具按钮，各工具按钮及其作用如图 5-20 所示。

（三）应用商店

Windows 10 操作系统重新构建了 Windows 8 操作系统的应用商店，Windows 10 应用商店集合了应用、游戏、音乐和电影等一站式服务，实现了一次购买，全平台通用。同其他应用商店一样，Windows 10 应用商店也有滚动条显示最近受到关注的应用，支持查看排行榜和应用专题，右上角具有搜索框用于搜索应用，头像图标用于管理设置账户。Windows 10 应用商店的主界面如图 5-21 所示。

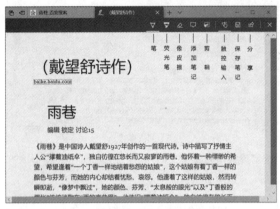

图 5-20　Web 笔记

图 5-21　Windows 10 应用商店

（四）虚拟桌面

虚拟桌面（Multiple Desktops）是 Windows 10 操作系统新增功能，它允许用户把程序放在不同的桌面上从而使工作更加有条理，用户可以在多个桌面间进行切换。

在 Windows 10 中开启多个虚拟桌面的方法如下。

单击任务栏中的"任务视图"图标两边的"小翅膀"，桌面会出现一个"+ 新建桌面"的图标，如图 5-22 所示。单击"+ 新建桌面"图标就可以添加虚拟桌面了，如图 5-23 所示。

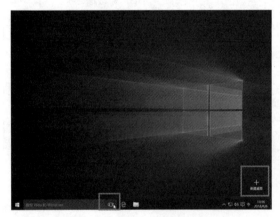

图 5-22　创建虚拟桌面

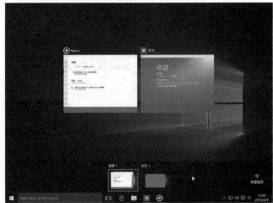

图 5-23　虚拟桌面

在图 5-23 所示界面中，创建了两个虚拟桌面，虚拟桌面 1 中开启了"Music"和"天气"两个应用，虚拟桌面 2 中开启了"工作"一个应用。

应用程序可以在不同桌面间移动，例如，将 Music 应用从桌面 1 移动到桌面 2，在"Music"应用上执行如下操作：右击，选择"移动到"→"桌面 2"命令，如图 5-24 所示。

（五）分屏多窗口

Windows 10 新增了分屏多窗口功能，该功能可以在桌面窗口同时显示多个应用窗口，这样可以合理利用屏幕空间，又可以同时观察到多个应用的状态，避免了频繁切换。

Windows 10 提供了分屏助手，用户可以很容易地创建分屏多窗口。选中其中一个应用窗口，鼠标指针紧贴应用窗口边缘，将其拖拽到屏幕一侧，然后同样拖拽另一个窗口到屏幕另一侧，当出现虚框时松开鼠标，这样，分屏助手会自动根据屏幕上打开窗口的个数，将窗口分屏显示，如图 5-25 所示。

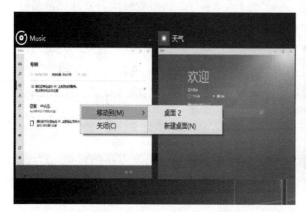

图 5-24　将"Music"应用移动至桌面 2

图 5-25　分屏显示窗口

（六）通知中心

Windows 10 增加了通知中心，可以显示有关 Windows 操作系统的提示、显示应用通知（如邮件提醒、日历提醒等）、显示警告等，在锁屏界面也可以显示通知，以便用户对相应通知及时做出处理。

Windows 10 的各种通知可以在"设置"中打开或关闭，单击"设置"→"系统"→"通知和操作"命令，如图 5-26 所示。

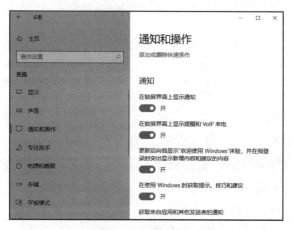

图 5-26　通知中心

除了上述功能之外，Windows 10 操作系统还新增了其他很多额外功能，限于篇幅原因，这里不再介绍，读者在使用过程中可以逐渐学习了解。

六、安装设备驱动程序

（一）驱动程序的作用和分类

1.驱动程序的作用

驱动程序是一种实现操作系统与硬件设备通信的特殊程序，相当于硬件的接口，操作系统只有通过这个接口，才能控制硬件设备的工作。也就是说，正是通过驱动程序，各种硬件设备才能正常运行，达到既定的工作效果。例如，没有网卡驱动，便不能使用网络；没有声卡驱动，就不能播放声音。

通常，操作系统会自动为大多数硬件安装驱动程序，但对于主板、显卡等设备，需要为其安装厂商提供的原配驱动，这样才能最大限度地发挥硬件的性能；此外，当操作系统没有自带某硬件的驱动时，便无法自动为其安装正确的驱动，这就需要我们手动安装，例如，某些品牌的声卡、打印机和扫描仪等。

2.驱动程序的分类

驱动程序按照程序的版本可以分为官方正式版、微软 WHQL 认证版、第三方驱动和测试版。按其服务的硬件对象可以分为主板驱动、显卡驱动、声卡驱动等；按照适用的操作系统可以分为 Windows 7 适用、Windows 10 适用和 Linux 适用等。

一般情况下，官方正式版的驱动程序其稳定性和兼容性都比较好；通过微软 WHQL 认证的驱动程序与 Windows 系统基本上兼容；第三方驱动比官方正式版拥有更加完善的功能和更加强大的整体性能；测试版驱动处于测试阶段，稳定性和兼容性方面可能存在一些问题。

（二）驱动程序的获取途径

通常驱动程序可以通过操作系统自带、硬件设备附带的光盘和网上下载三种途径获得。

如前所述，现在的操作系统，如 Windows 7 操作系统中已经附带大量的驱动程序，这样在操作系统安装完成以后，便会自动为相关硬件安装驱动程序。

各种硬件设备的生产厂商都会针对自己的硬件设备特点开发专门的驱动程序，并在销售硬件设备的同时一并免费提供给用户。

用户还可以在互联网中找到硬件设备生产厂家的官方网站或在各大下载网站中下载相应的驱动程序。此外，也可以通过第三方软件，如驱动精灵自动从网上搜索与计算机硬件相匹配的驱动程序并安装，利用第三方软件还可管理和更新驱动程序等。

（三）驱动程序的安装顺序

拓展知识

驱动程序的
安装与卸载

一般来说，驱动程序的安装顺序如下：

（1）安装主板的驱动程序。因为所有的部件都插在主板上，只有主板正常工作，其他部件才能正常工作，特别是对于使用 VIA 芯片组的主板来说更是如此。

（2）安装显卡、声卡等设备驱动程序。

（3）安装打印机、扫描仪等外设的驱动程序。

虽然显示器、光驱、键盘和鼠标等设备也是有驱动程序的，但操作系统一般都会根据安装过程中硬件检测的结果自动为它们安装默认的驱动。

七、安装与卸载常用的应用软件

（一）常用的应用软件

应用软件决定计算机的功能，我们利用一台计算机到底能够做什么，完全取决于该计算机安装了哪些应用软件，图 5-27 列出了 360 软件管家对常用应用软件的详细分类。

图 5-27　常用应用软件的分类

满足不同领域需求的大大小小的软件成千上万种，计算机中到底要安装哪些软件，完全取决于用户的类型和实际的应用需求。

（二）安装应用软件的通用方法

所有的应用软件必须基于操作系统环境才能正常使用，软件的安装方法都比较简单。在具备上网条件的情况下，一般通过百度等搜索引擎搜索下载软件的最新版本，为保证用户下载的安全，避免下载到一些所谓的"流氓软件"，建议用户到官网或可靠的第三方平台下载无插件的纯净版本，然后按用户的要求进行安装即可。

有必要提醒大家的是：在安装过程中，一定要留意界面上的提示，不要轻易选择安装程序推荐的其他软件或插件。因为部分插件作用不大，但会占用系统更多的资源，使计算机速度变慢，有些插件甚至带有病毒，会给计算机带来安全隐患。

此外，当用户遇到纯英文软件时，可以从网上下载该软件的汉化包将其汉化。汉化时，先安装原版软件，然后再安装该软件的汉化补丁即可，图 5-28 所示为某款软件的安装程序及汉化补丁。要注意的是，汉化补丁的安装路径需与软件的安装路径相同。

图 5-28　某种应用软件安装程序及汉化补丁

⚙️ 项目实施

任务 5.1　安装 Windows 7/10 操作系统

Windows 操作系统自从诞生以来，已经有若干个不同的版本，比如 Windows 95/98、Windows 2000/XP、Windows Server 2003/2008/2012/2016、Windows 7、Windows 8 以及现在较为流行的 Windows 10 操作系统，它们分别用来满足不同时代、不同用户的需求。

微软 2020 年 1 月 14 日起停止对 Windows 7 系列产品的技术支持，不再发布该操作系统的更新和补丁。所以原来热衷于 Windows 7 操作系统的用户会慢慢转向使用 Windows 10 操作系统。未来一段时间，Windows 10 操作系统必将占据个人计算机市场绝大部分份额。然而，这并不意味着 Windows 7 操作系统会在 2020 年 1 月 14 起停止工作，只要你愿意，你仍然可以使用 Windows 7 操作系统。但仅仅因为你可以继续使用处于生命末期状态的 Windows 7 操作系统，并不意味着你应该这样做，继续使用 Windows 7 操作系统最大的问题是，一旦进入生命末期，它不会为任何新的病毒或安全问题打补丁，这让你极易受到任何新出现的威胁。

对于老旧机器或配置较低的机器而言，在被报废或换新之前，安装 Windows 7 操作系统，并依赖第三方软件防火墙打补丁和抵御病毒的入侵，仍可维持一段时间的使用。但对于新机器的用户而言，我们认为安装并使用 Windows 10 操作系统是一个明智的选择。

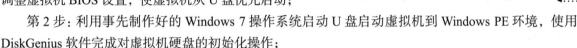

任务目标

自己动手，学会安装 Windows 7/10 操作系统，并做初始化设置。

任务实施

1. 观看视频，学习如何安装主流的操作系统

2. 自己动手安装 Windows 7/10 操作系统

（1）安装 Windows 7 操作系统。

第 1 步：根据前面介绍的方法，利用 VMware WorkStation v12 创建一台 Windows 7 虚拟机，调整虚拟机 BIOS 设置，使虚拟机从 U 盘优先启动；

第 2 步：利用事先制作好的 Windows 7 操作系统启动 U 盘启动虚拟机到 Windows PE 环境，使用 DiskGenius 软件完成对虚拟机硬盘的初始化操作；

第 3 步：使用 Windows 7 操作系统启动 U 盘重新启动虚拟机，参照本项目介绍的方法和步骤完成 Windows 7 Professional 版操作系统和常用应用软件的安装。

（2）安装 Windows 10 操作系统。

参照上述安装 Windows 10 操作系统的视频，在笔记本或台式机上完成 Windows 10 Professional 版操作系统和常用应用软件的安装。

视 频
安装 Windows 10 操作系统

任务小结

本任务让大家亲自动手完成了 Windwos 7 Professional、Windwos 10 专业版操作系统以及常用应用软件的安装，这给我们学习使用 Windwos 10 操作系统、体验其新功能以及利用自己安装好系统的计算机完成学习和工作任务创造了有利条件。希望大家在实践过程中，慢慢积累经验，边学边用。

任务 5.2 安装设备驱动程序

小强第一次安装 Windows 7 操作系统，并没有想象中的那么顺利，因为他在装完系统以后，对计算机进行了简单的测试，发现自己的计算机声卡不能正常使用，无法发声，这可把他急坏了，他以为是主板的接口出现了故障，于是请来任课老师帮忙处理。

其实，小强遇到的问题在装机过程中还算是比较常见的，一般情况下，我们不要轻易怀疑计算机的硬件出了故障，应该本着"先软后硬"的原则查找原因。也就是说，应该先检查所有的硬件是否正常驱动，如果部分硬件没有正常驱动，是不可能正常工作的，所以建议先通过设备管理器或第三方软件查看所有硬件的驱动是否正常，如果所有的硬件都驱动正常，那么问题可能出在连线、电源和设置上；如果有硬件没有正常驱动，则应重新安装正确的驱动程序。

任务目标

自己动手完成硬件驱动程序的安装。

任务实施

1. 查看所有设备的工作状态

可以通过设备管理器查看所有设备的状态，比如查看所有设备前有无异常的标记，比如：

视 频
Windows 10 系统的基本设置及驱动程序的更新

感叹号、问号和叉号。如果有，证明该设备的驱动程序有问题，或存在不兼容的情况；如果没有，则表明设备工作正常。

2. 使用主板驱动光盘安装驱动

安装主板驱动程序，也就是安装主板芯片组驱动，如果有多个选项需根据说明书选择合适的芯片组驱动。

3. 使用第三方软件安装驱动

第 1 步：使用"驱动精灵"检查、安装、管理和修改设备驱动程序。

第 2 步：使用"驱动精灵"，卸载错误或版本过时的设备驱动程序。

第 3 步：使用"驱动精灵"，备份本机所有硬件的设备驱动程序。

任务小结

本任务让大家亲自动手完成了硬件设备工作状态的检查、设备驱动程序的安装与备份操作，相信通过本任务让大家对驱动程序的作用有了清楚的认识，也掌握了设备驱动程序的安装、卸载与备份的方法等。

项目总结

项目介绍了主流操作系统、设备驱动程序和常用应用软件的安装方法和注意事项，通过两个具体的任务，也让大家亲自体验了操作系统、驱动程序和常用应用软件的安装过程。

自测题

一、单项选择题

1. 关于操作系统，下列说法中错误的是（　　　）。

A. 操作系统是一个软件，处于硬件与应用软件之间，它既管理计算机硬件资源，又控制应用软件的运行，并且为用户提供交互操作界面

B. 按照源码开放与否，可将操作系统分为开源操作系统和闭源操作系统

C. 用户一般可使用的操作系统只有 Windows 操作系统

D. 操作系统的全新安装是指在硬盘中没有任何操作系统的情况下安装操作系统

2. 关于 Mac 操作系统，下列说法正确的是（　　　）。

A. Mac 操作系统是由苹果公司自行开发的操作系统，它基于 UNIX 内核

B. Mac 操作系统与 Windows 系统保持良好的兼容性

C. 在普通计算机上也可以安装 Mac 操作系统

D. 它适用于一般的 PC 架构

3. 针对物联网设备开发的 Windows 10 版本是（　　　）。

A. Windows 10 Education　　　　　　　　B. Windows 10 Mobile

C. Windows 10 IoT Core　　　　　　　　D. Windows 10 Professional

4. 关于驱动程序，下列说法中错误的是（　　　）。

A. 操作系统必须通过驱动程序才能控制硬件设备进行工作

B. 驱动程序可以初始化硬件设备

C. 驱动程序可以完善硬件性能

D. 计算机外部设备不需要安装驱动程序

5. 下列（　　）版本的驱动程序性能无法得到保证。

A. 官方认证版驱动程序　　　　　　　　B. 测试版驱动程序

C. 微软 WHQL 认证版　　　　　　　　D. 第三方驱动程序

6. 关于驱动的安装管理，下列说法中错误的是（　　）。

A. 驱动可以随时安装卸载　　　　　　　B.CPU 需要安装驱动程序才能工作

C. 可通过驱动精灵管理驱动程序　　　　D. 可以通过网络下载驱动程序进行安装

7. 关于 Windows 10 操作系统，下列说法中错误的是（　　）。

A. Windows 10 操作系统重新添加了"开始"菜单

B. Windows 10 操作系统内置了人工智能机器人 Edge

C. Windows 10 操作系统支持虚拟桌面

D. Windows 10 操作系统增加了通知中心，方便用户及时接收消息

8. 安装 Windows 10 操作系统的内存需求为（　　）。

A. 1 GB　　　　　　　B. 4 GB　　　　　　　C. 3 GB　　　　　　　D. 2 GB

9. 如果我们发现某个硬件设备的驱动程序不正常，我们可以采用的办法是（　　）。

A. 将原来的设备驱动程序卸载，原来重新安装正确的驱动程序

B. 关机以后，将该设备从机箱中取下，然后重新安装到位即可

C. 将该设备从设备列表中删除

D. 可尝试用系统工具进行修复

10. 安装常用的应用软件，正确的做法是（　　）。

A. 访问软件官网，下载安全的应用进行安装

B. 通过第三方的应用市场（如 360）下载软件，然后进行安装

C. 安装软件前，使用杀毒软件进行病毒扫描

D. 以上做法都是正确的

二、多项选择题

1. 目前 Linux 操作系统的发行版包括（　　）。

A. Red Hat　　　　　　　B. Red Flag　　　　　　　C. Ubuntu　　　　　　　D. Debian

2. 关于 Mac 操作系统，下列说法正确的是（　　）。

A. Mac 操作系统是由苹果公司自行开发的操作系统，它基于 UNIX 内核

B. Mac 操作系统不兼容 Windows 应用软件

C. 在普通计算机上也可以安装 Mac 操作系统

D. 它仅适用于苹果机架构

3. 相比 Windows XP 系统，Windows 7 操作系统更加成熟，且具有一些新的特性，主要包括（　　）。

A. 全新的资源管理器　　　　　　　　B. 全新的 Internet Explorer 8.0 浏览器

C. Windows Media Center　　　　　　D. 自带杀毒软件

4. 常用的操作系统两种安装方式（　　）。

A. 光盘安装　　　　　B. U 盘安装　　　　　C. 全新安装　　　　　D. 升级安装

5. 通过设备管理器观察所有设备是否正常驱动，通常有可能碰到（　　）异常标志。

A. 感叹号　　　　　　B. 问号　　　　　　C. 叉号　　　　　　D. 引号

三、判断题

1. Linux 操作系统只能用于服务器。　　　　　　　　　　　　　　　　　　（　　）

2. 升级安装操作系统会将硬盘全部格式化。　　　　　　　　　　　　　　（　　）

3. 如果某一个硬件设备的驱动程序没有被正确安装，则该硬件设备可能无法正常使用。（　　）

4. 驱动程序一旦安装就无法卸载，因此安装前需要谨慎选择。　　　　　　（　　）

5. Windows 10 Multiple Editions 版本是 Windows 10 操作系统多个版本的集合。（　　）

四、简答题

1. 简述操作系统的主要功能有哪些。

2. 简述驱动程序的来源都有哪些。

项目六
计算机系统的备份与恢复

 项目情境

居安思危，养成系统备份的好习惯

软件系统安装完成以后，小强终于看到了自己期待已久的 Windows 桌面，顿时成就感倍增，他以为大功告成，可以高枕无忧了。于是试图在同学面前大炫技能，证明自己已不是当初的那只"菜鸟"，可最近遇到的一件事情，又让他自信心受到打击。前一段时间，小强为他的高中同学配置了一台台式机，从确定配置到系统安装全过程由他独立完成，而且进行得比较顺利，但他的同学是市场营销专业，对计算机操作不是很熟练，经常因为误操作导致系统崩溃，小强已经为他重装了 3 次系统，而且每次都花不少时间重复同样的操作，虽然提高了自己装机的熟练程度，但时间长了，感觉很浪费时间，做事情不够高效。于是又主动请教任课老师。

老师告诉他："学技术千万不要心急，装机只是用户前期购买计算机时必经的流程，后期维护才是重点，很多故障来自于用户使用机器的过程中。作为装机技术人员，一定要养成系统和数据备份的习惯，防患于未然，以便于在机器出现故障以后能够轻松应对，保护系统和数据的安全，正所谓居安思危。"本项目将教会大家如何进行系统和数据的备份操作。

听了老师的话，小强感觉仍有更多的期待，那么，接下来我们就开始本项目的学习吧。

学习目标

◆ 掌握利用 Windows 7/10 系统还原工具进行系统备份与还原的方法；
◆ 掌握利用 Symantec Ghost 工具软件进行系统备份及恢复的方法。

技能要求

◆ 能够利用 Windows 7/10 系统还原工具进行系统备份与还原操作；
◆ 能够利用 Symantec Ghost 工具软件进行系统备份及恢复操作。

相关知识

对于一部分计算机用户来说，在系统出现故障时，选择重装操作系统是一种惯用的方法。虽然重装操作系统不需要花费多长的时间，但是要想让系统恢复到故障前的工作状态，也就是在安装操作系统的基础上安装好各种应用软件，并配置相应的工作环境，却是一件劳神而费力的事情，甚至有可能在此过程中导致部分用户数据的丢失，给操作带来一定的风险。其实，有比系统出现故障时重装操作系统更好的选择，那就是在系统出现故障之前，提前备份，记录故障发生前的系统和软件环境以及用户的工作状态，以防患于未然。一旦系统出现故障，只需要作一下还原操作即可，这样做的风险远小于重装操作系统，而且效率会更高。在 Windows 7/10 系统中附带系统还原功能，它能够让我们轻松实现对系统的备份和还原操作；另外还有第三方软件（如 Symantec Norton Ghost）可以实现同样的操作，下面介绍一下它们的使用方法。

一、Windows 7 操作系统的备份和还原

Windows 7 操作系统自带系统还原功能，它可以帮助用户在操作系统出现故障时还原到故障出现前一个相对稳定的状态，前提是必须开启此项功能并创建了还原点。这一功能其实和许多 OEM 厂商的一键还原系统至出厂状态比较类似，但是不会做得那么彻底。

系统还原功能并不是从 Windows 7 系统开始才有的，最早可以追溯到 Windows ME，当时微软就为操作系统设计了这一项功能，它给用户维护计算机带来了极大的便利。下面就简单介绍 Windows 7 系统的还原功能。

（一）Windows 7 系统还原功能的开启

想要使用 Windows 7 系统的还原功能，就必须保证该项功能处于开启状态。Windows 7 系统的还原功能可以按照以下步骤开启：

第 1 步：如图 6-1 所示，在桌面上右击"计算机"图标，在弹出的菜单中选择"属性"命令。

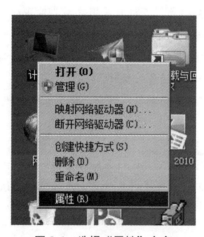

图 6-1　选择"属性"命令

第 2 步：如图 6-2 所示，在弹出的"系统"属性窗口中，单击"系统保护"选项，打开如图 6-3 所示的"系统属性"对话框。进入"系统保护"选项卡，在"保护设置"中单击所要选择的分区。例如，

选择"本地磁盘（C:）（系统）"选项，单击"配置"按钮，出现如图 6-4 所示的还原设置对话框。

图 6-2　"系统"属性窗口

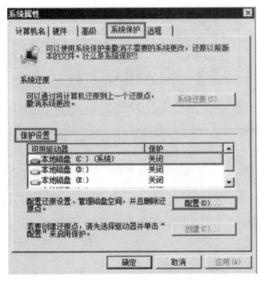

图 6-3　"系统属性"对话框

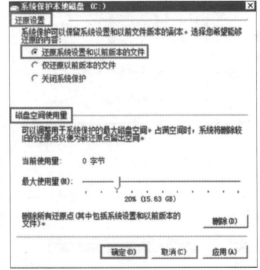

图 6-4　"还原设置"对话框

注意：在图 6-4 所示的"还原设置"中，有"还原系统设置和以前版本的文件"、"仅还原以前版本的文件"和"关闭系统保护"三个选项。其中"还原系统设置和以前版本的文件"选项就是将还原点以前的系统设置（例如开机启动项目、电源设置等）随系统文件一并还原；而"仅还原以前版本的文件"选项则可以保留还原点以后的系统设置；"关闭系统保护"选项就是关闭 Windows 7 系统的还原功能。

第 3 步：在"还原设置"选项中选择"还原系统设置和以前版本的文件"单选按钮；在"磁盘空间使用量"选项中拖动滑动条调整最大使用量，即调整用于系统保护的最大磁盘缓冲空间，当该空间占满时，系统将删除较旧的还原点以便为新还原点的存储留出空间，用户在这里根据实际需要进行调整即可。点击"确定"按钮，返回"系统保护"选项卡，如图 6-5 所示。

这时我们可以看到"本地磁盘（C:）（系统）"的还原功能已经处于"打开"状态。

（二）创建系统还原点

Windows 7 系统的还原功能开启后，会不定期的创建系统还原点。当然，用户也可以手动创建系统还原点，具体操作步骤如下：

第 1 步：如图 6-1 所示，在桌面上右击"计算机"图标，在弹出的菜单中选择"属性"命令。

第 2 步：在图 6-2 所示的"系统属性"窗口中，单击"系统保护"选项，打开如图 6-6 所示的"系统属性"对话框中。

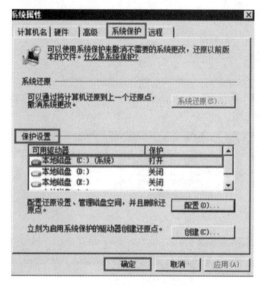

图 6-5　"系统保护"选项卡

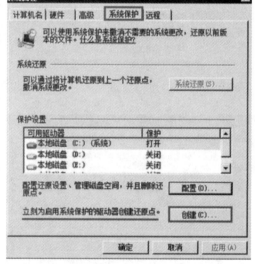

图 6-6　系统属性对话框中的"系统保护"选项卡

第 3 步：接下来为选中的驱动器创建还原点，单击"创建"按钮，出现如图 6-7 所示的对话框。这里需要为创建的还原点命名。建议命名时能够带有时间标记或容易理解和记忆的关键字。

命名完成以后，再次单击"创建"按钮，即可开始还原点的创建过程，如图 6-8 所示。

第 4 步：当出现图 6-9 所示的提示，表明系统还原点已经创建成功。

💡注意：创建系统还原点会占用一定的磁盘空间，建议在图 6-4 中合理调整磁盘空间的使用量，且不定期地清理过时且不再需要的还原点，以减少磁盘空间的占

图 6-7　为创建的还原点命名

用。这里以系统分区 C 盘为例，说明清理还原点的方法。

图 6-8　正在创建还原点图

6-9　系统还原点创建成功

首先，打开资源管理器，找到系统分区 C 盘并右击，在弹出的菜单中，选择"属性"命令，如图 6-10 所示。

在弹出的如图 6-11 所示的"系统（C:）属性"对话框中，切换到"常规"选项卡，单击"磁盘清理"按钮，出现如图 6-12 所示的"系统（C:）的磁盘清理"对话框。

这里，选择"其他选项"选项卡，出现图 6-13 所示的对话框。

单击"系统还原和卷影复制"组中的"清理"按钮，即可完成相应的操作。

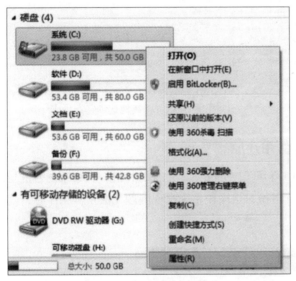

图 6-10　资源管理器

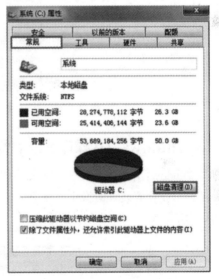

图 6-11　系统属性对话框

（三）从还原点还原系统

Windows 7 提供的系统还原功能，都是基于还原点以及之前设置的备份进行的，在创建还原点之后，再来看如何从创建的还原点还原或恢复系统。具体操作步骤如下：

第 1 步：如图 6-14 所示，在"系统属性"对话框中，切换到"系统保护"选项卡，从中选择"系统还原（S）…"按钮，即可打开"还原系统文件和设置"对话框，如图 6-15 所示。

第 2 步：单击"下一步"按钮，出现如图 6-16 所示的对话框，这里需要选择还原点。选择"C_BAK"还原点，然后单击"扫描受影响的程序"按钮，可以看到有哪些程序是需要在还原之后重新安装才能使用的。最后单击"下一步"按钮，即可进入下一步操作，如图 6-17 所示。

第 3 步：确认还原点，并选择所要还原的驱动器，然后单击"完成"按钮，这时会出现图 6-18 所示的警告信息。

第4步：单击"是"按钮，计算机将重新启动并进入还原操作过程。直到出现"系统还原成功"提示信息，表明系统已经还原到了还原点的状态。

图6-12 "磁盘清理"选项卡

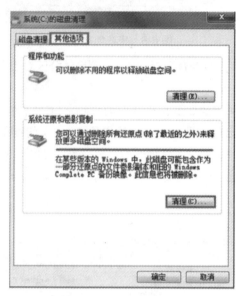

图6-13 "其他选项"选项卡

二、Windows 10 操作系统的备份和还原

作为 Windows 7 的升级版本，Windows 10 继承了 Windows 7 的部分特性，自带系统备份与还原的功能，用户可以将安装好的操作系统事先作好备份，当操作系统出现问题无法正常工作时，就可以方便地将操作系统恢复到正常的工作状态。

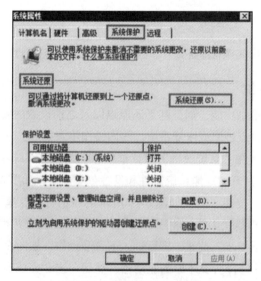

图6-14 启动系统还原功能

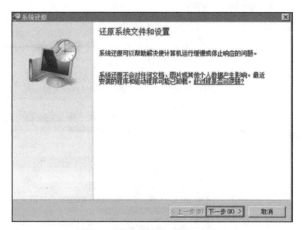

图 6-15　"还原系统文件和设置"对话框

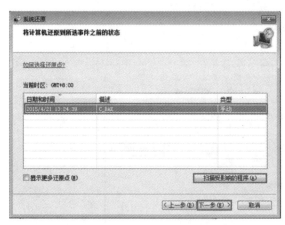

图 6-16　选择还原点

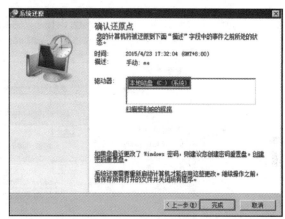

图 6-17　确认还原点

图 6-18　警告信息

　　打开 Windows 10 的控制面板，找到其中的"系统和安全"选项，双击该选项。在弹出的"系统和安全"窗口中，就包含"备份和还原（Windows 7）"选项，如图 6-19 所示。

　　单击"备份和还原（Windows 7）"选项，就会出现如图 6-20 所示的对话框。

图 6-19　"系统和安全"窗口

图 6-20　"备份和还原（Windows 7）"对话框

与 Windows 7 操作系统不同的是，在图 6-20 中有"备份"和"还原"两个按钮，用户首先要通过"备份"按钮设置备份，相当于创建还原点，然后再通过"还原"按钮，完成从还原点恢复系统到备份前的工作状态。

具体操作过程与 Windows 7 操作系统下备份和还原过程类似，这里就不再赘述。

三、利用 Ghost 软件备份和还原系统

（一）Ghost 软件简介

Ghost 是 Symantec（美国赛门铁克）公司开发的系统备份软件。Ghost 是 General Hardware Oriented Software Transfer 的英文缩写，意思是 "面向通用型硬件系统传送器"。Ghost 软件的最大作用就是可以轻松地把磁盘上的内容备份到镜像文件中去，也可以快速地把镜像恢复到磁盘，还原一个干净的操作系统。

Ghost 被称为克隆软件，其 Ghost 的备份和还原是以硬盘的扇区为单位进行的，也就是说可以将一个硬盘上的物理信息完整复制，而不仅仅是数据的简单复制。

Ghost 能够克隆系统中所有的内容，包括声音、动画和图像等，甚至连磁盘中碎片都可以一并复制。Ghost 支持将一个分区或整个硬盘直接备份到一个扩展名为 .gho 的文件中（赛门铁克把这种文件称为镜像文件），Ghost 也支持将整个硬盘或分区直接克隆到另一个硬盘或分区中，实现硬盘或分区对拷。

（二）Ghost 软件的启动

Ghost 可以在 DOS 状态下运行，也可以在 Windows 状态下运行。它使用的是图形化的操作界面。为了让读者快速掌握该软件的使用方法，我们使用一个带有 Ghost 工具软件的系统启动 U 盘或系统光盘启动计算机，然后在启动菜单（见图 6-21）中选择 "进入 Ghost 备份还原系统多合一菜单" 项启动 Ghost 软件，如图 6-22 所示。

图 6-21　启动 Ghost 软件

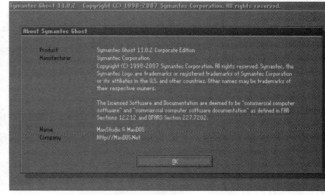

图 6-22　Ghost 软件初始界面

单击 "OK" 按钮后，就可以看到 Ghost 的主菜单，如图 6-23 所示。

（三）Ghost 软件的菜单项

1. 主菜单中各选项的含义

Local：本地操作，对本地计算机的硬盘进行操作。

Peer to peer：通过点对点模式对网络计算机上的硬盘进行操作。

Ghost Cast：通过单播 / 多播或者广播的方式对网络计算机上的硬盘进行操作。

Option：使用 Ghost 时的一些选取项，一般使用默认设置即可。

图 6-23　Ghost 主菜单

Help：一个简洁的帮助。

Quit：退出 Ghost 软件。

注意：当计算机上没有安装网络协议的驱动时，Peer to Peer 和 Ghost Cast 选项将不可用。

2.Local 二级菜单中各选项的含义

Disk：硬盘操作选项。

Partition：分区操作选项。

Check：镜像完整性检查功能。

3.Disk——硬盘克隆功能

Disk to Disk：硬盘复制，即从一个硬盘复制到另一个硬盘，又称整盘复制。

Disk to Image：硬盘备份，即将硬盘的整盘数据备份压缩成镜像文件。

Disk from Image：备份还原，即选择一个镜像文件来恢复整盘数据。

4.Partition——分区克隆功能

Partition to Partition：复制分区，即将一个分区的内容完整地复制到另一分区中。

Partition to Image：备份分区，即将一个分区的内容备份压缩成镜像文件。

Partition from Image：还原分区，即选择一个镜像文件来恢复分区数据。

5.Check——检测修复功能

Check Image：当镜像文件有损坏时用来检测和修复。

Check Disk：当硬盘出现错误时用来检测和修复。

（四）用 Ghost 对系统进行备份与还原

1. 用 Ghost 进行硬盘克隆

硬盘的克隆就是将一块硬盘上的数据（包括分区表信息和各分区中的内容）完整克隆到另外一块硬盘上。执行这一操作的前提是计算机上必须连接至少两块硬盘，且源盘的容量应与目标盘容量相同或小于目标盘的容量。

硬盘克隆常用于学校、培训机构、金融机构或网吧机房的维护过程中，因为一个机房的计算机硬件配置基本相同，当一台计算机的软件安装完成以后，可将其硬盘进行克隆，保证其他机器的硬盘与该机器的硬盘内容完全一致。当一台计算机的软件系统出现故障，也可以通过硬盘克隆的方式将计算机快速恢复到正常的工作状态。

硬盘克隆的操作方法很简单：

第 1 步：启动 Ghost 软件，进入软件主菜单，选择主菜单中 Local 选项，然后依次选择 Disk → To Disk 菜单选项。

第 2 步：选择克隆操作的源盘（即第一个硬盘），然后选择克隆操作的目标盘（即第二个硬盘），按"Yes"按钮开始执行。

硬盘克隆的结果使得目标盘与源盘几乎完全一样，并在克隆过程中自动完成分区、格式化、复制系统、应用程序和数据文件等操作。

2. 将硬盘备份成一个镜像文件

Ghost 软件也可以将整个硬盘备份成一个镜像文件，并保存在另一块硬盘或移动存储设备上。

第 1 步：启动 Ghost 软件，进入软件主菜单，选择主菜单中 Local 选项，然后依次选择 Disk → To Image 菜单选项。

第 2 步：选择要备份的硬盘，此时一定不要选错对象，否则会造成非常严重的后果。

第 3 步：确定备份生成的镜像文件的名称及存放的路径（这里指的是另一块硬盘的某个分区或大容量移动存储设备，比如 U 盘）。

第 4 步：确定以上信息后，便可以直接按"下一步"按钮执行相应的操作。

3. 用 Ghost 软件进行分区的备份

为了防止系统意外崩溃，有必要对系统盘进行单独的备份。其实就是利用 Ghost 软件的分区备份功能，对系统分区（如 C 盘）进行备份，具体操作步骤如下。

第 1 步：启动 Ghost 软件，在主菜单中选择 Local → Partition → To Image 命令，如图 6-24 所示。

第 2 步：选择需要备份的分区所在硬盘，如果只有一块硬盘按【Enter】键即可，如图 6-25 所示。

第 3 步：如图 6-26 所示，选择需要备份的硬盘分区。这时假定系统盘为 C 盘，也就是硬盘的第 1 个分区，选择该分区后，按"确定"按钮继续。

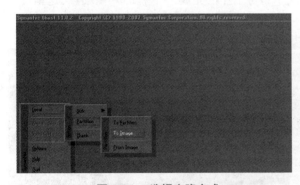

图 6-24　选择克隆方式

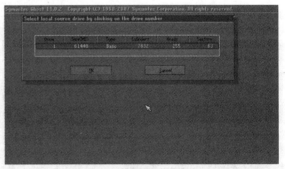

图 6-25　选择需要备份的分区所在硬盘

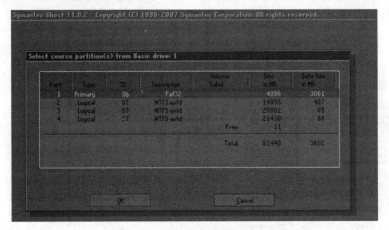

图 6-26　选择需要备份的分区

第 4 步：选择备份生成的映像文件的存放位置，如图 6-27 所示，并确定镜像文件的名称（默认扩展名为 GHO），如图 6-28 所示。

第 5 步：确认是否压缩映像文件。共有"No（不压缩）"、"Fast（低压缩比，速度较快）"和"High（高压缩比，速度较慢）"等三个选项，如图 6-29 所示。在这里我们选择"No（不压缩）"，并在确认对话框中选择 Yes 按钮，Ghost 软件将开始备份并生成映像文件的过程。

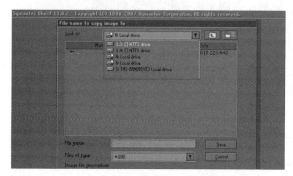 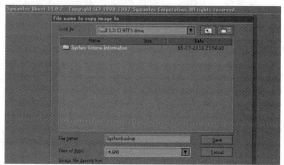

图 6-27　选择映像文件的存储位置　　　　图 6-28　确定映像文件的名称

第 6 步：整个备份过程如图 6-30 所示。备份的速度与 CPU 主频、内存的大小以及硬盘数据传输速率有很大的关系。等到备份进度条达到 100%，就表示备份工作已完成，并生成映像文件，这里可以直接重新启动计算机。

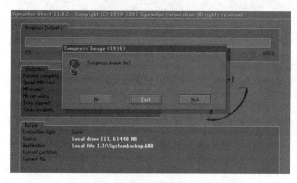 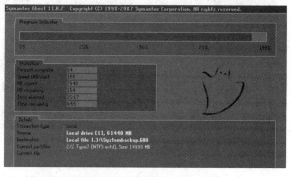

图 6-29　确认是否压缩映像文件　　　　图 6-30　系统正在进行中

4. 用 Ghost 软件恢复系统分区

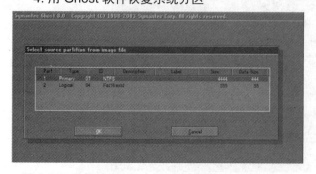

图 6-33　选择映像文件中记录的需要恢复的系统分区

当系统崩溃或感染病毒，导致系统无法正常工作，这时就可以利用之前生成的系统分区的映像文件恢复系统分区，快速恢复到备份前的正常工作状态。

第 1 步：启动 Ghost 软件，在软件的主菜单中选择 Local → Partition → From Image 命令，如图 6-31 所示。

第 2 步：切换到之前系统备份过程中映像

文件存放的目录，并选择映像文件，如图 6-32 所示。

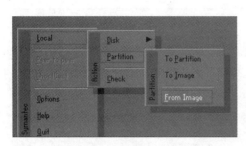

图 6-31　选择恢复模式

图 6-32　选择备份时生成的映像文件

第 3 步：选择映像文件中记录的需要恢复的系统分区（由于一个映像文件中可能包含多个分区，所以要选择需要恢复的分区），如图 6-33 所示。

第 4 步：选择要恢复的目标硬盘。由于计算机上有可能安装了多块硬盘，因此需要对目标硬盘进行选择，如图 6-34 所示。

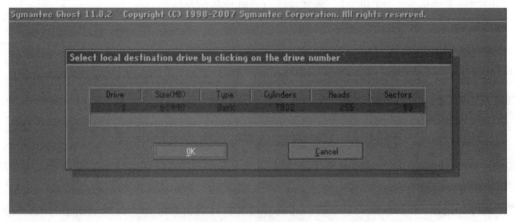

图 6-34　选择目标硬盘

第 5 步：选择目标分区。即选择要将映像文件恢复到目标硬盘的哪个分区，这里一般都会选择目标硬盘的第 1 个主分区，也就是 C 盘。这一步选择一定要谨慎，若选择错误则有可能因为覆盖掉其他分区的数据而造成损失，如图 6-35 所示。

第 6 步：确认恢复操作。如图 6-36 所示，按 Yes 按钮，即开始系统的恢复过程直至完成。

（五）使用 Ghost 时的注意事项

1. 选择合适的备份时机

完成操作系统及各种驱动程序的安装，并将必要的系统和应用软件（如杀毒、媒体播放软件、office 办公软件等）安装到系统所在磁盘分区，确保所安装的软件均为最新版本，且运行正常，这时就是备份系统的最佳时机。

如果因为疏忽，在装好系统并使用过一段时间后才想起要对系统进行备份，那也没关系，备份前

视　频

使用 Ghost 完成系统备份与还原

先将系统盘里的临时文件或垃圾文件清除，对系统及注册表进行必要的优化（推荐用 Windows 优化大师），然后整理磁盘碎片，然后再进行系统的备份操作。

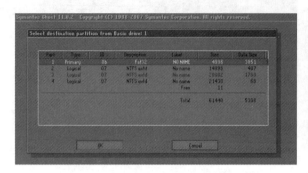
图 6-35　选择目标分区

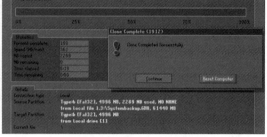
图 6-36　确认恢复操作

2. 什么情况下该恢复系统

当你感觉系统运行速度明显缓慢（此时多半是由于机器中毒或经常安装和卸载软件，残留了一部分临时文件或垃圾文件，或者误删了一些重要系统文件，导致系统运行不正常，负担加重，并加大了硬件资源的消耗）或系统出现崩溃时，就有必要对系统进行恢复操作。

3. 最后强调

在进行系统备份或恢复操作时，一定要看清楚每一步操作的意义，一定要注意选对目标硬盘或分区，否则会带来一定的损失。

 项目实施

任务 6.1　Windows 7 操作系统的备份和还原

掌握了 Windows 7/10 备份和还原的方法，小强决定对自己的系统做一次及时的备份，万一哪天系统出问题，他也好轻松应对。

任课老师建议他：在对自己的系统进行备份和还原操作前，最好在项目五中创建的 Windows 7 虚拟机中做实验，以进一步熟悉系统备份和还原的步骤，降低操作的风险。

任务目标

利用 Windows 7/10 系统自带的备份和还原工具，自己动手完成系统的备份和还原操作。

任务实施

1. 启动 Windows 7 虚拟机

启动 VMware WorkStation，打开项目五中创建的 Windows 7 虚拟机。

2.Windows 7 系统还原功能的开启

按照 6.1 节所介绍的方法，在系统盘 C: 上开启 Windows 7 系统的还原功能。

3. 创建系统还原点

按照前面 6.1 节所介绍的方法，手动创建一个系统还原点。

4. 从还原点还原系统

按照前面 6.1 节所介绍的方法，选择一个系统还原点，并从该还原点还原系统。

任务小结

本任务利用 Windows 7 系统还原工具进行系统备份和还原，不难看出操作系统具有强大的系统维护功能，要充分利用这些功能进行系统维护，提高我们的维护效率。

任务 6.2 利用一键还原精灵软件实现系统的备份与还原操作

小强按照任务 6.1 的要求，在虚拟机中完成了对 Windows 7 系统的备份操作，同时也在自己的笔记本电脑上完成了对 Widows10 系统的备份操作，而且都进行得比较顺利，这下总算是可以放心操作了，再也不用担心系统出问题，万一出问题，重新还原系统就可以轻松解决。

但是，提醒大家：可以通过 Windows 7/10 系统自带的还原功能完成对系统的备份操作，但是否可以从创建的还原点恢复系统，还要有一个前提，那就是可以以正常进入 Windows 7/10 系统，并启动备份和还原功能。如果 Windows 7/10 系统崩溃了，没有办法进入系统并利用其还原功能恢复系统，那么又该怎么办呢？在这种情况下，第三方的备份和还原工具软件就显得尤为重要，比如一部分用户曾经接触过的一键还原精灵，就可以提供很好的解决方案。

任务目标

利用一键还原精灵工具软件实现系统的备份与还原操作。

任务实施

1. 下载并安装一键还原精灵软件

（1）通过浏览器访问一键还原精灵官网 http://www.yjhyjl.com.cn，下载一键还原精灵软件最新版本（本任务以"一键还原精灵 专业版 6.6"为例进行介绍）。

（2）完成一键还原精灵的安装，然后重新启动计算机，在启动时根据提示信息按［F11］键进入一键还原精灵软件主界面，如图 6-37 所示。

2. 利用一键还原精灵备份系统

进入一键还原精灵，如果系统没有备份，一键还原精灵主界面中"还原系统"按钮为灰色，如图 6-37 所示，单击"备份系统"按钮，即可进入系统备份过程。当然在备份系统之前要保证系统运行正常以及用户所需的应用软件均已安装。

3. 利用一键还原精灵备份系统

当系统出现故障，甚至是出现崩溃，我们只需重新启动计算机，再次进入一键还原精灵主界面，单击"还原系统"按钮，如图 6-38 所示。即可进入系统还原过程，恢复系统如我们当初备份系统时的状态，如图

图 6-37 一键还原精灵软件主界面

6-39 所示。

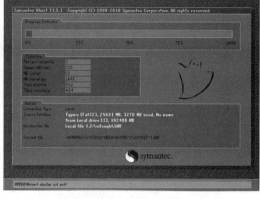

图 6-38　还原系统　　　　　　　　　　　　　图 6-39　系统正在还原

 任务小结

我们平时在使用计算机的过程中，可以充分利用一些第三方工具软件提供的功能对系统进行维护操作，使系统维护工作变得更简单、高效。

例如一键还原精灵，当完成系统和应用软件的安装，并配置好软件操作环境，就可以借助一键还原精灵实现对系统的备份；当计算机出现故障的时候，又可以借助一键还原精灵一键还原系统，恢复系统正常的工作状态。这些操作简单、方便，即使是非专业用户也可以轻松完成。

项目总结

计算机系统的备份和还原是一件非常重要的工作，大家千万不要忽视，不要在系统出现崩溃时再感到后悔，也不要在重要数据出现丢失时，付出更高的代价来弥补。希望大家通过本项目的学习，实实在在地掌握相关的技术，为今后计算机的安全使用打好基础。

自测题

一、单项选择题

1. 下列哪种操作方式对于一般用户来讲还原系统最为简单？（　　　）

A. 使用一键还原精灵　　　　　　　　　　B. 使用 Ghost 工具

C. 使用系统自带的备份与还原工具　　　　D. 重新安装系统

2. 对系统分区进行备份，可以利用 Ghost 工具的（　　　）功能。

A. Partition To Partition　　　　　　　　B. Partition To Image

C. Partition From Image　　　　　　　　D. Disk To Image

3. "ghost.exe –clone,mode=pcopy,src=1:2,dst=2:1 –sure" 命令中，参数 pcopy 代表（　　　）。

A. 分区备份　　　　　　B. 硬盘备份　　　　　　C. 分区还原　　　　　　D. 硬盘还原

4. 在 "ghost.exe –clone,mode=pcopy,src=1:2,dst=2:1 –sure" 命令中，参数 src=1:2 中 "1:2" 代表（　　　）。

A. 第一个硬盘的第二个分区　　　　　　　B. 第一个分区中的第二个部分

C. 第二个硬盘的第一个分区　　　　　　　D. 第二个分区中的第一个部分

5. 使用 Ghost 备份可以同时备份（　　　）分区。

A. 1 个　　　　　　　　　B. 2 个　　　　　　　　　C. 3 个　　　　　　　　　D. 多个

6. 关于 Windows 10 操作系统的备份功能，下列说法中错误的是（　　　）。

A. Windows 10 操作系统自带了系统备份与还原工具

B. 在进行系统备份时，可将备份文件存储到其他分区

C. 在进行系统还原时，用户可以自己选择备份的文件

D. 在使用 Windows 10 自带的备份功能进行系统备份时，需要重新启动操作系统

7. 为了防止系统在发生意外时出现崩溃，我们应该选择（　　　）备份方式较为合适。

A. 使用 Ghost 工具进行系统备份　　　　　B. 使用一键还原精灵进行系统备份

C. 使用系统自带的备份工具进行备份　　　　D. 重新安装系统

8. 启用 Windows 10 系统自带的备份和还原功能并对磁盘空间的使用量进行设置，下列说法错误的是（　　　）。

A. 合理限制还原点所占用磁盘空间的大小

B. 当所设置空间被占满时，系统将删除较旧的还原点以为新的还原点留出空间

C. 当所设置空间被占满时，新的还原点将因磁盘空间的限制而无法创建

D. 对磁盘空间的使用量进行设置，是为了避免磁盘空间资源被过多占用

9. 使用 Ghost 工具生成的映像文件，其扩展名为（　　　）。

A. GHO　　　　　　　　　B. img　　　　　　　　　C. RAR　　　　　　　D. ISO

10. 使用一键还原精灵对系统进行备份和还原的过程与使用以下（　　　）软件类似。

A. Ghost　　　　　　　　　B. PQ　　　　　　　　　C. Fdisk　　　　　　　D. DiskMan

二、多项选择题

1. 使用 Windows 7/10 自带的系统保护功能还原系统时，必须具备的前提条件是（　　　）。

A. 相应的系统分区打开了系统保护功能

B. 此前已经创建了还原点

C. 系统能够正常启动到桌面环境

D. 系统关闭了防火墙功能

2. Ghost 软件具有（　　　）备份模式。

A. Partition To Partition　　　B. Disk To Disk　　　C. Partition To Disk　　　D. Partition To Image

3. Ghost 软件针对分区的操作主要有（　　　）。

A. Partition To Partition　　　　　　　B. Partition To Image

C. Partition To DISK　　　　　　　　　D. Partition From Image

4. Ghost 软件针对硬盘的操作主要有（　　　）。

A. Disk To Disk　　　　　　　B. Disk To Image　　　C. Disk From Image　　　D. Disk To Partition

5. Windows 10 继承了 Windows 7 的部分特性，自带系统备份与还原的功能，可以在系统出现异常的情况下，方便地将操作系统恢复到正常的工作状态。与 Windows 7 操作系统不同的是，在 Windows 10 的"系统与安全"窗口中有（　　　　）操作选项。

A. 备份　　　　　　　　B. 还原　　　　　　　　C. 压缩　　　　　　D. 解压缩

三、判断题

1. 对系统进行备份的主要目的是防患于未然，所以在系统正常工作的状态下，我们须提前对系统作必要的备份。　　　　　　　　　　　　　　　　　　　　　　　　　　　　　　　（　　　）

2. 在对系统进行还原之前，为了防止数据的意外丢失，有必要对还原点之后新增的数据进行增量备份。　　　　　　　　　　　　　　　　　　　　　　　　　　　　　　　　　　　　（　　　）

3. Windows 7 系统崩溃后，可以使用系统自带的备份与还原工具进行还原。　　　（　　　）

4. 默认情况下，Windows 10 操作系统会定期进行备份。　　　　　　　　　　　（　　　）

5. Ghost 软件在备份系统时需要重启计算机。　　　　　　　　　　　　　　　　（　　　）

四、简答题

1. 使用 Ghost 工具对系统进行备份时应选择什么样的时机？

2. 请简单描述 Ghost 工具软件的特点。

项目七

计算机的硬件检测、性能测试与优化

项目情境

了解计算机的硬件配置，测试计算机的整体性能

小强的同学曾帅就读于某大学的电子商务专业，最近在网上购买了一台笔记本电脑，他想请小强帮忙验机，确定计算机的配置，然后测试计算机的性能，必要时再做优化，保证机器用起来得心应手，运行稳定、可靠。

曾帅的需求也是大多数普通用户的需求，我们在购买计算机时，总希望它具有最高的性价比。但对于硬件设备的好坏以及系统性能的高低，用户很难作出判断，必须依赖一些硬件检测和性能测试的软件来完成。通过硬件检测，有助于用户辨别计算机硬件的真伪，确定整机的配置信息；通过性能测试，能够了解计算机硬件的工作状态，保障计算机稳定地运行。

初装操作系统，计算机的运行状态比较稳定，一般是不需要进行优化的。但是当计算机系统在使用一段时间后，运行速度会变得越来越慢，可能原因是由于系统长期运行产生了很多垃圾文件，在安装软件和浏览网页的过程中被动地安装了很多恶意插件等。这些都极大地影响了计算机系统的正常运行，遇到这样的情况该如何解决呢？我们只能想办法对系统进行优化处理。

学习目标

◆掌握计算机硬件信息的检测方法；

◆掌握计算机整机性能的测试方法；

◆掌握对 Windows 7/10 操作系统进行优化的方法。

技能要求

◆能够使用系统属性和第三方软件获知计算机的硬件配置；

◆能够使用第三方工具软件对计算机的整机性能进行测试；

◆能够针对 Windows 7/10 操作系统进行必要的优化设置。

相关知识

一、关于硬件检测和性能测试的相关知识

（一）硬件检测与性能测试的意义

计算机的硬件检测是在计算机组装完成以后的一个重要环节，它可以让我们获得以下方面的重要信息：

1. 辨别硬件的真伪

用户从市场上购买的计算机硬件设备从外表上不容易判断其真伪，而有些测试软件能够很容易识别其是否为赝品。

2. 了解硬件的性能

虽然平时使用计算机能通过操作系统、应用软件和游戏等来感觉整台计算机运行的快慢，但是这只是主观的态度，无法准确地把握和描述计算机的性能。

3. 优化硬件和系统性能

不同的硬件设备，其驱动程序对硬件设备的性能表现有很大的影响，测试软件可以帮助用户分析各种驱动程序的优劣。

（二）硬件检测与性能测试的方法

1. "烤机"法

"烤机"法是考察计算机稳定性的关键测试，它是一些单位在进行批量采购时常用的方法，对于竞标公司所提供的样机，一般采用"烤机"法。

所谓"烤机"，就是让计算机长时间不停地运行大型游戏或程序，以检测计算机的性能和质量，一般开始72小时是计算机的故障多发期，如果计算机系统在这个期间运行正常，那么也就基本上确定了计算机的稳定性。

2. 仪器测试法

仪器测试法是指使用专门仪器对计算机的各个部件和接口进行专业测试，得到专业的技术指标，从而衡量计算机的优劣。由于一般用户不具备这种测试条件，所以这种方法不常用。

3. 软件测试法

软件测试法就是使用专门的测试软件测试。现在的测试软件种类很多，它们能对主板、CPU、显示、硬盘、显示器、键盘、鼠标等进行详尽的测试，并给出各个配件量化的测试结果。这些软件都比较专业，下面我们将列举其中一些软件进行介绍。

二、计算机的硬件检测

（一）通过系统属性查看硬件信息

以Windows 10系统为例，在桌面找到"此电脑"图标并右击，在弹出的菜单中选择"属性"命令，如图7-1、图7-2所示。

在弹出的系统窗口中，可以看到与本机相关的一些信息，包括操作系统基本信息（笔记本的品牌、

型号、处理器型号、主频、内存条容量、操作系统类型等）、售后信息、计算机名、域和工作组设置、系统的激活状态等，如图 7-3 所示。

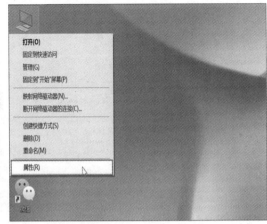

图 7-1　"此电脑"图标　　　　　　　　　图 7-2　选择"属性"命令

图 7-3　通过系统窗口看到的机器的基本信息

进一步单击左侧导航中的"设备管理器"，可以看到机器硬件设备和接口的工作状态，如图 7-4 和图 7-5 所示。

在图 7-5 所示的"设备管理器"窗口中，列出了机器所有硬件的工作状态，可根据需要展开相应的项目，了解更详细的信息。请注意观察，如果某个项目前面带有问号或感叹号，表明该设备工作状态不正常或者未正常驱动。需要安装正确的驱动程序，以保证该设备能够正常工作。

通过系统属性只能粗略地了解机器的硬件信息，要想了解更详细的信息，还可以借助第三方工具软件进行检测，如 Windows 优化大师、360 硬件大师、CPU-Z、驱动精灵和鲁大师等。在这里，重点推荐鲁大师。

图 7-4　单击"设备管理器"选项

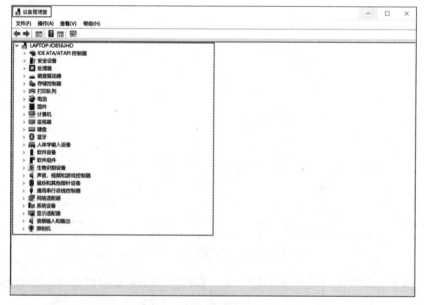

图 7-5　"设备管理器"窗口

（二）通过第三方工具软件查看

鲁大师是由 Windows 优化大师的开发者鲁锦研发的新一代系统工具。它拥有专业、易用的硬件检测功能，不仅检测结果准确，而且向用户提供了比较友好的中文界面，可以让用户对计算机的配置信息一目了然。

　　鲁大师适用于各种类型的计算机，包括台式机和笔记本电脑，检测范围包括关键部件和整机信息，并且可以将检测结果以表格或配置单的形式呈现，非常直观。目前，鲁大师已成为 360 旗下的软件产品，与 360 硬件大师功能完全相同。但在界面上存在细微的差别，这丝毫不影响我们对该软件的使用。下面简单介绍该软件的使用方法。

　　首先，以 Windows 10 系统为例，在桌面上找到"鲁大师"的快捷方式，双击该快捷方式运行鲁大师软件，如图 7-6 所示。

　　软件启动后，出现如图 7-7 所示的软件主界面。

图 7-6　启动"鲁大师"软件

图 7-7　鲁大师软件主界面

在鲁大师软件主界面中，可以看到界面的左上方有一个"硬件检测"选项，单击该选项，出现如图 7-8 所示的窗口，在该窗口的右下角，可以看到通过软件检测到的机器的硬件配置信息。

此外，还可以通过图 7-8 中右上角的"生成报表"按钮生成一个指定格式的配置清单，方便将检测到的配置信息留存，如图 7-9、图 7-10 所示。

图 7-8　通过软件检测到的硬件配置信息

图 7-9　生成报表

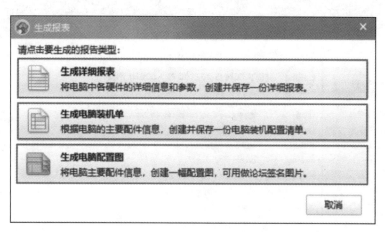

图 7-10　选择要生成的报告类型

　　鲁大师除了能够对整机的硬件信息进行检测外，还可以对处理器、主板、内存、硬盘、显示器、电池等关键部件进行单独的检测，如图 7-11 所示。

图 7-11　支持对关键部件进行单独检测

　　例如，要详细了解处理器相关的参数，可以单击左侧导航栏的"处理器信息"选项，这时，便可以看到在该窗口的右下方显示出与处理器相关的详细信息，如图 7-12 所示。

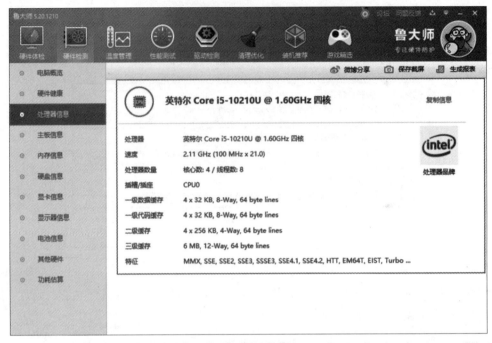

图 7-12　检测处理器的相关参数

同样，也可以根据实际需要，依次检测主板、内存、硬盘、显卡、显示器、电池等关键部件的信息，如图 7-13~图 7-19 所示。

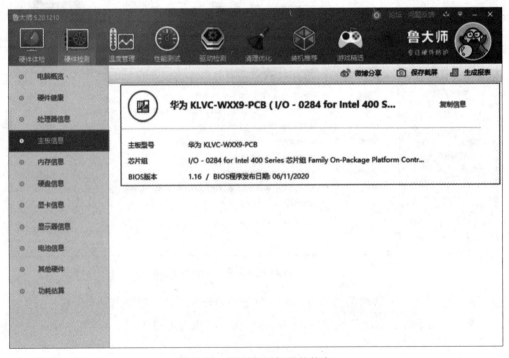

图 7-13　检测主板相关的信息

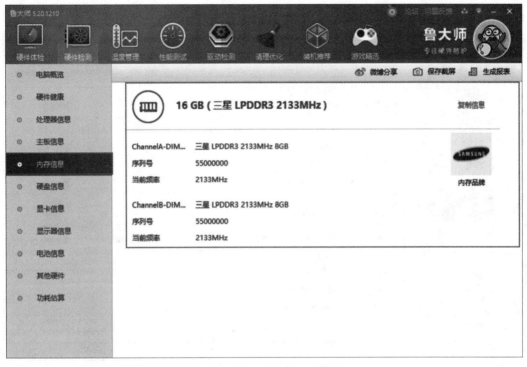

图 7-14　检测内存相关的信息

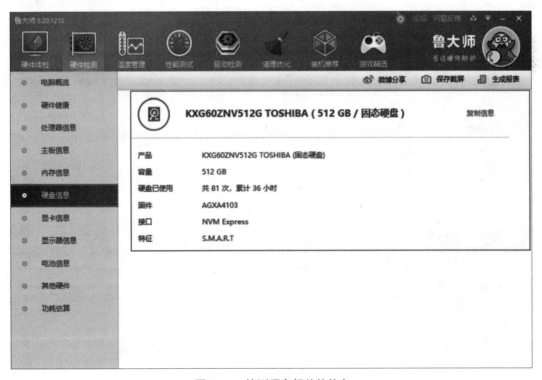

图 7-15　检测硬盘相关的信息

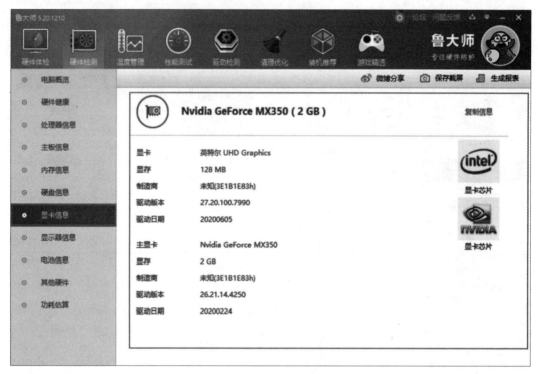

图 7-16　检测显卡相关的信息

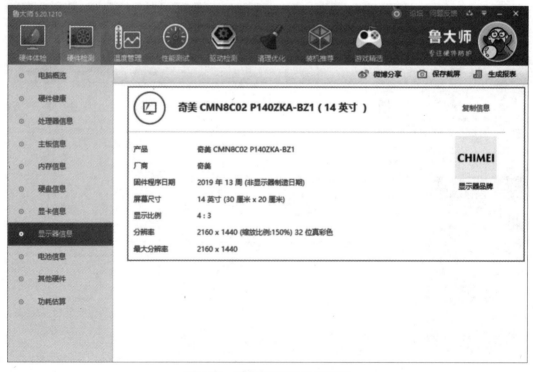

图 7-17　检测显示器相关的信息

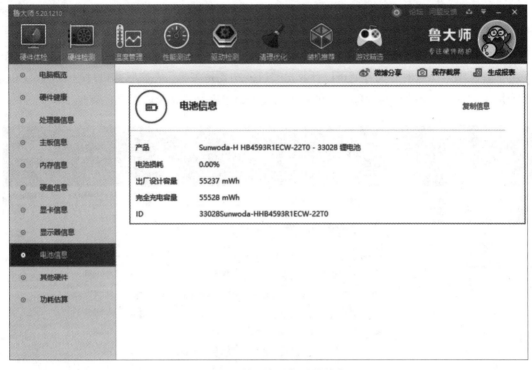

图 7-18　检测电池相关的信息

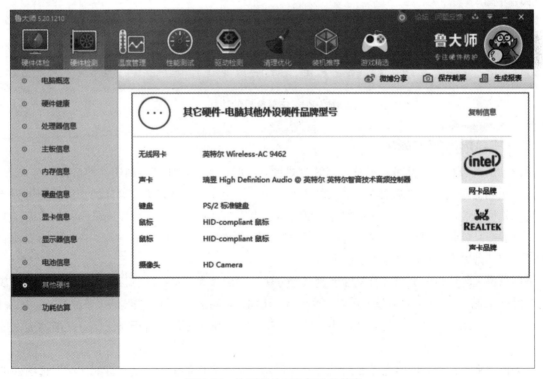

图 7-19　检测其他硬件相关的信息

另外，鲁大师还有一项值得称道的功能，那就是"功耗估算"。如果在配置台式计算机的过程中，不知道如何选择主机电源，也不清楚额定功率为多大的电源才够用，这时，鲁大师就能帮到你。当从硬件检测窗口中选择左侧导航栏中的"功耗估算"选项，如图 7-20 所示在窗口右下区域输入台式机各个部件的品牌及型号，这时鲁大师就可以计算出整机的功耗是多少。在实际购机过程中选择主机电源时，额定输出功率一定要大于鲁大师估算的这个功耗值，也就是说，要适当留有余地。

图 7-20　估算整机的功耗

三、计算机的性能测试

用户购买计算机，尤其是选择自主组装台式计算机时，关心得比较多的还是性价比。有人认为，台式计算机相对于笔记本电脑而言，最大的优势在于高性价比，也就是说花同样的价钱，如果买台式机，可以换回更高的性能。可是，如何才能证明这一点呢？计算机的性能可以度量吗？其实市场上有不少的软件产品就是针对用户的这一需求而开发的，如"PCMark""3DMark"等，还有上面提及的鲁大师，它们都可以对计算机的性能进行测试。

下面以鲁大师为例，介绍计算机性能测试的方法。利用鲁大师进行计算机的性能测试，最好基于以下前提，就是被测试的计算机软件环境大致相同，比如，被测试的计算机安装的系统都是 Windows 10，且测试过程中关闭了其他正在运行的应用程序。这样测试的结果更加具有可对比性。详细的测试过程如下。

启动鲁大师，打开软件的主界面，如图 7-21 所示。在该界面的上方找到"性能测试"选项，单击该选项，打开如图 7-22 所示的窗口。

图 7-21　选择"性能测试"选项

图 7-22　"性能测试"窗口

在窗口中，可以根据需要选择相应的测试选项，默认情况下，处理器性能、显卡性能、内存性能和磁盘性能等选项都是处于选中状态，如果单击"开始评测"按钮，相当于对本机作了完整性能测试。当然，也可以单独测试某个关键部件的性能，比如，单独测试处理器性能时，只选中"处理器性能"测试选项即可，其他选项暂不选中。一般情况下，都是做整机性能的测试，所以默认选中所有的测试选项，然后单击"开始评测"按钮即可，如图 7-23 所示。

图 7-23　选择测试项目

这时，鲁大师启动测试程序，开始对计算机进行整机性能测试，如图 7-24 所示。这个过程会持续一段时间，但不会太长，请在测试过程中保持一定的耐心，不要轻易中断测试过程，否则有可能对硬件造成损伤。

图 7-24　正在进行整机性能测试

测试完成后，鲁大师会以得分的方式反馈测试的结果，包括整机和关键部件的测试得分，这个量化的测试结果具有一定的可比性。

　　还可以分别单击"综合性能排行榜"、"处理器排行榜"和"显卡排行榜"等选项卡，了解自己的计算机在近一个月内全国用户性能测试排行榜中的位置，如图 7-25~ 图 7-29 所示。这个排名主要以前面整机测试和关键部件测试的得分为依据来进行排序的。

图 7-25　测试完成后的结果反馈

图 7-26　选择"综合性能排行榜"选项卡

图 7-27　"综合性能排行"的结果

图 7-28　"处理器排行榜"的结果

图 7-29　"显卡排行榜"的结果

四、Windows 10 操作系统的优化

（一）Windows 10 系统常见的优化项目

前面已经给大家介绍过，微软公司目前对 Windows 7 已经不再提供技术支持，Windows 10 将取代 Windows 7 成为市场主流，原来用 Windows 7 系统的用户也已经慢慢过渡到了 Windows 10 系统。

Windows 10 相对于 Windows 7，在性能方面确实有很大提升，用户体验方面也有很多改善，外观及交互也好看很多。但由于 Windows 10 操作系统的功能变得越来越强大，系统也同时变得臃肿，为了保证用户的良好体验，有必要对 Windows 10 系统进行必要的优化。

1. 关闭家庭组

在 Windows 8 时代就有的家庭组功能会不断地读写硬盘，造成 CPU 的占用率很高，这个问题在 Windows 10 早期版本中依然存在，如果关闭这项功能，会使 CPU 的占用率大幅降低，减少硬件资源的开销。不过，在最新版的 Windows 10 操作系统中已经将家庭组功能移除。

在 Windows 10 早期版本中，关闭家庭组功能的方法为：右击"此电脑"图标，选择"管理"命令，如图 7-30 所示。

进入"计算机管理"窗口，在左侧的菜单项中选择"服务"选项，在右侧窗口中找到 HomeGroup Listener 和 HomeGroup Provider 两项服务，如图 7-31 所示。

右击相应的服务项目，选择"属性"命令，在新打开的窗口中把启动类型改为"禁用"。这样，就关闭了家庭组功能，如图 7-32 所示。

2. 卸载无用应用

如图 7-33 所示，单击"开始"→"设置"命令，进入"Windows 设置"窗口，如图 7-34 所示。选择"应用"选项，则可以打开"应用和功能"窗口，如图 7-35 所示。

这时可以根据用户的实际情况，卸载一些平时用不到的系统自带应用。"开始"菜单中的"设置"选项里，还有许多可以调整的地方，大家有兴趣可以自行探索。

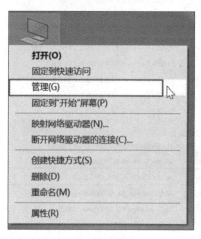

图 7-30　选择"管理"命令

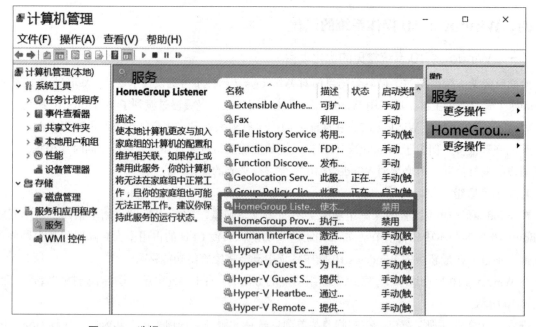

图 7-31　选择 HomeGroup Listener 和 HomeGroup Provider 两个服务

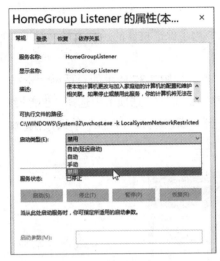

图 7-32　设置相应的服务项目为"禁用" 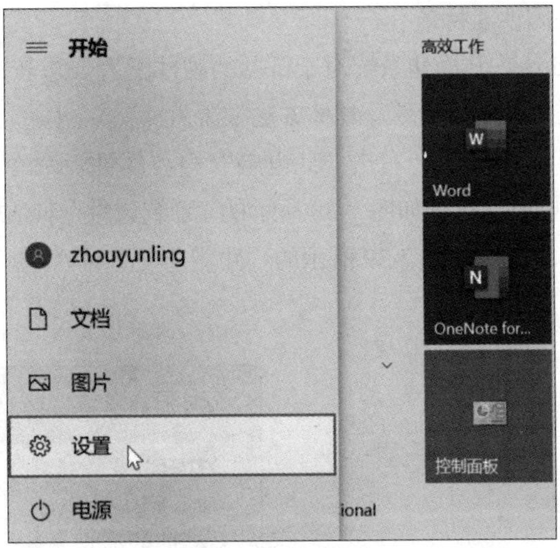　　　　　图 7-33　"设置"选项

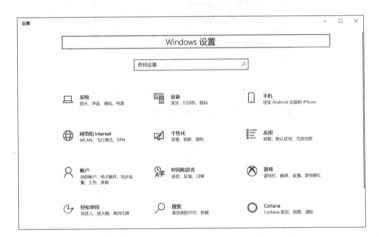

图 7-34　打开"Windows 设置"窗口

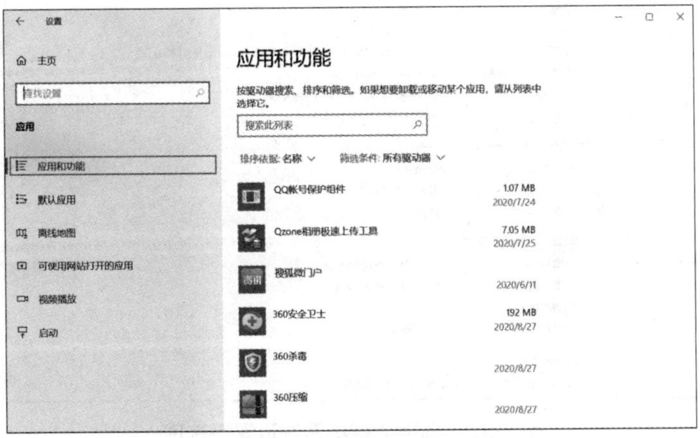

图 7-35　打开"应用和功能"窗口

3. 关闭性能特效

Windows 10 操作系统对于机器的硬件配置要求较高，为了保证机器的运行流畅，对于配置较低的机器建议关闭性能特效。具体方法如下。

如图 7-36 所示，右击"此电脑"→"属性"命令，打开如图 7-37 所示的对话框。选择"高级系统设置"选项。打开如图 7-38 所示的"系统属性"对话框。在"高级"选项卡中选择"性能"组中的"设置"按钮。打开如图 7-39 所示的"性能选项"对话框。选择"调整为最佳性能"单选按钮，然后按"确定"按钮即可。

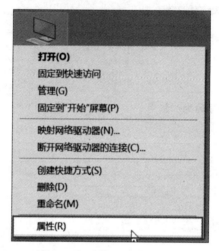

图 7-36　选择"属性"命令

图 7-37　选择"高级系统设置"选项

图 7-38　"系统属性"对话框

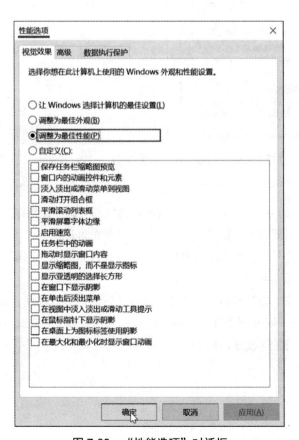

图 7-39　"性能选项"对话框

4. 关闭磁盘碎片整理计划

磁盘碎片整理虽然可以提高磁盘的性能，但是没有必要经常性地进行整理，一般整理的周期在三个月以上，所以我们完全可以在必要时再手动启动磁盘碎片整理程序，并不需要设置整理计划，最好关闭整理计划。具体的做法如下。

双击"此电脑"图标，打开资源管理器，右击"磁盘 Windows（C:）"→"属性"命令，如图 7-40 所示。打开如图 7-41 所示的对话框。在"工具"选项卡中，单击"优化"按钮。打开如图 7-42 所示的"优化驱动器"对话框。单击"更改设置"按钮，在打开的对话框中取消选择"按计划运行"，然后按"确定"按钮即可，如图 7-43 所示。

图 7-40　选择"属性"命令

图 7-41　"Windows（C:）属性"对话框

5. 关闭 IPv6 协议

Windows 10 默认开启的 IPv6 协议，对于日常使用的我们来讲，使用率几乎为 0，但它却大大地占用着系统的资源，所以有必要将该协议关闭掉，以提高系统的性能。具体方法如下。

如图 7-44 所示，单击打开"控制面板"窗口，单击"网络和Internet"选项，如图 7-45 所示。单击"网络和共享中心"选项，如图 7-46 所示。

在打开的"网络和共享中心"窗口中，单击"更改适配器设置"选项，如图 7-47 所示。

打开如图 7-48 所示的"以太网属性"对话框。在列表中找到"Internet 协议版本 6（TCP/IPv6）"，单击取消选中，然后按"确定"按钮即可。

图 7-42　"优化驱动器"对话框

图 7-43　取消选中"按计划运行"选项

图 7-44　单击打开"控制面板"

图 7-45　单击"网络和 Internet"选项

图 7-46　"网络和 Internet"窗口

图 7-47　单击"更改适配器设置"选项

图 7-48　"以太网属性"窗口

6. 清理临时文件夹

如图 7-49 所示，单击"开始"菜单里的"设置"选项，进入"Windows 设置"窗口，如图 7-50所示。选择"系统"选项，则可以打开"设置"窗口，如图 7-51 所示。单击左侧的"存储"选项，打开如图 7-52 所示的存储设置窗口。单击"临时文件"选项，打开"临时文件"对话框，如图 7-53所示，这时根据需要选择在释放磁盘空间时要永久删除哪些项目。选择完成以后，单击"删除文件"按钮即可。

图 7-49　选择"设置"选项

7. 关闭多余的自启动项

经常使用计算机的用户应该有这样的体会，就是当 Windows 在启动时随之加载了太多的其他应用启动项，就会使得系统的启动速度变慢，甚至出现系统运行卡顿的现象，所以必须使用一定的方法关闭多余的自启动项。具体方法如下。

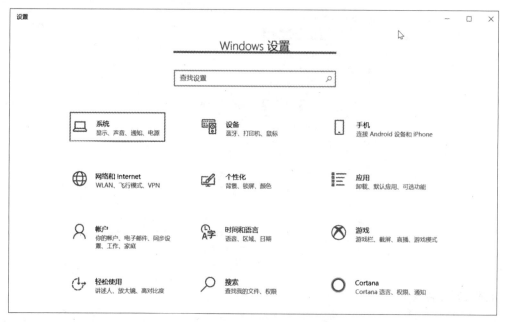

图 7-50 "Windows 设置"窗口

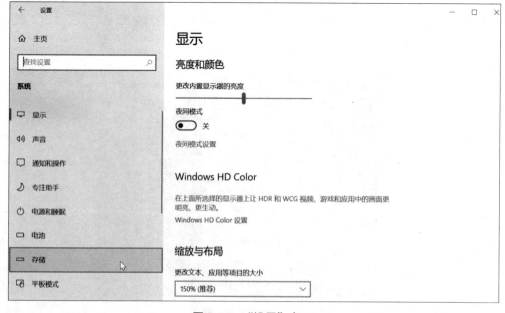

图 7-51 "设置"窗口

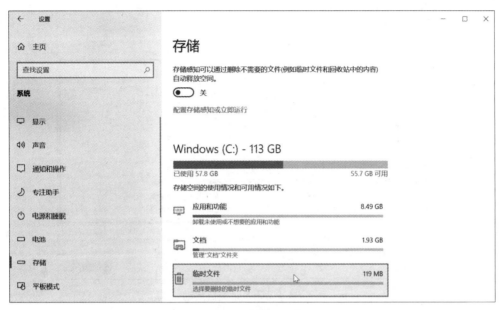

图 7-52　"存储"窗口

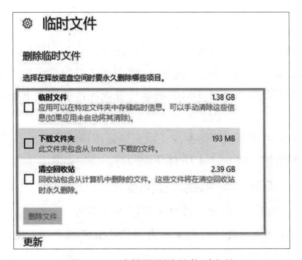

图 7-53　选择要删除的临时文件

在"开始"菜单的搜索栏，输入"taskmgr /0 /startup"，就能直接打开任务管理器的启动标签页，然后把不需要启动的项目禁用即可，如图 7-54 所示。

任务管理器			
文件(F) 选项(O) 查看(V)			
进程 性能 应用历史记录 启动 用户 详细信息 服务			
		上次 BIOS 所用时间：	10.3 秒
名称 ^	发布者	状态	启动影响
Adobe GC Invoker Utility	Adobe Systems, Incor...	已启用	中
CTF 加载程序	Microsoft Corporation	已启用	低
FastStone Capture	FastStone Soft	已启用	未计量
HD Audio Background Pr...	Realtek Semiconductor	已启用	低
Realtek高清晰音频管理器	Realtek Semiconductor	已启用	中
Waves MaxxAudio Servic...	Waves Audio Ltd.	已启用	高
WeChat	Tencent	已禁用	无
Windows Defender notifi...	Microsoft Corporation	已禁用	中
坚果云启动程序	上海亦存网络科技有限	已启用	未计量
有道词典	网易公司	已启用	未计量
有道词典	网易公司	已启用	未计量
简略信息(D)			禁用(A)

图 7-54　关闭多余的自启动

以上只是针对早期版本的 Windows 10 系统用户的几条优化建议，大家可以根据实际情况对系统进行必要的优化。

当然，Windows 10 在经过几个版本迭代更新后，现在已经表现得非常稳定了，所以初装系统几乎没有需要优化的地方，普通用户直接使用即可。但必须注意，当我们使用系统的时间过久，难免会给系统的运行带来一些负担，比如安装、卸载过多的软件而产生的磁盘碎片，频繁操作而产生临时文件或垃圾文件，安装软件时附带安装了一些不必要的插件等，在这种情况下还是需要对系统进行必要的优化的。

对于普通用户而言，如果对于系统了解甚少，我们则建议借助第三方的优化软件完成系统的优化，如 360 安全卫士、腾讯电脑管家、Windows 10 优化大师等。

（二）使用 Windows 10 优化大师对系统进行优化

前面说过，对于普通用户而言，由于对计算机了解不够深入，与其通过各种命令、操作来手动优化 Windows 10 系统，倒不如使用一些整合的第三方优化工具来得更加方便，而其中"Windows 10 优化大师"就是一款相当不错的优化工具。

1.Windows 10 优化大师简介

拓展知识

Windows 7
优化大师

Windows 10 优化大师是国内外第一批通过微软官方 Windows 10 徽标认证的软件产品，它内置微软官方许可数字签名证书，是目前国内 Windows 10 系统下用户数量第一的优化设置类软件，该软件完美支持 64 位和 32 位的 Windows 10 操作系统。

Windows 10 优化大师基于成熟完善的 Vista 优化大师最新版本发展而来，堪称微软 Windows 10 系统优化中的"瑞士军刀"，是中国国内第一个专业优化微软 Windows 10 的超级工具包，也是最好的 Windows 10 优化设置和管理软件。Windows 10 优化大师提供了数百项完善的实用功能，优化、设置、安全、清理、美化、装机均可搞定。

2.Windows 10 优化大师功能特点

（1）优化加速：加速 Windows 10 的系统启动速度、软件执行速度、上网浏览速度、开关机速度等。

（2）产品超值：本软件为免费授权正式版本。

（3）功能超炫：超过 100 多个系统设置选项，1 分钟即可成为 Windows 10 系统专家。

（4）界面友好：所有操作单击即可完成，可轻松恢复到 Windows 10 默认设置。

（5）安全可靠：包括系统安全设置，防入侵设置等，给 Windows 10 加了一把安全锁。

（6）持续更新：关注 Windows 10 优化大师的每次升级，必将给用户带来更多的惊喜。

3.Windows 10 优化大师的安装

进入 Windows 10 优化大师安装文件夹，双击 setup.exe 安装程序，如图 7-55 所示。

图 7-55 运行安装程序

在图 7-56 中，接受软件安装许可协议，并设置安装路径，开始安装过程。安装完成后，出现如图 7-57 所示的界面。单击"立即体验"按钮，即可启动 Windows 10 优化大师。

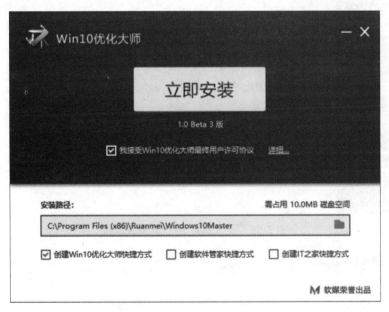

图 7-56 选择安装路径

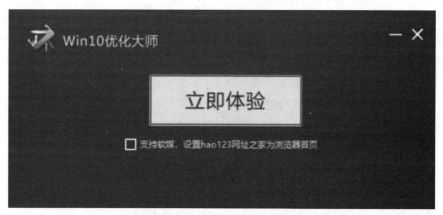

图 7-57　安装完成后的界面

首次使用 Windows 10 优化大师，软件会弹出设置向导，如图 7-58 所示。此时用户可根据向导提示进行自动优化，当然也可以跳过向导进入软件主界面进行手动优化。对于不熟悉 Windows 10 的用户来说，根据向导提示进行自动优化比较省事，没有太多复杂的操作，只需根据向导的提示和建议完成相应优化项目的选择，然后直接单击"下一步"按钮完成相应的操作。

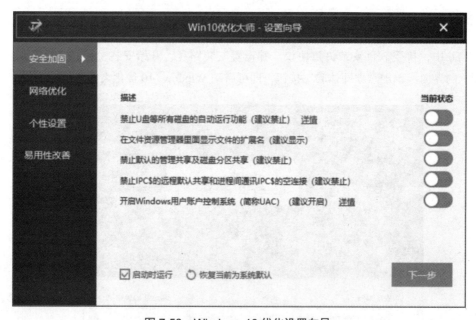

图 7-58　Windows 10 优化设置向导

4. 根据设置向导对系统进行优化

（1）安全加固。

根据设置向导的提示，在进行系统安全加固时，应禁止 U 盘等所有磁盘的自动运行功能，以防止病毒的传播；在文件资源管理器里面显示文件的扩展名，以区别文件的类型；禁止默认的管理共享及磁盘分区共享，以防止非法用户的入侵；禁止 IPC$ 远程默认共享和进程间通讯 IPC$ 的空连接，以确保连接安全；并建议开户 Windows 用户账户控制系统（简称 UAC）等，如图 7-59 所示。

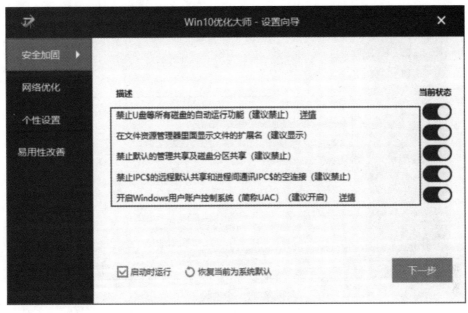

图 7-59　安全加固设置

（2）网络优化。

在进行网络优化时，可参照图 7-60 所示，分别设置浏览器主页、浏览器搜索引擎和 IE 菜单项等。确定在设置主页或搜索的同时守护它们不被恶意修改。

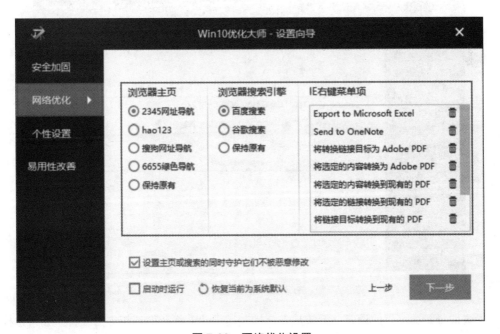

图 7-60　网络优化设置

（3）个性设置。

如图 7-61 所示，个性设置根据用户个人偏好进行设置即可，这里不作推荐。

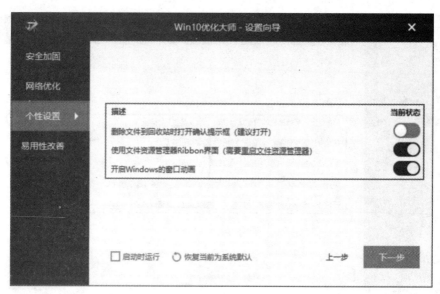

图 7-61　个性设置

（4）易用性改善。

如图 7-62 所示，易用性改善也是需要根据用户的个人习惯和实际需要进行调整，主要是针对任务栏进行相应的设置。

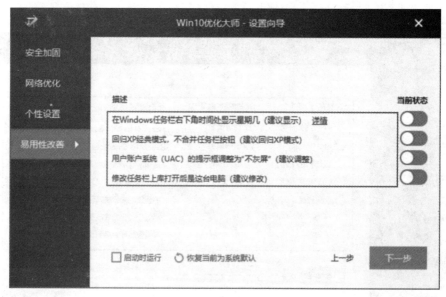

图 7-62　易用性改善

完成设置向导相关项目的设置，系统从安全性和实用性上将会得到相应的改善，如果这样还不够的话，通过 Windows 10 优化大师的主页再进行其他项目的优化设置。如图 7-63 所示，该主页提供了设置向导、软件管家、Windows Store 应用缓存清理、右键菜单快捷组、桌面显示图标、Win+X 菜单和守护等设置项目，具体使用方法这里不再详解，请大家自己体验。

图 7-63　Windows 10 优化大师的主页

5. 软件的更新

当用户需要将当前版本更新到最新的软媒魔方时，只需按图 7-63 右下角的"升级到软媒魔方"按钮即可。

项目实施

任务 7.1　计算机硬件信息的检测与性能测试

通过前面的介绍，我们已经了解到计算机硬件信息检测和系统性能测试的方法，通俗易懂且可操作性较强。接下来，将通过本任务来验证以上所描述的方法是否可行。

任务目标

在 Windows 7/10 系统环境下，通过系统自带工具和第三方工具软件完成计算机硬件信息的检测与性能测试。

视 频

Windows 7 操作系统的常用设置与优化

任务实施

1.Windows 7/10 系统环境下硬件信息的检测

（1）通过系统属性，了解计算机的基本信息；

（2）通过鲁大师或其他具有类似功能的第三方软件完成计算机硬件信息的检测。

2.Windows 7/10 系统环境下系统性能的测试

这里主要参考本项目相关知识点，使用大家比较熟悉的鲁大师软件进行整机和关键核心部件的性能测试，了解鲁大师对本机的测试得分和相对排名，另外也可以看一看鲁大师针对本机的升级建议，以作升级参考。

任务小结

通过本任务，我们已经掌握了如何通过系统内置功能和第三方软件对计算机的硬件信息进行检测和对计算机的性能进行测试的方法，识别硬件的真伪，评测其质量和性能的好坏，了解计算机硬件配置，最大限度保障用户的权益。

任务 7.2　对系统进行必要的优化

很多用户可能有这样的体会：刚买回来的计算机，初次体验，速度如飞，我们一般都会感到很满意，但使用一段时间后，感觉计算机的速度越来越慢，还时不时出现卡顿现象，影响正常工作。这是什么原因呢？

其实，原因很简单，刚买回来的计算机，尤其是笔记本电脑，除了自带的正版操作系统之外，商家可能并没有根据我们的实际需求定制安装各种不同的应用软件，其理由是商家严格遵守软件产权保护相关的法律，建议用户自行安装正版付费的软件，以保证自己合法的权益。基于这个原因，新购买的机器在开机启动后占用的系统资源相当有限，系统中的临时文件和垃圾文件也很少，启动快且操作响应及时，在运行简单应用时，几乎让我们感觉不到延时。因此，用户初体验总是好的。

随着我们对计算机功能的需求进一步增加，我们会安装各种不同的应用程序，卸载长期不用或不必要的应用软件，用户数据日益增多，有的用户经常从网上下载一些自己认为有用的资源，甚至由于误操作导致计算机受到病毒或木马的入侵，使得系统资源显得越来越不够用了，系统盘的使用空间也在不断的膨胀，剩余空间变小，机器的运行速度开始变慢，用户的体验越来越差。

面对这样的困境，只能选择对系统进行必要的优化或重装操作系统，以改善机器的性能，对于后者，建议谨慎操作，因为重新安装操作系统和应用软件不仅会耗费很多的精力，而且容易导致部分用户数据的丢失，存在一定的风险。最好的选择是对系统进行必要的优化处理。

任务目标

掌握必要的优化常识，尝试使用手动方式和使用第三方工具软件（建议使用本项目前面所介绍的Windows 7/10 优化大师）对系统进行必要的优化。

任务实施

1. 手动完成 Windows 7/10 操作系统的优化

在本项目前面已经向大家介绍 Windows 7/10 系统常见的优化项目，请大家根据该部分的内容，对系统进行手动优化操作。

2. 使用 Windows 7/10 优化大师完成系统优化

对于普通用户而言，由于对系统缺乏深入的了解，不当的操作可能会给系统带来更大的风险。因此，借助一款国产、中文界面且功能全面的第三方工具软件对系统必要的优化是一种最受欢迎的方式。

本任务推荐使用 Windows 7/10 优化大师并根据优化向导的提示完成对系统必要的优化操作。关于Windows 10 优化大师的安装和使用方法前面已有详细的介绍，这里不再赘述。

任务小结

作为一个计算机用户，尤其是专业级用户，掌握系统优化的方法并定期对系统进行优化是非常有必要的，本任务让我们亲身体验了对系统进行优化的过程，对比优化前后系统的状态，优化的结果一定会让我们感到非常满意，希望大家在实践中加以运用，让我们的系统变得更加稳定、可靠。

项目总结

掌握计算机硬件信息的检测方法，获知关键部件的技术参数，可以方便我们后期对计算机进行必要的维护与升级；测试计算机的整机性能，有利于我们对计算机进行横向比较，指导我们后期购买性价比更高的产品。定期对系统进行必要的优化，可以确保计算机保持良好的工作状态和较高的稳定性，防止硬件故障的频发和运行卡顿现象的发生。

希望大家通过本项目的学习，掌握相关的技术，为今后计算机的安全使用打好基础。

自测题

一、单项选择题

1. 关于 Windows 10 性能监视器，下列说法中错误的是（　　）。

A. 性能监视器可以监视和分析系统性能并生成报告

B. 单击性能监视器界面上面的绿色 [+] 符号按钮可以添加监视设备

C. 性能监视器中不同设备的折线图用不同的颜色表示

D. 监视某一设备，要为该设备创建数据收集器集

2. 下列（　　）不是资源监视器所监视的设备。

A. CPU　　　　　　　　　B. 主板　　　　　　　　　C. 硬盘　　　　　　　　　D. 内存

3. 关于磁盘优化，下列说法中正确的是（　　）。

A. 各种应用程序的安装、运行与卸载，都会产生垃圾文件存储在磁盘中

B. Windows 10 操作系统不会定期整理磁盘碎片，必须用户手动清除

C. 磁盘坏道不可修复

D. 读取不在连续磁道上的数据对磁头并无影响

4. 关于内存优化，下列说法中错误的是（　　）。

A. 内存存在缺陷和故障可能会导致蓝屏、死机等

B. Windows 10 操作系统默认的内存诊断为标准测试组合

C. 在诊断内存时，用户可按【F8】键选择测试组合

D. 内存诊断结果可通过事件查看器查看

5. 关于虚拟内存，下列说法中错误的是（　　）。

A. 设置虚拟内存是为了弥补内存不足的情况

B. 虚拟内存的大小是系统自动分配的，用户无法更改

C. 虚拟内存并不是设置得越大越好

D. 设置虚拟内存可以优化系统运行

6. 下列（　　　）不是注册表的组成部分。

A. HKEY_CLASSES_ROOT

B. HKEY_CURRENT_USER

C. HKEY_CONFIG

D. HKEY_LOCAL_MACHINE

7. 下列（　　　）不是注册表的数据类型。

A. REG_DWORD_SZ

B. REG_BINARY

C. REG_DWORD

D. REG_MULTI_SZ

8. 在早期的 Windows 10 版本中，关闭家庭组功能，会给系统性能提升带来的改善有（　　　）。

A. 降低 CPU 的占用率，减少硬件开销

B. 提高 CPU 的占用率，增加硬件开销

C. 提高系统运行速度

D. 提高 CPU 的占用率，降低硬件开销

9. Windows 10 操作系统对于机器的硬件配置要求较高，在进行系统优化的过程中，我们建议关闭掉一些视觉效果，主要目的是（　　　）。

A. 这些视觉效果设计并不合理

B. 这些视觉效果并不能给用户带来良好的体验

C. 我们需要在性能和追求视觉效果之间寻找一个平衡点

D. 这些视觉效果对于大多数的用户而言是多余的

10. 对于普通用户而言，如果对于系统了解甚少，我们建议借助第三方软件完成对系统的优化，这些软件不包括（　　　）。

A. 360 安全卫士

B. 腾讯电脑管家

C. Windows 10 优化大师

D. 瑞星杀毒软件

二、多项选择题

1. 计算机的性能可以通过第三方软件进行检测，这些软件包括（　　　）。

A. 鲁大师

B. 360 安全卫士

C. EVEREST Ultimate

D. CPU-Z

2. 计算机的性能可以通过 Windows 操作系统的内置工具进行检测，这里所说的内置工具主要是指（　　　）。

A. 性能监视器　　　　　B. 资源监视器　　　　　C. 控制面板　　　　　D. 设备管理器

3. 为了优化磁盘的性能，需要定期对磁盘进行清理与优化，包括（　　　）。

A. 清理磁盘垃圾　　　　B. 检查磁盘错误　　　　C. 整理磁盘碎片　　　　D. 磁盘初始化

4. 诊断内存有基本、标准、扩展三种测试组合，其中基本测试组合包括（　　　）。

A. MATS+

B. I NVC

C. SCHCKR（启用缓存）

D. CHCKR3

5. 对计算机的硬件信息进行检测和对计算机进行性能测试，其目的在于（　　　）。

A. 了解计算机的硬件配置，识别硬件真伪

B. 测试计算机的硬件性能

C. 了解计算机硬件的工作状态

D. 优化硬件和系统的性能

三、判断题

1. 一台计算机的性能主要取决于主板、CPU、内存、磁盘、显卡等硬件设备的性能，这些硬件搭配得当才能更好地发挥计算机的性能。　　　　　　　　　　　　　　　（　　　）

2. 虚拟内存是计算机系统内存管理的一种技术，在内存不足时，它将磁盘的一部分空间划分出来作为内存使用，因此，虚拟内存设置得越大越好。　　　　　　　　　　（　　　）

3. Windows 10 操作系统自带的性能监视器是微软公司提供的一个管理控制台，可以帮助用户监视和分析系统性能并生成报告。　　　　　　　　　　　　　　　　　（　　　）

4. Windows 10 操作系统的资源监视器只能监视 CPU 与内存的使用情况。　（　　　）

5. 注册表是 Windows 操作系统的核心数据库，记录着非常重要的信息，所以无法对其进行手动编辑。　　　　　　　　　　　　　　　　　　　　　　　　　　　（　　　）

四、简答题

1. 在设置系统虚拟内存的大小时，需要掌握的原则是什么？

2. 对于操作系统的优化主要涉及哪几项具体操作？

项目八
计算机日常维护
与常见故障的分析和处理

项目情境

做好日常维护是降低计算机故障发生频率的前提

初装计算机，我们总是会因为新机华丽而极富科技感的外观而感到特别的舒服，精简的软件环境配置也会让我们体验到计算机"飞"一般的感觉。然而，这种好的感觉似乎总不能维持太久，当使用计算机一段时间后，硬件设备上的积垢、系统运行的不稳定、让人无法忍受的卡顿、三天两头的装系统以及数据的意外丢失等总会给我们带来很多的烦恼。如何消除这些烦恼，让我们变得更专业呢？

这就是本项目即将给大家揭开的谜底——做好日常维护是保持机器良好的运行状态并降低故障发生频率的前提。

学习目标

◆熟悉计算机的工作原理和日常维护知识；

◆熟悉显示器的工作原理和日常维护知识；

◆熟悉键盘、鼠标的工作原理和日常维护知识；

◆熟悉外围设备的工作原理及日常维护知识；

◆熟悉电子焊接技术知识。

技能要求

◆掌握计算机的日常维护方法及注意事项；

◆掌握显示器的日常维护方法及注意事项；

◆掌握键盘、鼠标的日常维护及注意事项；

◆掌握外围设备的日常维护方法及注意事项；

◆掌握电路板的焊接技能。

相关知识

一、计算机的日常维护

（一）运行环境对计算机的影响

计算机对工作环境的要求主要包括环境温度、湿度、清洁度、静电、电磁干扰、防震、接地、供电等方面，这些环境因素对计算机的正常运行有很大的影响。只有在良好的环境中计算机才可以长期正常工作。

1. 温度和湿度对计算机的影响

（1）温度。

计算机各部件和存储介质对温度都有严格的规定，如果超过或者无法达到这个标准，计算机的稳定性就会降低，同时使用寿命也会缩短。如温度过高时，各部件运行过程中产生的热量不易散发，影响部件的工作稳定性，并极易造成部件过热烧毁，尤其是计算机中发热量较大的信息处理器件，还会引起数据丢失及数据处理错误。经常在高温环境下运行，元器件会加速老化，明显缩短计算机的使用寿命。而温度过低时，对一些机械装置的润滑机构不利，如造成键盘触点接触不良、打印机的字车运行不畅、打印针受阻等故障。同时还会出现水汽凝聚或结露现象。因此，计算机工作环境温度应保持适中，一般在 18 ℃ ~30 ℃之间。

当室温达到 30 ℃及以上时，应减少开机次数，缩短使用时间，每次使用时间不要超过 2 小时，当室温在 35 ℃以上的时候，最好不要使用计算机，以防止损坏。

（2）湿度。

计算机的工作环境应保持干燥，在较为潮湿的季节中计算机电路板表面和器件都容易氧化、发霉或结露，键盘按键也可能失灵。特别是显示器受潮，使得显示器需开机很长一段时间才能慢慢地有显示。在潮湿的环境中软盘和光盘很容易发霉，如果将这些发霉的光盘放入光驱中使用，对驱动器的损伤很大。经常使用的计算机，由于机器自身可以产生一定热量，所以不易受到潮湿的侵害。在较为潮湿的环境中，建议计算机每天至少开机一小时来保持机器内部干燥。

一般情况下，将计算机机房的湿度保持在 40%~80% 之间是比较合适的。

2. 灰尘对计算机的影响

灰尘可以说是计算机的隐形杀手，往往很多硬件故障都是由它造成的。比如灰尘沉积在电路板上，会造成散热不畅，使得电子器件温度升高，老化加快；灰尘还会造成接触不良和电路板漏电；灰尘混杂在润滑油中形成的油泥，会影响机械部件的运行。

一般来说，计算机机房内的灰尘粒度要求小于 0.5 μm，每立方米空间的尘粒数应小于 1 000 粒。

3. 电磁干扰对计算机的影响

计算机应避免电磁干扰，电磁干扰会造成系统运行故障、数据传输和处理错误，甚至会出现系统死机等现象。这些电磁干扰一方面来自计算机外部的电器设备，比如手机、音响、微波炉等，还有可能是机箱内部的组件质量不过关造成的电磁串扰。

减少电磁干扰的方法是保证计算机周围不摆设容易辐射电磁场的大功率电器设备，同时选购声卡、显卡、内置 Modem 卡等设备的时候，最好采用知名厂商的产品，知名品牌设备产生电磁干扰的可能性较小。

一般来说，可以采用计算机设备的屏蔽、接地等方法，或将电器设备之间相隔一定的距离（1.5 m）加以解决。

一般要求，干扰环境的电磁场强应小于800 A/m。

4. 静电对计算机的影响

在计算机运行环境中，常常存在静电现象。如人在干燥的地板上行走，摩擦将产生1 000 V以上的静电，当脱去化纤衣物而听见"啪、啪"的放电声时，静电已高达数万伏。

5. 机械振动对计算机的影响

计算机在工作时不能受到震动，主要是因为硬盘和某些设备受到震动时易损坏。目前硬盘转速都保持在5 400 r/min或7 200 r/min，由于采用了温切斯特技术，硬盘的盘片旋转时，磁头是不碰盘面的（离盘面0.1~0.3 μm），震动就很容易使磁头碰击盘面，从而划伤盘面形成坏块。震动也会使光盘读盘时脱离原来光道，而无法正常读盘。对于打印机、扫描仪等外设，如果没有一个稳定的操作环境，也无法提供最佳的工作状态。震动也是导致螺钉松动、焊点开裂的直接原因。因此计算机必须远离振动源，放置计算机的工作台应平稳且要求结构坚固。按键和其他操作应轻柔，运行中的计算机绝对不允许搬动。即使计算机已经关闭，强烈的震动和冲击，也会导致部件和设备的损坏。

6. 接地条件对计算机的影响

由于漏电等原因，计算机设备的外壳极有可能带电，为保障操作人员和设备的安全，计算机设备的外壳一定要接地。对于公用机房和局域网内计算机的接地将尤为重要。

接地可分为直流接地、交流接地和安全接地。直流接地是指把各直流电路逻辑地和地网连接在一起，使其成为稳定的零电位，此接地就是电路接地；交流接地是指把三相交流电源的中性线与主接地极连通，此方法在计算机系统上是不允许使用的，接地系统的接地电阻应小于4 Ω。

7. 供电条件对计算机的影响

计算机能否长期正常运行与电源的质量和可靠有着密切的关系，因此电源应具备良好的供电质量和供电的连续性。

在供电质量方面，要求220 V电压和频率稳定，电压偏差≤10%；过高的电压极易烧毁计算机设备中的电源部分，也会给板卡等部件带来不利的影响。电压过低会使计算机设备无法正常启动和运行，即使能启动，也会出现经常性的重启动现象，久而久之也会导致计算机部件的损坏。因此，最好采用交流稳压净化电源给计算机系统供电。当然计算机本身电源的好坏也是非常重要的。一个质量好的计算机电源有助于降低计算机的故障率。

在供电的连续性方面，建议购置一台计算机专用的UPS，它不仅可以保证输入电压的稳定而且遇到意外停电等突发性事件的时候，还能够用储存的电能继续为计算机供电一段时间，这样就可以从容不迫地保存当前正在进行的工作，保证计算机的数据安全。

（二）计算机日常维护的内容

（1）计算机运行环境的经常性检查。检查项目主要包括温度、湿度、清洁度、静电、电磁干扰、防震、接地系统、供电系统等方面，对不合要求的运行环境要及时地调整。

（2）对计算机各部件要定期进行清洁。如用毛刷和吸尘器清洁机箱内的灰尘，清洁打印机灰尘及清洗打印头，清洁光盘驱动器内灰尘及清洁磁头，清洁键盘等。

（3）规范开关机顺序。开机顺序是先打开外设（如显示器、打印机、扫描仪等）的电源，再开主机；关机顺序则相反，先关闭主机电源，再关闭外设电源，使用完毕后，应彻底关闭计算机系统的电源。

（4）不要频繁开关机。每次关、开机的时间间隔应不小于 30 s，因为硬盘等高速运转的部件，在关机后仍会运转一段时间。频繁地开关机极易损坏硬盘等部件。

（5）在增删计算机的硬件设备时，必须在彻底断电下进行，禁止带电插拔计算机部件及信号电缆线。

（6）在接触电路时，不应用手直接触摸电路板上的铜线及集成电路的引脚，以免人体所带的静电击坏集成电路。

（7）计算机运行的过程中，不应随意地移动，以免因震动造成硬盘磁道的划伤或零部件的散落。在安装、搬运计算机过程中也要轻拿、轻放，防止损坏计算机部件。

（8）硬盘的保存要做到防霉、防潮、防磁、防震和防污染，要经常性地对硬盘中的重要数据进行备份，以保证数据的安全。

（9）要经常性地进行病毒的查杀，对外来存储介质或软件，在使用前要进行查杀病毒处理。

（10）计算机及外设的电源插头要使用三线插头，确保计算机接地；机箱的接地端不能与交流电源的零线接在一起，保证供电安全可靠。

（11）操作键盘或鼠标时，力度要适当，不能过猛，手指按下后应立即弹起。

二、显示器的日常维护

显示器属于计算机的外围设备。它是一种将电子文件、图片、视频等信息传输到屏幕的显示设备，图 8-1 所示为液晶显示器。自带触摸屏的显示器具有输入功能。

显示器作为计算机系统人机对话的窗口，当它发生故障时，整个计算机系统将无法正常使用，因此对显示器的日常维护显得尤为重要。

图 8-1　液晶显示器

（一）显示器的合理使用

1. 工作环境

显示器的工作性能和使用寿命均会受到其工作环境的影响，保持合适的工作环境至关重要。表 8-1 所示为 GB/T 9813.1—2016《计算机通用规范　第 1 部分：台式微型计算机》对计算机设备气候环境适应性的规定。

表 8-1　计算机气候环境适应性

气候环境		参数
温度 /℃	工作	10~35
	贮存运输	−40~55
相对湿度	工作	35%~80%
	贮存运输	20%~93%（40 ℃）
大气压 /kPa		86~106

（1）合适的温度。

如表 8-1 所示，显示器的工作环境温度应保持在 10 ℃ ~35 ℃。在过高的环境温度下，显示器元器件加速老化，某些虚焊的焊点可能融化脱落而造成开路，导致显示器出现"罢工"，甚至会发生击穿烧毁元器件的可能。所以，应保证显示器工作环境温度合适，且周围有足够的通风空间。

（2）适当的湿度。

如表 8-1 所示，显示器的工作环境湿度应保持在 35%~80%。过度的湿度会使显示器内部的电路产生漏电的危险，同时内部元器件容易氧化生锈、腐蚀，使电路板发生短路等。湿度太低时，会产生静电干扰等现象，进而影响显示器的正常工作。

（3）合理的大气压。

如表 8-1 所示，显示器的工作环境气压应保持在 86~106 kPa。大气压过低或过高都会导致显示器产生"高原反应"，硬件无法正常使用，显示器不能正常工作。

（4）远离强磁场。

显示器应尽量远离如高压线、音响等容易产生强磁场的环境，显示器长时间暴露在强磁场中，其显像管容易被强磁场磁化，进而导致显示器局部变色或不能正常显示。

2. 主要性能

（1）分辨率。

分辨率是显示器的重要参数之一，是有效显示区内水平和垂直方向上的像素数，像素数越多，分辨率就越高。液晶显示器的最佳分辨率是指在该分辨率下液晶显示器能够显现最佳的影像。当显示器使用非标准分辨率时，文本显示效果就会变差，文字的边缘就会被虚化。常用的显示器分辨率为 1 920×1 080、1 440×900、1 366×900 和 1 024×768 等。

（2）点距。

点距是显示器的另一个重要指标，是指一种给定颜色的一个发光点与离它最近的相邻同色发光点之间的距离。在任何相同分辨率下，点距越小，图像就越清晰，14 英寸显示器常见的点距有 0.31 mm 和 0.28 mm。

（3）帧频。

显示器每秒显示的图像帧数称为帧频。当显示器播放视频时，如果每秒播放的帧数越多，则视频越流畅。反之过低的帧数会导致播放时断时续。一般电影在流畅播放时，帧频为 24 帧 / 秒。

3. 接口类型

显示器的接口是主机箱与显示器之间的桥梁，它负责向显示器输出相应的图像信号。常见的显示器接口有 VGA、DVI 和 HDMI 三种。

（1）VGA 接口。

VGA（Video Graphics Array）接口又称 D-Sub 接口，共有 15 针，分成 3 排，每排 5 个，如图 8-2 所示。它直接传输摄像机采集的 R（红）、G（绿）、B（蓝）模拟信号以及 H（行）、V（场）同步信号，是显示器应用最为广泛的接口类型，绝大多数的显示器都带有此种接口。

（2）DVI 接口。

DVI 接口，即数字视频接口，全称 Digital Visual Interface，目前的 DVI 接口分为两种：一种是

DVI-D 接口，如图 8-3 所示，它只能接受数字信号，接口上只有 3 排 8 列 24 针脚，其中右上角的一个针脚为空；另一种为 DVI-I 接口，如图 8-4 所示，可同时兼容模拟信号和数字信号。数字视频接口（DVI）是一种国际开放的接口标准，在 PC、DVD、高清晰电视（HDTV）、高清晰投影仪等设备上有广泛的应用。

图 8-2　VGA 接口

图 8-3　DVI-D 接口

图 8-4　DVI-I 接口

（3）HDMI 接口。

HDMI 接口全称为"高清晰度多媒体接口"（High Definition Multimedia Interface），是一种全数位化影像和声音传送接口，它可以同时传送音频和视频信号，如图 8-5 所示。HDMI 可用于机顶盒、DVD 播放机、个人电脑、数字音响与电视机等设备。

在显卡与显示器连接时，VGA 是最低的选择，效果没有 DVI 好。现在大部分都是 DVI 和 HDMI 接口的。如果显卡上有 HDMI 接口最优选 HDMI 接口，效果最好。图 8-6 为计算机主板上三种接口的位置。

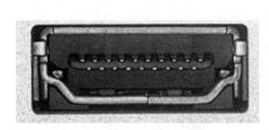

图 8-5　HDMI 接口

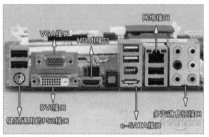

图 8-6　VGA、DVI 和 HDMI 接口

（二）显示器的日常维护

除了上述最基本的环境和性能因素外，在显示器的日常使用中，还应掌握一些基本的日常维护知识。

（1）在使用过程中，不要用物品遮盖显示器，保证显示器的正常散热。

（2）显示器的对比度设置到最大、亮度设置在 70% 左右，这样不仅有利于保护眼睛，还可以增加显示器寿命。

（3）不用显示器的时候一定要用遮尘罩遮盖，避免灰尘进入显示器。灰尘的长期积累会影响电子元器件的热量散发，加快元器件的老化；灰尘也可能吸收水分，腐蚀显示器内部的电子线路；灰尘还带有静电，对元器件造成损害。

（4）避免太阳强光直接照射显示器屏幕，否则会使显像管老化。

（5）正确清洁显示器屏幕。

如显示器屏幕上有灰尘等污渍时，应使用柔软的干防静电抹布擦拭清理屏幕，注意不能使沾有水和清洁剂的棉布或用过硬的物件擦拭，这样会破坏显示器表面抗辐射膜。如图 8-7 所示为显示器的清洁示意图。使用抹布清洁时，应顺着同一方向轻轻擦拭屏幕，不要频繁擦拭。

（a）用防静电抹布轻轻擦拭

（b）禁止用手直接擦拭

（c）禁止用硬物刮蹭

（d）禁止用水和清洁剂

图 8-7　显示器的清洁示意图

（6）清洁显示器外壳时，要用棉布沾清水进行擦拭，不能使用任何清洁剂。

（7）避免挤压或碰撞显示器屏幕。显示器屏幕由许多液晶体构成，材质脆弱，一定要注意避免强烈的冲击和振动，更不要碰撞或挤压 LCD 显示器屏幕。

（8）正确插拔显示器连接线。

显示器的接口性能直接决定着显示器的显示质量，在插接显示器连接线时，应正确进行插拔操作，避免因暴力插拔等不合理操作导致接口的损坏，影响显示器的正常使用。如图 8-8 所示为 VGA 连接线插头，最容易出现"掉针"或"跪针"现象。

图 8-8　VGA 连接线插头"掉针"（左）和"跪针"（右）现象

VGA 连接线的正确插接步骤如下：

第 1 步：如图 8-9 所示，将 VGA 连接线的公插头对准母插座。

第 2 步：如图 8-10 所示，垂直方向用力插入公插头，禁止斜向插入。

第 3 步：如图 8-11 所示，插入后拧紧公插头两侧螺柱，防止 VGA 连接线松动。

图 8-9　公插头对准母插座　　图 8-10　垂直方向用力插入　　图 8-11　拧紧公插头两侧螺柱

三、键盘的日常维护

如图 8-12 所示，键盘是计算机不可或缺的输入设备之一，操作者可以通过键盘向计算机输入各种字符、文字、数据和指令。作为人机交互的基本工具，当键盘发生故障时，整个计算机系统将无法正常使用。因此，键盘的日常维护尤为重要，包括键盘的合理使用、日常维护等。

图 8-12　键盘

（一）键盘的合理使用

1. 工作环境

键盘的工作性能和使用寿命均会受到其工作环境的影响，其工作环境适应性应符合表 8-1 的相关规定。

在日常使用中，环境湿度对键盘的正常使用有比较明显的影响。长时间工作在过度的湿度环境中，会使键盘的内部元器件氧化生锈、腐蚀，使电路板发生短路等，尤其机械式键盘的弹簧结构也会因为生锈而不能正常按压和反弹。

2. 主要性能

GB/T 14081—2010《信息处理用键盘通用规范》对键盘的主要性能做了如下规定：

（1）按键寿命。键盘的按键寿命应不小于 1×10^7 次。

（2）按键压力。键盘的按键压力为（0.54 ± 0.14）N。特殊功能的按键及作特殊使用的键盘按键，其压力应在产品标准中规定。使用键盘时，按键压力过大，会减少键盘的按键寿命。

（3）键帽拉拔力。按键键帽的拉拔力应不小于 12 N。特殊功能的键帽及特殊使用键盘的键帽，其拉拔力应在产品标准中规定。尤其在拆卸键帽进行键盘清洁时，一定要严格遵守此项规定。

（4）抖动时间。按键的抖动时间应不大于 15 ms。由于机械触点的弹性作用，按键在闭合及断开的瞬间均伴随有一连串的抖动。按键抖动会引起一次按键被误读多次，影响计算机的正常使用。

（二）键盘的日常维护及注意事项

1. 键盘的日常维护知识

（1）防止键盘进水。大多数键盘都没有防水装置，一旦有液体流入，便会使键盘受到损害，造成接触不良、腐蚀电路和短路等故障。当有大量液体进入键盘时，应尽快将键盘接口拔下，打开键盘清理并晾干即可。

（2）按键动作适当。在操作键盘时，按键动作要适当，不可过度用力，以防按键机械部分受损而不能正常使用。同时按键时间不应过长，一般按键时间大于 0.7 s，计算机将连续执行该按键功能，直至按键松开。

（3）避免在键盘前饮食。该问题十分普遍，特别是很多人为了方便，直接将计算机桌当作餐桌使用，一旦食物残渣掉进键盘间隙里，轻则卡住按键，重则堵塞键盘电路，从而造成键盘输入困难或者报废。

（4）键盘内过多的灰尘会妨碍电路正常工作，键盘维护主要就是对键盘进行定期的清洁。

2. 清洁键盘的步骤

第 1 步：如图 8-13 所示，用拔键器夹住键帽底部，适当用力向上提起键帽。

第 2 步：图 8-14 为键帽拔下后的按键内部结构。

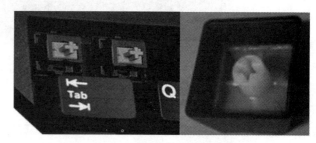

图 8-13　拆除键帽　　　　　图 8-14　拔掉键帽后的按键内部结构

第 3 步：如图 8-15 所示，将键盘上所有键帽全部拆卸下来后，用毛刷清理键盘间隙的灰尘或残渣。

第 4 步：如图 8-16 所示，将所有键帽进行清洗，可加入适量的水和清洗剂，逐个清洗。

第 5 步：如图 8-17 所示，键帽清洗完成后，首先将所有键帽放在干净的纸张上，然后放到阴凉处晾干或用吹风机吹干。注意一定不能将键帽放在阳光下暴晒，这样容易造成键帽老化，并且键帽内不能留有水分，否则安装好键帽后，按键可能会失灵。

图 8-15　清理键盘间隙　　　图 8-16　清洗键帽　　　　图 8-17　晒干键帽

第 6 步：晾干键帽后，将其一一对应装回原位。注意在安装的过程中，最好对照键盘的整体分布图，防止某个按键装错位置影响键盘的正常使用。

第 7 步：键帽安装完成后，为确保键盘能正常使用，可逐个按下按键进行检查。

四、鼠标的日常维护

鼠标是计算机不可或缺的输入设备之一，如图 8-18 所示，操作者可以通过鼠标指挥计算机完成规定的工作。作为人机交互的基本工具，当鼠标发生故障时，整个计算机系统将无法正常使用。因此，鼠标的日常维护尤为重要，包括鼠标的合理使用、日常维护。

（a）机械鼠标   （b）光电鼠标

图 8-18 常用的鼠标

（一）鼠标的合理使用

1. 工作环境

鼠标的工作性能和使用寿命均会受到其工作环境的影响，其工作环境适应性应符合表 8-1 的相关规定。

在日常使用中，环境湿度对鼠标的正常使用有比较明显的影响。长时间工作在过度的湿度环境中，会使鼠标的内部元器件氧化生锈、腐蚀，使电路板发生短路等。

2. 主要性能

GB/T 26245—2010《计算机用鼠标器通用规范》对鼠标的主要性能做了如下规定：

（1）分辨率。鼠标位移单位（英寸）长度所产生的点数，即每 25.4 mm 的长度内的点数。例如，拥有 400 dpi 的鼠标在鼠标垫上移动 1 英寸，鼠标指针在屏幕上则移动 400 个像素。

（2）采样率。光电鼠标在物理表面上每移动 1 英寸时其传感器所能接收的坐标数量，更直观地说，它反映的是鼠标的灵敏度。

（3）移动寿命。鼠标移动距离之和叫作移动寿命。标准中规定移动距离应大于 250 km。

（4）按键寿命。鼠标的左、右按键寿命应大于 10^6 次。

（5）按键压力。鼠标左、右键的按键压力应在 0.3~1.1 N 之间。

（二）鼠标的日常维护

1. 鼠标的日常维护知识

（1）配备的鼠标垫。鼠标垫不但可以大大减少灰尘通过滚动球进入鼠标内部，还能增加滚动球与鼠标垫之间的摩擦力，使操作更加得心应手。

（2）点击按键动作适当。在单击时，动作要适当，不可过度用力，以免损坏弹性开关。

（3）定期清理灰尘。鼠标内部的灰尘主要集中在传动轴上，可以用牙签将灰尘刮下来，然后用棉签仔细擦拭干净；电路板上的灰尘用毛刷进行清洁。

2. 鼠标的常见故障及处理

图 8-19 为光电鼠标的内部结构。鼠标的常见故障包括断线故障、按键接触不良和元器件损坏等，其中以发光二极管老化、晶振和 IC 芯片损坏等最为常见。

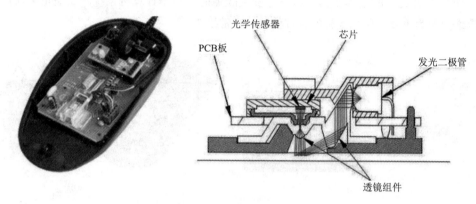

图 8-19　光电鼠标内部结构

（1）断线故障。

断线故障经常发生在连接线与鼠标接口或鼠标相接处，故障现象有两类：一类是鼠标移动，光标不动或时好时坏；另一类是鼠标移动、光标抖动。这类故障只需要将断裂的连接线重新焊接即可恢复。

（2）按键故障。

按键故障表现为光标移动正常，但按键不工作。造成这类故障的原因有两种：一是微动开关中的簧片断裂或内部接触不良；二是电路板上元器件焊接不良。若是前者只能更换鼠标，若是后者，可采用电子焊接技术进行维修。

（3）灵敏度变差。

灵敏度变差是光电鼠标的常见故障，具体表现为移动鼠标时，光标反应迟钝，不听指挥。造成这类故障的原因是鼠标工作时间长了，发光管或光敏管老化，导致灵敏度变差。只需更换相同型号的发光管或光敏管即可恢复正常。

五、其他外设的日常维护

（一）打印机的日常维护

1. 打印机的合理使用

打印机是计算机的输出设备之一，是一种将计算机处理结果打印在相关介质上的装置，如图 8-20 所示。

（1）工作环境。

打印机的工作性能和使用寿命均会受到其工作环境的影响，保持合适的工作环境至关重要。表 8-2 所示为 GB/T 17540—2017《台式激光打印机通用规范》国家标准对打印机气候环境适应性的规定。

| （a）针式打印机 | （b）激光打印机 | （c）喷墨打印机 |

图 8-20　打印机

表 8-2　打印机气候环境适应性

气候条件	工作	贮存运输
温度 /℃	5~35	-25~40
相对湿度	20~80	30%~93%（40 ℃）
大气压 /kPa	86~106	

在日常使用中，环境温、湿度对打印机的正常使用有比较明显的影响，主要体现在对打印机油墨的影响，进而影响打印机的打印质量。

温湿度对油墨影响最大的就是其干燥速度。一般而言，温度越高，干燥越快；温度越低，干燥越慢。因此，温湿度对于油墨干燥速度有直接的影响，如果温度过低，相对湿度过大，会降低油墨的干燥速度，延长印刷周期。

环境的温度和湿度还会影响到油墨的黏度。环境温度升高，油墨黏度降低；环境温度降低，油墨黏度增加。如果温度过低，油墨黏度过大，会发生印刷故障。

另外，湿度太高的环境还会影响打印纸的质量，打印纸在吸收大量水分后，会产生卷纸或卡纸等现象。

（2）主要性能。

①打印分辨率，指打印输出是横向和纵向每英寸最多能打印的点数，分辨率越高，可显示的像素个数也就越多，可呈现出更多的信息和更好、更清晰的图像。如 800 × 600 dpi，800 表示打印幅面上横向方向显示的点数，600 表示纵向方向显示的点数。一般至少应选择在 360 × 360 dpi 以上的打印机。

②打印速度，指使用 A4 幅面打印各色碳粉覆盖率为 5% 的情况下引擎的打印速度。因为每页的打印量不同，因此只是一个平均数字。目前针式打印机最快速度可达到 480 字符 / 秒，喷墨打印机打印黑白文档可达 28 PPM（PPM：每分钟可打印的页数），激光打印机可达 60 PPM。

③打印内存，指打印机能存储要打印的数据的存储量，如果内存不足，则每次传输到打印机的数据就很少，如果打印文档容量较大时，可能会出现数据丢失等现象。目前主流的打印机内存一般在 2 M~32 M，高档的打印机内存可达 128 M。

2. 打印机日常维护知识

除了环境和性能因素外，在打印机的日常使用中，还应掌握一些基本的日常维护知识。

（1）放置平稳，以免打印机晃动而影响打印质量，增加噪声甚至损坏打印机。

（2）不应在打印机上放置其他东西，尤其是液体。

（3）在拔掉电源线或信号线前应先关闭电源，以免电流过大损坏打印机，影响打印机使用寿命。

3. 打印机的日常维护

随着打印机的长期使用，会产生积灰、器件损耗等问题，影响打印机的正常使用，应对其进行定期的维护操作。一般一月对外部进行一次清洁，两个月对内部进行一次内部清洁，可以大大提高打印机的工作效率和使用寿命。

（1）内部维护。

①硒鼓更换。如图 8-21 所示，激光打印机最主要的耗材是硒鼓，硒鼓的使用寿命是指打印机可以打印的纸张数量。也就是说，可打印的纸张数量越多，硒鼓的使用寿命越长。在硒鼓寿命结束时，打印机将不能正常工作，需要更换硒鼓，

②清理送纸滚轮。送纸滚轮是打印机的传送部分，将纸张从纸槽拖曳到打印机的内部，如图 8-22 所示。在使用过程中，纸张上带有的油渍或灰尘会在滚筒上沉淀，长时间不清洗就会导致卡纸和送纸错误，这也是打印机最容易出现的故障。可以用湿布擦拭这些沉积物。

图 8-21　打印机硒鼓　　　　　　　　　　　　图 8-22　送纸滚轮

注意：打印机是使用高热的方法将墨粉吸附到纸张上，所以禁止对刚完成打印任务的打印机进行内部维护工作，特别是带有温度警告标志的部件。

（2）外部维护。

清理打印机外表面时可以使用清洁剂，将清洁剂喷在柔软的抹布上（禁止将清洁剂喷入机器内部），然后用抹布擦拭设备的外表面。

在清洗打印机外部的时候，可以向空气出口、风扇通道和纸槽中吹入空气，来清除灰尘和污物。

（二）扫描仪的日常维护

1. 扫描仪的合理使用

扫描仪是一种捕获影像的装置，是一种光、机、电一体化的计算机外围设备产品。扫描仪是继鼠标和键盘之后的第三大计算机输入设备，它可将影像转换为计算机可以显示、编辑、存储和输出的数字格式。目前常用的扫描仪有平板式扫描仪和高拍仪等，如图 8-23、图 8-24 所示。

图 8-23　平板式扫描仪　　　　　　　　　　图 8-24　高拍仪

（1）工作环境。

扫描仪的工作性能和使用寿命均会受到其工作环境的影响，保持合适的工作环境至关重要。表 8-3 所示为 GB/T 18788—2008《平板式扫描仪通用规范》国家标准对扫描仪气候环境适应性的规定。

表 8-3　扫描仪气候环境适应性

气候条件	工作	贮存运输
温度 /℃	10~35	-25~55
相对湿度	20~80	20%~93%（40 ℃）
大气压 /kPa	86~106	

（2）主要性能。

①光源。对扫描仪而言，光源是非常重要的，因为感光器件上所感受到的光线，全部来自于扫描仪自身的灯管。光源不纯或者偏色，会直接影响到扫描结果。

②扫描仪分辨率。表示扫描仪对图像细节上的表示能力，决定了扫描仪所记录图像的细致度，单位为 PPI（Pixels Per Inch）。常见扫描仪的分辨率在 300~2 400 PPI 之间。PPI 数值越大，扫描的分辨率越高，扫描图像的品质越高。

③灰度级。灰度级表示图像的亮度层次范围。级数越高，扫描图像亮度范围越大、层次越丰富。常见扫描仪的灰度级为 256 级。

2. 扫描仪的日常维护知识

除了环境和性能因素外，在扫描仪的日常使用中，还应掌握一些基本的日常维护知识。

（1）不要带电插接扫描仪。在安装扫描仪时，为了防止烧毁主板，接插时必须先关闭计算机。

（2）不要让扫描仪工作在灰尘较多的环境之中，如果上面有灰尘，需对扫描仪进行合理的清洁。务必保持扫描仪玻璃的干净和不受损害，因为它直接关系到扫描仪的扫描精度和识别率。为此，一定要在扫描仪使用后，将扫描仪护盖合上。

当长时间不使用时，还要定期地对其进行清洁。例如，使用湿润的抹布，对扫描仪的外壳进行擦拭。禁止使用有机溶剂来清洁扫描仪，以防损坏扫描仪的外壳以及光学元器件。

（3）在扫描仪的使用过程中，不要轻易地改动光学装置的位置，尽量不要有大的震动。遇到扫描仪出现故障时，不要擅自拆修，一定要送到厂家或者指定的维修站。同时在运送扫描仪时，一定要把扫描仪背面的安全锁锁上，以避免改变光学配件的位置。

六、计算机故障的诊断

计算机故障是指造成计算机系统功能失常的硬件物理损坏或软件系统的程序错误。小故障可使计算机系统的某个部分不能正常工作或运算结果产生错误，大故障可使整套计算机系统完全不能运行。

（一）计算机故障的分类

1. 硬件系统故障和软件系统故障

计算机故障分为硬件系统故障和软件系统故障。

（1）硬件系统故障。

硬件系统故障是指计算机中的电子元件损坏或外围设备的电子元件损坏而引起的故障。硬件系统故障分为元器件故障、机械故障、介质故障和人为故障等。

①元器件故障，主要是指元器件、接插件和印刷板引起的故障。

②机械故障，主要发生在外围设备中，如驱动器、打印机等，这类故障比较容易发现。

③介质故障，介质故障主要是指因软盘、硬盘的磁道损坏而产生的读写故障。

④人为故障，主要因为计算机的运行环境恶劣或用户的操作不当产生的故障。

（2）软件系统故障。

软件系统故障是指由软件出错或不正常的操作引起文件丢失而造成的故障。软件系统故障是一个复杂的现象，不但要观察程序本身、系统本身，更重要的是要看出现什么样的错误信息，根据错误信息和故障现象才能查出故障原因。软件系统故障可分为系统故障、程序故障和病毒故障等。

①系统故障，通常由系统软件被破坏、硬件驱动程序安装不当或软件程序中有关文件丢失造成的。

②程序故障，主要表现为应用程序无法正常使用，需要检查程序本身是否有错误（这要靠提示信息来判断）。例如，程序的安装方法是否正确，计算机的配置是否符合该应用程序的要求，是否因操作不当引起，计算机中是否安装有相互影响或相互制约的其他软件等。

③病毒故障，计算机病毒不但影响软件和操作系统的运行速度，还影响打印机、显示器等外设的正常工作，轻则影响运行速度，重则破坏文件或造成死机，甚至破坏硬件。

2. 致命性故障和非致命性故障

从故障造成的影响来看，我们又可以将计算机系统的故障分为致命性和非致命性故障。

（1）致命性故障。

这种情况下系统自检过程不能完成，一般无任何提示信息，又被称为计算机"点不亮"或者是"黑屏"，原因比较复杂。这种故障和显示器、显卡的关系最密切，同时主板、CPU、内存等部件的故障也会导致这些现象。

（2）非致命性故障。

一般情况下，机器出现根本无法启动的致命性故障几率并不大，通常故障都是在自检过程中或自检完成后出现死机，系统给出声音、文字等提示信息。可以根据开机自检时非致命性错误代码和开机自检时扬声器对应的错误代码，对可能出现故障的部件做重点检查；但也不能忽略相关部件的检查，因为相当多的故障并不是由提示信息指出的部件直接引起，有时是由相关部件的故障引发。一些关键系统部件（如CPU、内存条、电源、系统后备电池、主板、总线等）的故障也常常以各种相关或不相关部件故障的形式表现出来，因此这些部件的检查也应在考虑范围之内。

（二）计算机故障的诊断

我们对于计算机故障的诊断就像医生给病人看病一样，利用一些检测的方法和手段进行。我们是计算机医生，与医院医生的最大区别是，我们的诊断对象不同，但是使用的方法与诊断过程基本相似，如图8-25所示。在故障分析过程中，我们也会用到看、听、问、摸等手段，同时结合计算机的工作原理进行分析，并做好记录，通过诊断得出相应的结论，然后对症下药，解决与排除故障。

图 8-25　医生看病

（三）故障诊断的基本原则

（1）先静后动。检修前先要向使用者了解情况，分析考虑问题可能在哪，再依据现象直观检查，最后才能采取技术手段进行诊断。

（2）先外后内。首先检查计算机外部电源、设备、线路，如插头接触是否良好、机械是否损坏，然后再打开机箱检查内部。

（3）先软后硬。从故障现象无法区分是软故障或硬故障时，要先从排除软故障入手，然后再考虑硬件方面的问题。

（4）先简单后复杂。在进行计算机故障分析与排除时，首先应从简单故障入手，然后再分析复合性的故障。

（四）计算机加电自检过程

计算机硬件加电、自检、启动过程是有先后顺序的，可根据其自检的先后顺序进行故障定位，能够达到事半功倍的效果。计算机硬件加电及自检过程如图 8-26 所示。

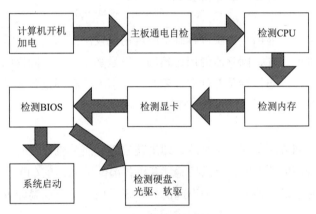

图 8-26　硬件加电及自检过程

（五）计算机故障的检测方法

1. 直观检查法

直观检查法即通过使用"看""听""闻""摸"等手段，由故障的表象来判断故障发生的原因，以制订故障的处理方案。

（1）看。即观察是否有火花，板卡是否插紧，电缆是否松动、损坏、断线，元器件引脚是否相碰，芯片表面是否开裂，有无烧焦痕迹，铜箔是否烧断、锈蚀，机械部件是否松动或卡死，有无氧化、虚焊，是否有异物掉进主板元器件之间（这可能造成短路）。

（2）听。听 PC 喇叭报警声和各风扇、软硬盘电机或寻道声是否正常。如果风扇声音大，可采用在风扇轴承上滴润滑油的方法来解决。

（3）闻。闻主机中是否有烧焦气味，烧焦处气味更大，根据烧焦气味确定故障部位。

（4）摸。即用手按压芯片或者显卡、声卡等，判断是否松动或接触不良。另外，在系统运行时用手触摸某个部件温度是否正常。对一些电流较小、使用率不高的芯片忽然烫手就可能有短路，而一些平时温度较高的芯片忽然变冷了，就有可能未工作。

直观检查法对一些"假性故障"检查特别有效。

2. 拔插法

拔插法是通过将部件"拔出"或"插入"系统来检查故障。拔插法是一种有效的检查方法，最适于诊断计算机死机及无任何显示的故障。将故障系统中的部件逐一拔出，每拔出一个部件，测试一次计算机当前状态，一旦拔出某部件后，计算机能处于正常工作状态，那么故障原因就在这部件上。拔插法也适用于印制板上有插座的集成电路的芯片。

拔插法的另一用途就是可判断因安装和接触不良引起的故障。

3. 交换法

交换法就是用相同或相似的性能良好的插卡、部件、器件进行交换，观察故障的变化，如果故障消失，说明换下来的部件是坏的。交换可以是部件级的，也可以是芯片级的，如两台显示器的交换、两台打印机的交换、两块插卡的交换、两条内存的交换等。交换法是常用的一种简单、快捷的维修方法。当故障机为主板故障时，应将故障机除主板以外的所有配件采用交换法插在好的计算机上试之。交换时，尽量用同一种型号的部件交换，否则现象可能不一样。

4. 比较法

对怀疑故障部位或部件不能用交换法进行确定时可用比较法。如某部件很难拆卸和安装，或拆卸和安装后将会造成该部件的损坏，则只能使用比较法。但是必须有两台同样的设备或部件，并且要处于同一工作状态或外界条件。当怀疑某部件有故障时，分别测试相同设备或部件的相同测试点，将正常的特征与故障的特征进行比较，来帮助判断和排除故障。

5. 升温降温法

当计算机工作较长时间或环境温度升高后，即出现故障，而关机检查时又正常，可采用升温法检查。人为升高计算机运行环境的温度，可以检验计算机各部件（尤其是 CPU）的耐高温情况，从而及早发现事故隐患。此法对于部件性能变差而引起的故障很适用。逐个加温即可发现是哪个部件发生故障，但一般不要超过 70 ℃，若温度过高，会损坏部件。

人为降低计算机的运行温度，如果计算机的故障出现率大大减少，则说明故障出在高温或不能耐高温的部件中。使用该方法可以缩小故障诊断范围。

事实上，升温降温法的采用是故障促发的原理，以制造故障出现的条件，促使故障频繁出现，从而观察和判断故障所在的位置。

6. 原理分析法

按照计算机部件工作的基本原理，根据各控制信号的时序关系，从逻辑上分析各点应具有的特征，继而找出故障原因，这种方法称为原理分析法。例如，先搞清楚正常状态下某一时刻、某个点应有多宽的脉冲信号，或者应满足哪些条件，正常的电平状态是高电平还是低电平，然后测试和观察该点的实际状态，考虑产生故障的多种可能性，并缩小范围进行观察、分析和判断，直至找出故障原因。此方法经常用于显示器等设备的维修。

7. 软件法

软件法是计算机维修中使用较多的一种维修方法，因为很多计算机故障实际上是软件问题，即所谓的"软故障"，特别是病毒引起的问题，更需依靠软件手段解决。软件维修法常用在开机自检、系统设置、硬件检测、硬盘维护等方面。但是计算机应能基本运行，才能使用软件法。

8. 电压测量法

采用万用表的电压挡来测量组件或元件的各个管脚之间或对地的电压大小，与各点的参考电压比较，若电压与参考值之间相差的比例较大，则表明此组件或元件及外围电路有故障，应对此进行进一步检修；若电压正常，说明此部分完好，可转入对其他组件或元件的测量。

9. 电阻测量法

电阻测量法的其中之一是把怀疑有故障的晶体管、集成芯片取下来，用万用表进行测试，以判断器件的好坏。

电阻测量法的其中之二是在路测量法。用万用表的 ×1 或 ×10 档测量各点对地电阻或元件脚之间电阻（无电情况下）。

如在路测量导线通断，电阻是否变大，二极管有无正反向特性（正向小，反向大），三极管的好坏等。例如，在路测量 1 kΩ 的电阻，测出的电阻应小于或等于 1 kΩ，如大于 1 kΩ，则说明电阻的阻值变大或开路。

10. 最小系统法

最小系统法是指能保证计算机能开机的最小配置，只含主板、CPU、内存、电源、PC 喇叭。显卡和显示器看情况选择要还是不要。

（六）计算机故障的排除步骤

为了保证计算机能够稳定、可靠与高效的工作，必须制订一套有效的维护方法。尤其是在计算机发生故障的时候，如果没有一个完备的分析问题、解决问题的方法与思路，就不能快速地从根本上解决问题。

虽然计算机故障的形式多种多样，但大部分的计算机在维护的时候都可以遵守一定的步骤进行，而具体采用什么样的措施来排除故障，就要根据计算机故障的实际情况而定。计算机故障排除的步骤如图 8-27 所示。

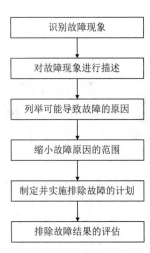

图 8-27　计算机故障排除的步骤

七、常见故障的分析和处理

（一）计算机假性故障的排除

平时常见的计算机故障现象中，有很多并不是真正的硬件故障，而是由于系统某些特性不为人知，而造成的假性故障现象。认识这些计算机假性故障现象有利于快速地确认故障原因，避免不必要的故障检查工作。

1. 电源问题

电源插座、开关等很多外围设备都是独立供电的，运行计算机时只打开计算机主机电源是不够的，例如，显示器电源开关未打开，会造成"黑屏"和"死机"的假象；外置式 Modem 电源开关未打开或电源插头未插好则不能拨号、上网、传送文件，甚至连 Modem 都不能被识别，碰到独立供电的外设故障时，首先应检查设备电源是否正常、电源插头 / 插座是否接触良好、电源开关是否打开。

2. 连线问题

外设跟计算机之间是通过数据线连接的，数据线脱落、接触不良均会导致该外设工作异常，如显示器接头松动会导致屏幕偏色、无显示等故障，打印机放在计算机旁并不意味着打印机连接到了计算机上，应检查各设备间的线缆连接是否正确。

3. 设置问题

例如，显示器无显示很可能是行频调乱、宽度被压缩，甚至只是亮度被调到最暗；音箱放不出声音也许只是音量开关被关掉；硬盘不被识别也许只是主、从盘跳线位置不对……。详细了解该外设的设置情况，并动手试一下，有助于发现一些原本以为更换零件才能解决的问题。

4. 系统新特性

很多故障现象其实是硬件设备或操作系统的新特性。如带节能功能的主机，在间隔一段时间无人使用计算机或无程序运行后会自动关闭显示器、硬盘的电源，敲一下键盘就能恢复正常。如果不知道这一特征，就可能认为是显示器、硬盘出了毛病，再如 Windows 的一些屏幕保护程序常让人误以为病毒发作……多了解计算机、外设、应用软件的新特性，有助于增加知识、减少无谓的恐慌。

5. 其他易疏忽的地方

如：CD-ROM 的读盘错误也许只是你无意中将光盘正、反面放错了；U 盘不能写入也许只是写保护滑到了"只读"的位置。发生了故障，首先应先判断自身操作是否有疏忽之处，而不要盲目断言某设备出了问题。

引起计算机系统故障的原因是多方面的。当计算机有故障时，应结合自己对计算机系统原理的理解和日常的维修经验，确定故障的类别，判断故障的部件和原因。

（二）启动故障分析与排除

在计算机启动过程中，BIOS 系统起着非常重要的作用，它主要是进行系统自检及初始化工作，开机后 BIOS 最先被调用，然后它会督促各硬件设备排队依次接受检查，如果发现严重问题，就停止计算机启动，并不作任何"提醒和解释"；如果是"可以容忍的错误"，则给出屏幕提示或声音信号报警，等待用户处理。当然，如果未发现任何问题，则"令"各硬件处于备用状态，然后将指挥权交给操作系统。

计算机启动过程中的故障主要表现为不能启动，不能启动又会表现出多种情况，下面我们根据不同情况进行分析（在假故障已经排除的情况下）。

1. 声音判断故障

在硬件系统自检启动过程中，由于硬件安装不到位或接触不良等原因会导致无法检测到该部件，BIOS 程序设有报警声音，我们可以根据 BIOS 的提示声来对故障进行定位，由于各 BIOS 厂商的声音所表达的意义不同，下面列出 AMI BIOS 与 AWARD BIOS 声音供大家参考。

（1）AMIBIOS 响铃声的一般含义如下：

①一声短：内存刷新失败，内存损坏比较严重，要更换内存。

②二声短：内存奇偶校验错误，可以进入 CMOS 设置，将内存 Parity 奇偶校验选项关掉，即设置为 Disabled，不过一般来说，内存条有奇偶校验并且在 CMOS 设置中打开奇偶校验，这对微机系统的稳定性是有好处的。

③三声短：系统基本内存（第 1 个 64Kb）检查失败，要更换内存。

④四声短：系统时钟出错，维修或更换主板。

⑤五声短：CPU 错误，但未必全是 CPU 本身的错，也可能是 CPU 插座或其他错误，如果此 CPU 在其他主板上正常，则肯定错误在于主板。

⑥六声短：键盘控制器错误，如果是因为没插好键盘，插上就行；如果键盘连接正常但有错误提示，则不妨换一个好的键盘试试；否则就是键盘控制芯片或相关的部位有问题了。

⑦七声短：系统实模式错误，不能切换到保护模式；这也有可能是主板出错。

⑧八声短：显存读 / 写错误，显卡上的存贮芯片可能有损坏的，显卡需要维修或更换。

⑨九声短：ROMBIOS 检验出错，换块相同类型的好 BIOS 试试。

⑩十声短：寄存器读 / 写错误。只能是维修或更换主板。

⑪十一短：高速缓存错误。

（2）Award BIOS 的响铃声的一般含义如下：

①一声短：启动正常。

②一声长二声短：显卡没插好或显示器接头处松动了，检查显示器连接或测试显卡。

③二声短：表示 CMOS 中有不正确的设置。

④一声长长响：RAM 或主板出错（即内存条部位出了问题）。

⑤一声长三声短：键盘控制器错误。

⑥一声长九声短：可能是 BIOS 损坏。

2. 屏幕提示判断故障

硬件检测通过，计算机屏幕会显示相关信息，由于 BIOS 设置错误或系统引导失败，计算机屏幕会有相关的信息提示，我们可根据提示进行故障分析与判断，排除故障。一般常见故障如下。

（1）BIOS ROM checksum error-System halted。

BIOS 发现错误，表明 BIOS 代码遭到损坏。应和供应商联系，更换一个 BIOS 芯片或自己动手刷新 BIOS 程序。

（2）CMOS battery failed。

给 CMOS 供电的主板上的电池失效，如果开机一段时间后重新启动计算机时仍然出现此提示，就应该更换电池。

（3）CMOS checksum error-Defaults loaded。

CMOS 总和检查时发现错误，加载 BIOS 系统默认设置。此错误通常由于电池失效所引起，检查电池并根据需要予以更换。

（4）Floppy disk（s）fail。

不能发现或初始化软驱。检查软驱数据线和电源连线是否正确，如果没有软驱，就在 CMOS Setup 中将 Diskette Drive 设置为 NONE。

（5）HARD DISK INSTALL FAILURE。

硬盘安装失败。检查硬盘数据线和电源连线是否正确，以及硬盘跳线设置是否正常，或硬盘本身损坏，尝试更换硬盘。

（6）Hare disk（s）diagnosis fail。

执行硬盘诊断时发现有坏的硬盘，可以先把被怀疑的硬盘接到其他计算机上试一试，以确认硬盘确实有故障。

（7）Keyboard error or no keyboard present。

不能初始化键盘，检查键盘是否正确安装，键盘上有没有重物压在按键上。

（8）Memory test fail。

内存测试时发现错误。随后屏幕还会进一步显示内存错误的类型和位置。

（9）Override enabled-Defaults loaded。

如果系统不能按照当前 CMOS 的配置启动，则按照 BIOS 缺省设置启动。

（10）Press TAB to show POST screen。

一些原装机往往会更改 BIOS 的开机画面（个人也可以更改），被更改后的 BIOS 会在屏幕的底部显示这样一行提示，以便用户按下［Tab］键后，还原到 BIOS 正常开机画面显示。

（11）Primary master hard disk fail。

第一硬盘接口上的主硬盘有错误，或者是硬盘参数设置不正确，进入 CMOS 重新设置；硬盘线路未连接好，或硬盘自身损坏，检查线路连接是否正常或更换硬盘进行测试。

 项目实施

任务 8.1　电路板的焊接实训（一）

在计算机使用中，经常会发生故障，特别在硬件故障的板卡级维修中，往往需要更换电子元器件或者集成芯片等，这就需要熟练的电子焊接技能，一般都由专业维修技工来完成。

任务目标

独立完成一块初级训练电路板的焊接任务。要求无虚焊、漏焊、连桥等焊接故障，并且焊点光滑，预留引脚长度 1~1.2 mm，高度一致。通电测试时，红色发光二极管全亮。

任务要求

（1）掌握直插式电阻整形与插件方法。
（2）掌握直插式电子元器件的焊接步骤。
（3）掌握吸锡器的正确使用方法。

实训设备

本任务需要借助与本教材配套的实训平台进行，即"西元"计算机装调与维修技能鉴定装置，产品型号为 KYJZW-56。该装置针对职业院校计算机类专业教学实训特点和岗位技能需求专门研发，设备的使用说明详见项目九相关部分介绍。

KYJZW-56 实训平台配置有初级电子焊接训练板套件盒，包括直插式发光二极管、直插电阻、直插开关、直插电源尾插和插针 5 种元器件，该电路板还专门设计了简单、较易、困难三种不同水平的

焊接训练区，逐步增加焊接难度，不断提高学生的焊接技能。

实训材料

实训材料如表 8-4 所示。

表 8-4　初级电子焊接训练板套件实训材料清单

名称	规格说明	数量	器材照片
初级工电子焊接训练套件盒	1. 产品型号：XY1-1 2. 产品尺寸：158×105×19 mm 3. 产品配置： 1）焊接训练电路板 1 块 2）红色发光二极管，直插式，70 个 3）金属膜电阻，直插式，70 个 4）电源尾插，圆形，直插式，1 个 5）白色插针 1 个 6）自锁开关，直插式，1 个 7）电源适配器 1 个，输出电压：DC5-6 V，最大电流 1 A 8）1.5 V 干电池底盒 1 个，带 DC 插头 9）产品说明书 1 份 10）吸塑盒 1 个	1 盒 / 人	

实训工具

实训工具如表 8-5 所示。

表 8-5　实训工具

序号	工具名称	规格说明	数量	工具照片
1	恒温电烙铁	温度可调，外形尺寸：150×100×135 mm，配有热风焊枪、松香	1 台	
2	焊锡丝	线径 0.8 mm	1 卷	
3	吸锡器	黑色，用于元器件拆卸	1 个	
4	镊子	银色，用于折弯电阻	1 个	
5	剪刀	不锈钢，剪去电阻纸带	1 个	
6	斜口钳	用于剪断元器件引脚	1 个	

预备知识

1. 直插式发光二极管的正负极性判断

直插式发光二极管的正负极性判断方法有以下两种：

（1）口诀式。"长正短负"，即发光二极管的长引脚为正极，短引脚为负极。

（2）用万用表进行判断。具体判断方法如下：

第 1 步：如图 8-28 所示，将万用表调至二极管测试档。

第 2 步：如图 8-29 所示，用红表笔和黑表笔各连接发光二极管的两端引脚，若发光二极管亮，则此时与红表笔连接的发光二极管一端为正极，与黑表笔连接的另一端为负极。

　　反之，如图 8-30 所示，发光二极管不亮，则与红表笔连接的发光二极管一端为负极，与黑表笔连接的另一端为正极。

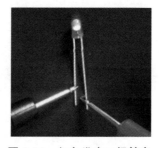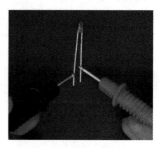

图 8-28　万用表调至二极管测试档　　图 8-29　红色发光二极管亮　　图 8-30　红色发光二极管不亮

2. 直插式电子元器件的插件和焊接要求

（1）直插式电子元器件焊接顺序应为先低后高、先小后大。

（2）如图 8-31 所示，电阻应垂直插入，并且按照色环方向一致的原则。

（3）如图 8-32 所示，发光二极管的正负极必须与电路板的标识相同，一般矩形代表正极。

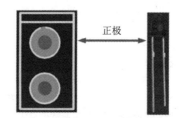

图 8-31　电阻插入方向　　　　图 8-32　二极管正负极与电路板标识相同

3. 电烙铁类型及器件焊接温度

（1）电烙铁类别。

　　计算机电路板维修中经常使用电烙铁，电烙铁是手工焊接、补焊、更换元器件的常用工具。根据不同的加热方式，电烙铁分为内热式电烙铁和外热式电烙铁，如图 8-33 所示。内热式电烙铁的发热芯被烙铁头包裹着，发热量不易散发到空气中，因此加热效率高，预热时间短，使用寿命短；而外热式电烙铁的烙铁头在发热芯里面，发热量容易散发到空气中，因此加热效率低，预热时间长，使用寿命长。

（2）恒温电烙铁。

　　根据温度控制方式，电烙铁可分为恒温电烙铁和非恒温电烙铁。本实训采用的是恒温电烙铁，烙铁头的温度可以任意调节，并始终保持不变，如图 8-34 所示。恒温电烙铁的特点是采用断续加热，耗电少，升温速度快，在焊接过程中焊锡不易氧化，可减少虚焊，提高焊接质量，烙铁头不会产生过热现象，使用寿命较长。

　　在焊接时，恒温电烙铁的温度一般设置在 300 ℃左右，否则温度过高，容易烧坏元器件，温度过低，焊锡丝无法快速熔化。

（3）电子元器件的焊接温度。

　　电子元器件的焊接温度如表 8-6 所示。

内热式 ←

→ 外热式

图 8-33 内热式和外热式电烙铁

图 8-34 恒温电烙铁

表 8-6 电子元器件的焊接温度

序号	器件名称	焊接温度	焊接时间 /s
1	高密引脚 IC 芯片 （引脚间距＜ 2 mm）	350 ± 10 ℃	≤ 3
2	低密引脚 IC 芯片 （引脚间距≥ 2 mm）	300 ± 10 ℃	≤ 3
3	光耦器件	350 ± 10 ℃	≤ 3
4	MOS 管	300 ± 10 ℃	≤ 3
5	普通晶体管	300 ± 10 ℃	≤ 3
6	发光二极管	300 ± 10 ℃	≤ 3
7	高密排针插座 （引脚间距＜ 2 mm）	350 ± 10 ℃	≤ 3
8	低密排针插座 （引脚间距≥ 2 mm）	300 ± 10 ℃	≤ 3
9	晶振	300 ± 10 ℃	≤ 3
10	电阻	300 ± 10 ℃	≤ 3
11	电容	300 ± 10 ℃	≤ 3
12	电感	300 ± 10 ℃	≤ 3

4. 吸锡器

吸锡器主要用于拆卸元器件时把焊盘上的锡点吸掉。常见的吸锡器有手动吸锡器和电动吸锡器，如图 8-35 和图 8-36 所示。

图 8-35 手动吸锡器

图 8-36 电动吸锡器

目前，在维修计算机时最常用的吸锡器是电动式吸锡器，它由吸锡嘴和吸锡泵组成。使用时，电动吸锡器将自带加热元件的吸锡嘴放到锡点上加热，待锡点熔化后，按下电动吸锡器的开关按钮，就可以吸走熔化后的焊锡。这种吸锡器操作简单、吸力强，在计算机维修工作中作为首选。

手动吸锡器在使用时，先用电烙铁将锡点熔化，再将吸锡嘴对准熔化后的焊点，快速按下吸锡器顶端按钮，即可吸走熔化后的焊锡。这种吸锡器价格便宜、吸力强，操作相对复杂。

5. 电子焊接注意事项

（1）开始进行电路板焊接前，必须佩戴可靠接地的防静电手环。

（2）焊接元器件时，应将标记面朝上，字向一致，且同种元器件焊接高度一致。

（3）焊接元器件时，烙铁头应同时接触焊盘和元器件引脚，避免长时间停留烧坏电路板。

（4）焊接完成后，应先仔细检查是否有漏焊、虚焊之处，然后再清除电路板表面残留的焊渣，最后再进行电路板通电测试。

视 频

初级训练电路板的焊接

任务实施

1. 观看实操演示视频

2. 电阻整形步骤和要求

第 1 步：剪掉电阻纸带，如图 8-37 所示，取出电阻带，用剪刀沿着黄色纸带边缘剪断电阻纸带。

第 2 步：电阻折弯，如图 8-38 所示，用镊子将电阻两边引脚折弯 90°，折弯成品如图 8-39 所示呈 "U" 型。注意折弯处距离电阻一端 2 mm，与焊盘距离相同，折弯时禁止折成直角。

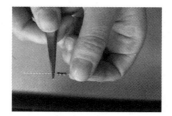

图 8-37　剪掉电阻纸带　　　　图 8-38　折弯电阻　　　　图 8-39　"U" 型电阻

3. 恒温电烙铁使用方法

第 1 步：将恒温电烙铁的连接线与焊台相连，并扭紧连接线上的金属环，如图 8-40 所示。注意该连接线接头设有防呆结构。

第 2 步：按下焊台电源总开关和恒温电烙铁电源开关，如图 8-41 所示。

第 3 步：通过两个红色按键 "UP" 和 "DOWN" 进行温度调节，如图 8-42 所示。电烙铁温度一般设定在 300 ℃左右即可。

图 8-40　连接电烙铁线　　　　图 8-41　焊台和电烙铁电源开关　　　　图 8-42　调节温度

4.电路板焊接步骤和要求

第1步：清洁电路板。焊接前，先用毛刷对电路板焊接面进行清洁，确保焊接面干净无残渍。

第2步：插件。根据元器件"先低后高，先小后大"的插件要求可知，先插电阻，且色环颜色方向一致。

第3步：翻转。如图8-43所示，将插件完成的电路板用硬纸板压住，翻转180°，再平放到桌面上，左手拿焊锡丝，右手握恒温电烙铁，恒温电烙铁倾斜45°。

第4步：焊接。如图8-44~图8-47所示，焊接前，先放电烙铁预热，再加入焊锡丝，熔锡完成后先撤焊锡丝，再撤电烙铁，防止焊点拉尖。

图8-43 倾斜45°

图8-44 预热

图8-45 焊接

图8-46 撤锡

图8-47 撤电烙铁

第5步：逐次插件和焊接。按照电阻、发光二极管、插针、开关、电源尾插的顺序逐次插件和焊接，且每次焊完同一种元器件后，需剪掉元器件引脚，插针除外，图8-48所示为焊接成品。

第6步：通电检测。焊接完成后先清理电路板，再通电检测。检测方法有两种：一种是用带有电源尾插的干电池组，接通电路板，按下开关，二极管亮，再按一次，电路板断电；另一种是用适配器检测，检测方法与电池组相同。图8-49所示为干电池组检测。

图8-48 焊接成品

图8-49 干电池组检测

5.器件拆卸步骤和要求

当焊错引脚或熔锡过度时，可用吸锡器拆卸或修改。

第1步：熔锡。如图8-50所示，左手握吸锡器，右手握恒温电烙铁，先将电烙铁靠近焊点，进行熔锡。

第2步：吸锡。如图8-51所示，左手压下吸锡器顶端金属长杆，吸锡嘴对准焊点，然后如图8-52所示，快速按下吸锡器中间黑色按钮，吸锡器吸走熔化后的焊锡。

第3步：补焊。吸锡后要及时补焊该引脚，防止漏焊，造成电路板故障。补焊步骤与焊接步骤相同。

 评判标准

（1）焊点评判标准，如图8-53所示。

图 8-50　熔锡

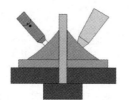

图 8-51　吸锡

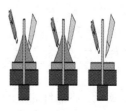

图 8-52　吸锡完成

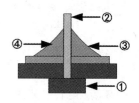

图 8-53　标准焊点

①元器件正确，引脚位置正确。

②斜口钳剪元器件引脚时，应留有 1~1.2 mm 长度。

③焊点呈伞状，表面光滑、圆满、无针孔、无焊料渍。

④元件引脚外形可见锡的流散性好。

（2）常见焊接典型故障如表 8-7 所示。

表 8-7　常见焊接典型故障

序号	故障名称	故障现象	故障原因
1	虚焊		元器件引脚与电路板铜箔之间有空洞，或者缺锡，可能导致电路板测试不稳定
2	拉尖		焊点表面出现毛刺，可能造成连桥短路
3	连桥		相邻元器件引脚连在一起，直接造成器件短路
4	过热		焊点表层发白、粗糙，无金属光泽，可能造成焊盘强度降低，电路板上的铜箔翘起
5	冷焊		焊点表面呈豆腐渣状颗粒，易出现裂缝，焊点强度低，导电性差
6	铜箔起翘		焊接温度太高或加热时间太长，可能造成铜箔起翘，损坏电路板
7	过量		撤锡过迟，导致焊点向外凸起，容易出现焊接缺陷，浪费焊料
8	不足		焊点面积小于焊盘的 80%，焊料未形成平滑过渡面，造成焊点强度不足

（3）初级工电子焊接训练评分规则。

完成焊接并通电测试，红色发光二极管全亮，即为满分（100 分）；红色发光二极管不亮的数量超过 10 个，即为不合格，直接给 0 分，焊点工艺不再评价。

（4）焊点工艺评价如表 8-8 所示。

表 8-8　焊点工艺评价表

评判项目 姓名 / 电路板编号	通电测试 合格 100 分 不合格 0 分	焊点工艺评价（每处扣 2 分）								评判结果得分	排名
		虚焊	拉尖	连桥	过热	冷焊	铜箔起翘	过量	不足		

通电测试

将适配器或带电池的电池盒插头插入电路板上的电源尾插中，按下开关后，观察整个电路板上的红色发光二极管是否正常工作，焊接效果为"西元"字模。

（1）当所有电子元器件均焊接正确时，组成"西元"字模的所有红色发光二极管都亮。

（2）如果有一个或者多个电阻焊接故障，则对应的红色发光二极管不亮。

（3）如果有一个或者多个红色发光二极管焊接故障，则对应的红色发光二极管不亮。

（4）如果开关焊接故障，则所有红色发光二极管全不亮，用万用表测电源尾插有电压。

（5）如果电源尾插焊接故障，则所有红色发光二极管全不亮，用万用表测量开关无电压。

任务小结

本任务通过一个实训项目，学习了计算机维修人员必备的电子焊接技能，为日后从事计算机维修工作，尤其是芯片级维修工作打下了基础。希望大家利用学校所提供的实训条件，在平时的学习过程中反复训练，以提高焊接技能。

任务 8.2　电路板的焊接实训（二）

在计算机使用中，经常会发生故障，特别在硬件故障的板卡级维修中，往往需要更换电子元器件或者集成芯片等，这就需要熟练的电子焊接技能，一般都由专业维修技工来完成。

任务目标

每个学生独立完成 1 块中级训练电路板的焊接任务。要求无虚焊、漏焊、连桥等焊接故障，并且焊点光滑，元器件高度一致。通电测试时，红色发光二极管全亮。

任务要求

（1）掌握贴片式电子元器件焊接方法与步骤。

（2）掌握贴片式电子元器件拆卸方法及步骤。

实训设备

本任务需要借助与本教材配套的实训平台进行，即"西元"计算机装调与维修技能鉴定装置，产品型号为 KYJZW-56。该装置针对职业院校计算机类专业教学实训特点和岗位技能需求专门研发，设备的使用说明详见项目九相关部分介绍。

KYJZW-56 实训平台配置有中级电子焊接训练板套件，包括贴片式发光二极管、贴片电阻、贴片电容、贴片开关、贴片电源尾插 5 种元器件，封装种类有 1206、0805、0603、0402，能逐步增加焊接难度，从而提高学生的焊接技能。

实训材料

实训器材如表 8-9 所示。

表 8-9　中级电子焊接训练板套件实训材料清单

名　称	规　格　说　明	数量	器　材　照　片
中级工电子焊接训练套件盒	1. 产品型号：XY2-1 2. 产品尺寸：158×105×19 mm 3. 产品配置： 1）电子焊接训练电路板 1 块 2）红色发光二极管 45 个 3）510 Ω 电阻 45 个，封装 0805 4）电源尾插 1 个 5）自锁开关 1 个 6）100 Ω 电阻 12 个，封装 1206 7）100 Ω 电阻 12 个，封装 0603 8）100 Ω 电阻 12 个，封装 0402 9）1nf 电容 12 个，封装 0805 10）1nf 电容 12 个，封装 0603 11）电源适配器 1 个，直流电压 5-6 V 12）电池底盒 1 个，4 节 1.5 V 型，带 DC005 圆形插头 13）吸塑盒 1 个 14）说明书 1 份	1盒/人	

实训工具

实训工具详见表 8-6。去掉斜口钳，增加弯头镊子 1 把、毛刷 1 把。

预备知识

1. 贴片式发光二极管正负极性的判断

贴片式发光二极管正负极性的判断方法如下：

（1）目测法。如图 8-54 所示，发光二极管正面带有绿色标记的一端为负极，另一端则为正极。

（2）用万用表进行判断。

第 1 步：如图 8-55 所示，将万用表调至二极管测试档。

第 2 步：如图 8-56 所示，用红表笔和黑表笔各连接发光二极管的两端引脚。若发光二极管亮，则此时与红表笔连接的发光二极管一端为正极，与黑表笔连接的另一端为负极。

反之，如图 8-57 所示，发光二极管不亮，则与红表笔连接的发光二极管一端为负极，与黑表笔连接的另一端为正极。

图 8-54　发光二极管正面　　图 8-55　二极管测试档　　图 8-56　二极管亮　　图 8-57　二极管不亮

2. 贴片式电阻的阻值换算方法

（1）目测法

贴片电阻正面印有数字标识。

①三位数标识电阻的阻值计算方法：前面两位为有效数字，第三位表示 10 的 n 次方倍数。

例：103 电阻值 $=10 \times 10^{3}=10\ 000\ \Omega=10\ K\Omega$　　　471 电阻值 $=47 \times 10^{1}=470\ \Omega$

②四位数标识电阻的阻值计算方法：前面三位为有效数字，第四位表示 10 的 n 次方倍数。

例：1 001 电阻值 $=100 \times 10^{1}=1\ 000\ \Omega=1\ K\Omega$　　　1 470 电阻值 $=147 \times 10^{0}=147\ \Omega$

（2）万用表测量法

以 510 Ω 电阻为例。

第 1 步：如图 8-58 所示，将万用表旋转至 0~2 000 Ω 的电阻挡。

第 2 步：如图 8-59 所示，将万用表的红表笔和黑表笔任意接在电阻两端，如图 8-60 所示，万用表读数即为电阻值。

第 3 步：如果出现如图 8-61 所示现象，说明该电阻的阻值超出了目前选择的电阻挡位范围，需要增大电阻挡位，重新测量即可得出实际阻值。

 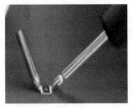  

图 8-58　调节档位　　图 8-59　万用表笔测电阻　　图 8-60　实际阻值　　图 8-61　超出档位

3. 贴片式电容的容值换算方法

前面两位为有效数字，第三位表示 10 的 n 次方倍数。

例：104 电容值 $=10 \times 10^{4}=100\ 000\ PF=0.1\ MF$　　　100 电容值 $=10 \times 10^{0}=10\ PF$

4. 热风焊枪

热风焊枪是利用热风作为加热源的焊接设备，如图 8-62 所示，常用于焊接和拆卸电路板上的集成芯片等，其使用方法较电烙铁更为方便，能够大幅度提高工作效率，但其价格较昂贵。

5. 贴片式电子元器件焊接顺序和要求

（1）贴片式电子元器件焊接顺序应为先低后高、先小后大，先贴片后直插。

（2）如图 8-63 所示，电阻应保持数字标识方向一致，整齐美观。

（3）如图 8-64 所示，发光二极管的正负极必须与其电路板的标识相同，一般棱角代表负极。

  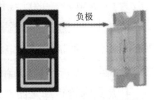

图 8-62　热风焊枪　　　　图 8-63　电阻插件　　　　图 8-64　二极管正负极与
　　　　　　　　　　　　　　　　　　　　　　　　　　　　　　电路板标识相同

6. 电子焊接注意事项

详见任务 8.1 相关说明。

任务实施

●视 频

中级训练电路
板的焊接

1. 观看实操演示视频

2. 恒温电烙铁的使用方法

恒温电烙铁的使用方法详见任务 8.1 相关介绍。

3. 电路板焊接方法和要求

第 1 步：清洁电路板。焊接前，先用毛刷对电路板焊接面进行清洁，确保焊接面干净无残渍。

第 2 步：预热熔锡。如图 8-65 所示，将电路板平放于操作台面上，左手拿起焊锡丝，右手拿起恒温电烙铁，给元器件焊盘的一端熔锡，形成半球形。

第 3 步：放置器件并焊接。如图 8-66 所示，左手拿起镊子，夹住贴片电阻两侧，同时右手用恒温电烙铁加热半球形焊锡，1 s 后放下电阻，摆正位置，如图 8-67 所示。

第 4 步：先撤恒温电烙铁再撤镊子。如图 8-68 所示，电阻一端完成焊接后，先撤走恒温电烙铁，再撤镊子，防止焊锡流动，导致电阻位置发生偏移。

第 5 步：完成器件焊接。如图 8-69 和图 8-70 所示，元器件固定后，再焊接器件另一端，完成该元器件的焊接。

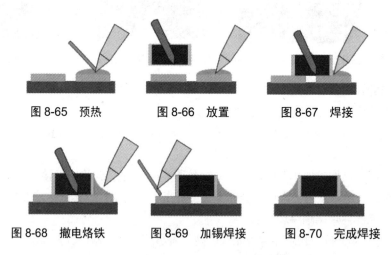

图 8-65 预热   图 8-66 放置   图 8-67 焊接

图 8-68 撤电烙铁   图 8-69 加锡焊接   图 8-70 完成焊接

第 6 步：贴片元器件焊接顺序。如图 8-71 所示，根据电路板结构，先焊接左侧练习区，焊接顺序一般为 1206 电阻、0805 电容、0603 电阻、0603 电容、0402 电阻；然后再焊接右侧练习区，焊接顺序一般为 0805 电阻、0805 红色发光二极管、贴片开关、贴片电源尾插。

第 7 步：电路板通电检测方法。如图 8-72 所示，焊接完成后先清理电路板，再通电检测。检测方法有两种，一种是用带有电源尾插的干电池组，连接电路板，按下开关，二极管常亮，再按一次开关，电路板断电；另一种是用适配器检测，检测方法相同。

4. 热风焊枪拆卸元器件方法及步骤

当焊错或更换元器件时，可用热风焊枪拆卸元器件。拆卸步骤如下：

图 8-71　完成焊接

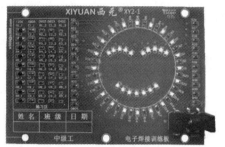
图 8-72　通电检测

第 1 步：选择合适风嘴并安装。如图 8-73 所示，在拆卸器件前，根据器件体积大小选择合适口径的风嘴安装到热风焊枪上。一般风嘴有 3 种规格，分别为 3 mm、5 mm 和 8 mm。

第 2 步：按下焊台电源总开关和热风焊枪电源开关。

第 3 步：调节热风焊枪温度。如图 8-74 所示，先按焊台面板上的蓝色按键，进行 "1 键转换热风焊枪 / 焊台" 温度显示，然后通过两个红色按键 "UP" 和 "DOWN" 进行温度调节。

第 4 步：调节热风焊枪风档。旋转中间旋钮，选择合适风挡，如图 8-75 所示。一般温度设定在 350℃左右，风档选 1~2 档，避免风量太大吹丢元器件。

图 8-73　选择风嘴

图 8-74　热风枪电源

图 8-75　选择风档

第 5 步：垂直加热。如图 8-76 所示，左手握紧热风焊枪，风嘴距离元器件 2~3 cm，并保持垂直，拆卸前晃动风嘴，使得元器件受热均匀。

第 6 步：拆卸元器件。如图 8-77 所示，待焊锡熔化后，用弯头镊子夹住元器件两侧，快速取下元器件。

图 8-76　垂直加热

图 8-77　夹取器件

评判标准

（1）焊点评判标准，如图 8-78 所示。

①焊点良好的湿润（β =0°）。

②焊点呈伞状，表面光滑、圆满、无针孔、无焊料渍。

③适当的焊料完全覆盖焊盘和器件的焊接部位，元器件高度适中。

（2）常见焊接典型故障如表 8-10 所示。

图 8-78　标准焊点

表 8-10　常见焊接典型故障

序号	故障名称	故障现象	故障原因
1	虚焊		元器件一端与焊锡之间有空隙，导致电路板测试时不稳定
2	拉尖		焊点表面出现毛刺，可能造成连桥短路
3	连桥		相邻元器件引脚连在一起，直接造成器件短路
4	漏焊		元器件体积过小，导致漏掉元件，或忘记焊接另一端
5	过量		撤锡过迟，导致焊点表面向外凸起，容易出现焊接缺陷，浪费焊料
6	偏移		元器件体积过小，不易摆正，导致元器件前后或左右位置发生偏移，造成电路故障
7	极性相反		元器件性能不熟悉，或粗心大意将元器件位置放反，可能烧坏电路或短路
8	浮件		焊接技能不够熟练，元器件未放平，导致电路故障，影响美观

（3）中级工电子焊接训练评分规则。

完成所有焊接且电路板通电测试，红色发光二极管全亮时，即为满分（100 分）。红色发光二极管不亮的数量超过 10 个，即为不合格，直接给 0 分，焊点工艺不再评价。

（4）焊点工艺评价如表 8-11 所示。

表 8-11　焊点工艺评价表

评判项目 姓名 / 电路板编号	通电测试 合格 100 分 不合格 0 分	焊点工艺评价（每处扣 2 分）								评判结果得分	排名
		虚焊	拉尖	连桥	过热	漏焊	铜箔起翘	过量	不足		

通电测试

将适配器或带电池的电池盒插头插入电路板上的电源尾插中，按下开关后，观察整个电路板上的红色发光二极管是否正常工作，焊接效果为"笑脸"符号。

（1）当所有电子元器件均焊接标准，组成"笑脸"符号的每一个红色发光二极管均常亮。

（2）如果有一个或者多个电阻焊接故障，则对应的红色发光二极管不亮。

（3）如果有一个或者多个红色发光二极管焊接故障，则对应的红色发光二极管不亮。

（4）如果开关焊接故障，则所有红色发光二极管全不亮，用万用表测电源尾插有电压。

（5）如果电源尾插焊接故障，则所有红色发光二极管全不亮，用万用表测开关无电压。

任务小结

本任务通过一个实训项目学习了计算机维修人员必备的电子焊接技能，是任务 8.1 的技能提升。希望大家利用学校所提供的实训条件，在平时的学习过程中反复训练，以提高我们的焊接技能。

项目总结

掌握计算机及其外设的日常维护和常见故障的处理方法，有助于对计算机及其外设进行日常维护和常规故障的处理，保证系统能够正常、稳定的工作，减少故障发生的频率。希望通过本项目的学习，实实在在地掌握相关的技术，为今后从事计算机维修工作打好基础。

自测题

一、单项选择题

1. 根据《GB/T 9813.1-2016 计算机通用规范 第 1 部分：台式微型计算机》可知，计算机的标准温度为（　　　）。

A. 10 ℃ ~35 ℃   B. 10 ℃ ~25 ℃   C. 25 ℃ ±2 ℃   D. 35 ℃ ±2 ℃

2. 下列清洁 LCD 显示器屏幕的方法正确的是（　　　）。

A. 用手直接擦拭   B. 用直尺直接刮蹭

C. 用带有酒精的防静电抹布   D. 用蘸有少量水的防静电抹布

3. 一般情况下，计算机机房的相对湿度应保持在（　　　）是比较合适的。

A. 10%~30%   B. 20%~50%   C. 30%~40%   D. 40%~80%

4. 灰尘可以说是计算机的隐形杀手，很多硬件故障往往都是由它造成的。因此，对于计算机机房环境要求是每立方米空间的尘粒数应小于（　　　）。

A. 100 粒   B. 1 000 粒   C. 10 000 粒   D. 10 粒

5. 在显示器的日常使用过程中，为了保护眼睛，延长显示器的使用寿命，对于亮度的设置的建议是（　　　）。

A. 40%   B. 70%   C. 50%   D. 90%

6. 用相同或相似的性能良好的插卡、部件、器件进行交换，观察故障的变化，如果故障消失，说明换下来的部件是坏的，这种维修方法称为（　　　）。

A. 比较法   B. 交换法   C. 拔插法   D. 观察法

7. 在电路板焊接过程时，恒温电烙铁的温度一般设置在（　　　）。

A. 100 ℃   B. 200 ℃   C. 300 ℃   D. 400 ℃

8. 在进行电路焊接时，要掌握正确的方法。焊接前，先放电烙铁预热，再加入焊锡丝，熔锡完成后先撤焊锡丝，再撤电烙铁，防止焊点（　　　）。

    A. 虚焊   B. 松动   C. 脱落   D. 拉尖

9. 在贴片式元件焊接的过程中，发光二极管的正负极必须与其电路板的标识相同，一般情况下棱角代表（　　　）。

    A. 正极   B. 负极   C. 无极性   D. 接地

10. 如果在焊接过程中出现元器件一端与焊锡之间有空隙，从而导致电路板测试时不稳定的现象，我们称之为（　　　）。

    A. 虚焊   B. 漏焊   C. 脱焊   D. 偏移

二、多项选择题

1. 在过高的环境温度下，显示器可能出现（　　　）。

    A. 元器件加速老化   B. 某些虚焊的焊点可能融化脱落而造成开路

    C. 显示器出现"罢工"   D. 部分元器件出现烧毁

2. 鼠标的常见故障包括（　　　）。

    A. 断线故障   B. 按键故障   C. 灵敏度变差   D. 接口故障

3. 显示器的接口类型包括（　　　）。

    A. VGA 接口   B. DVI 接口   C. HDMI 接口   D. USB 接口

4. 计算机的硬件系统故障主要分为（　　　）。

    A. 元器件故障   B. 机械故障   C. 介质故障   D. 人为故障

5. 采用最小系统法检测计算机的故障时，必不可少的配件包括（　　　）。

    A. 主板   B. 硬盘   C. 电源   D. 内存

三、判断题

1. 显示器处于通风的环境下，可以确保显示器良好的散热。   （　　　）

2. 清洁 LCD 显示器屏幕时，可以先给柔软的防静电抹布表面喷少量的水或酒精。   （　　　）

3. 液晶显示器的最佳分辨率是指在该分辨率下液晶显示器能够显现最佳的影像。   （　　　）

4. 目前常用的打印机种类只有激光打印机和喷墨打印机。   （　　　）

5. 打印机刚完成打印任务，应禁止立刻进行打印机内部维护。   （　　　）

四、简答题

1. 计算机故障诊断的基本原则是什么？

2. 什么是致命性故障？什么是非致命性故障？

项目九
计算机维修综合实训

项目情境

尝试使用专业的设备和工具做好计算机的日常维修工作

计算机使用的时间长了，总会因为各种不同的原因而出现大大小小的故障，虽然在计算机出现故障以后，我们宁愿相信机器的硬件都是好的，而尽量从软件方面去排查，即遵循所谓"先软后硬"的故障排查原则，但毕竟我们绕不过少数情况硬件出现故障的这道坎。一旦机器出现硬件故障，要想自行排查并解除故障，可不是一件容易的事。因为这需要我们深入了解计算机的工作原理以及电路相关的知识，并且还需要专业维修工具和仪器。

本项目将通过几个综合实训任务让大家走进计算机维修工作室，学会使用由西安开元电子实业有限公司推出的计算机装调与维修技能鉴定装置，并利用该平台完成常见计算机硬件故障的维修，让我们成长为一名计算机维修工程师。

学习目标

◆ 了解计算机维修实训平台的结构和功能；

◆ 熟悉计算机故障诊断治具的工作原理；

◆ 熟悉计算机故障自动测试软件的使用方法；

◆ 掌握计算机主板设置故障、测试故障和恢复正常的方法。

技能要求

◆ 掌握计算机故障诊断治具的使用方法；

◆ 掌握计算机故障自动测试软件的使用方法；

◆ 掌握主板故障设置和恢复正常的方法。

一、计算机装调与维修技能鉴定装置简介

计算机系统一般由软件系统和硬件系统构成。在以往的教学实训中，一般使用淘汰的旧计算机，不仅计算机的规格型号多种多样、兼容性差，而且无法快速设置和恢复故障，更没有备品备件，因此无法正常开展计算机装配与调试、故障检测与维修技能实训。如图 9-1 所示为西元计算机装调与维修技能鉴定装置，该装置由全国计算机维修行业一线的专业资深工程师和技师团队领衔研发，以为行业培养急需的维修技工的初心把大家汇聚在一起，他们都贡献出了 20 多年的从业经验，量身定制研发了该装置。

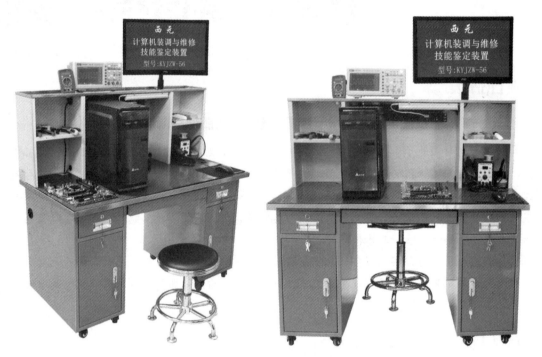

图 9-1　西元计算机装调与维修技能鉴定装置

（一）计算机装调与维修技能鉴定装置的特点

西元计算机装调与维修技能鉴定装置首先搭建了一个可任意设置故障、模拟真实故障现象的计算机组装与维修平台，帮助学生通过观察真实的故障现象来判断故障类型，然后使用专门的诊断治具和故障自动测试软件来排查和定位故障，最后以专门开发的三种焊接训练板为基础进行维修焊接实训，让学生全面掌握计算机维修技术。

1. 量身定制，适用广泛

西元计算机装调与维修技能鉴定装置具有教学认知、原理演示、技能实训、门市维修、科研开发和技能鉴定等功能，量身定制了能够快速设置和恢复故障的主板、专业的故障检测治具、故障检测分析软件、加长线束、焊接训练电路板等多种专业设备，配件均选择市场主流产品，特别适合计算机组

装与维修等专业课的教学与实训。满足计算机系统维护、计算机应用技术、计算机网络技术等相关专业的教学实训需求。

2. 创新设计，配置丰富

独家设计了能够快速设置故障的专业计算机主板。

研发了能够快速诊断计算机故障的专门治具。

开发了计算机故障自动测试软件。

设计了专业的计算机装调与维修操作台。

精选了专业主流计算机零部件。

配套了专业维修工具和实训材料包。

配备了常用工具软件和操作系统。

3. 软硬结合，快速重复设置多种故障

该装置配置了能够快速设置故障的专门计算机主板，通过插拔跳线帽快速设置故障，包括 10 类 26 种常见故障，以及数百种组合故障。该装置还配置了专门的计算机故障诊断治具和计算机故障自动测试软件，能够对计算机故障进行快速诊断和精确定位。例如，接受维修订单时，出具故障自动测试报告，维修后出具合格报告。

4. 组合式结构，桌凳一体

该装置采用全钢组合式结构，顶部设计有向上折边的不锈钢顶板和显示器固定装置；上部两侧设计有双层货架，中间安装有金属理线环、PDU 电源插座、信息插座和照明灯具；中部为不锈钢台面，配置防静电桌垫，预留多个穿线孔；下部两侧为柜体，上层设计为带锁抽屉，下层设计为主机柜；组合式键盘抽屉，既能放置键盘，又能悬挂圆凳，实现桌凳一体化；底部安装有 8 个万向脚轮，方便移动，便于管理和教室清洁。

5. 产品质量稳定可靠，免费保修三年

该产品计算机主板由行业知名资深专家设计，与国际一流品牌主板共线生产，选择更高可靠性的插槽、内存条、板卡等器件，适合反复拆装，更安全可靠。

6. 设计合理，理实一体

该产品配套主板设计有专门的故障设置区，集成故障诊断卡，各区域印有中文标识；开关电源端口和加长线束印有相应序号、接口类型和输出电压标识，便于学生对计算机原理认知和实训操作。

按照教学与技能实训需求，对标实际工作情况，结合行业经验，量身定制了专业设备；结合计算机系统原理和计算机组装与维修，专门设计了 20 个丰富的实训项目。

7. 资料丰富

产品提供使用说明书和实操演示视频，每个实训项目都提供详细的操作流程，配备相关国家标准和职业技能标准，便于学生掌握技能，同时也便于教师教学。

（二）计算机装调与维修技能鉴定装置主要配置

西元计算机装调与维修技能鉴定装置的主要配置如表 9-1 所示。

表 9-1　西元计算机装调与维修技能鉴定装置的主要配置表

序号	名　　称	技术规格与功能描述	数量	照　片
1	计算机装调与维修操作台	全钢结构，彩色喷塑，自带脚轮，配置悬挂圆凳、PDU 电源插排、照明灯与货架等，外形尺寸为 600×1 200×1 150 mm	1 套	
2	快速设置和恢复故障的专业计算机主板	主流 ATX 计算机主板，通过跳线帽快速设置和恢复 10 类 26 种常见故障，组合设置数百种故障，外形尺寸为 305 mm×243 mm	1 块	
3	开关电源及加长线束	全模组 ATX 开关电源，印有端口标识，额定功率 500 W，配置带有标识的加长线束，长度 900 mm	1 套	
4	开关控制器治具	设计有 1 个 9 针插座，2 个微动开关，2 个指示灯，用于诊断电源开关和工作状态，显示硬盘工作状态，具有开机和重启功能	1 个	
5	音频诊断治具	设计有 1 个 9 针插座，1 个音频接头，配置 1 个音频组线，用于诊断音频类故障	1 个	
6	COM 诊断治具	设计有 1 个 9 针插座，用于诊断 COM 串口插座故障	2 个	
7	USB 诊断治具	设计有 1 个 9 针插座，2 个 USB 接口，用于诊断 USB2.0 和 USB3.0 连接状态	2 个	
8	USB 接口测试仪	插入 USB 接口，快速诊断 USB2.0 和 USB3.0 接口类故障	2 个	
9	初级工电子焊接训练套件盒	电路板 1 块，直插元器件 1 套，吸塑盒包装	1 盒	
10	中级工电子焊接训练套件盒	电路板 1 块，贴片元器件 1 套，吸塑盒包装	1 盒	
11	高级工电子焊接训练套件盒	电路板 1 块，集成芯片等元器件 1 套，吸塑盒包装	1 盒	
12	西元计算机故障自动测试软件	可测试 13 类 33 种故障，自动生成测试报告	1 套	
13	中央处理器	英特尔 i3-8100 处理器，兼容芯片组：×300，自带散热器	1 块	

续表

序号	名　　称	技术规格与功能描述	数量	照　　片
14	硬盘	容量 1 TB	1 块	
15	内存	内存容量 4 GB，DDR4 2400	2 根	
16	显卡	输出接口：VGA 1 个，DVI 1 个，HDMI 1 个；带散热风扇	1 个	
17	网卡	PCIE × 1 接口，网口 RJ-45，10/100/1 000 M 自适应	1 个	
18	声卡	PCIE × 1 接口，支持 5.1 声道	1 个	
19	光驱	SATA 接口，读取速度 18 倍速	1 个	
20	键鼠套件	USB 键盘 1 个，PS/2 鼠标 1 个	1 套	
21	计算机耳机	3.5 mm 音频接口，线长 > 1.8 m	1 个	
22	机箱	ATX 机箱，外形尺寸：390 mm × 180 mm × 400 mm	1 个	
23	液晶显示器	21.5 英寸，VGA 接口 1 个，DVI 接口 1 个	1 个	
24	常用工具	包括热风枪焊台、万用表、U 盘、防静电手环	1 套	

（三）计算机装调与维修技能鉴定装置实训项目与课时

西元计算机装调与维修技能鉴定装置能够完成丰富的实训项目，表 9-2 给出了常见故障的维修实训项目 20 个，共计 52 课时。请根据教学内容与总课时选择实训项目，或者根据竞赛需要开发更多实训项目。

表 9-2　西元计算机装调与维修技能鉴定装置的实训项目与课时表

序　号	实训项目	课　时	序　号	实训项目	课　时
实训 1	计算机系统原理认知	2	实训 11	系统实用维护技术	2
实训 2	硬件选型	2	实训 12	常用工具软件使用	2
实训 3	硬件组装	2	实训 13	常见外设使用与维护	2
实训 4	BIOS 设置	2	实训 14	计算机系统日常使用与维护	4
实训 5	硬盘分区及格式化	2	实训 15	初级训练板焊接实训	4
实训 6	操作系统安装	2	实训 16	中级训练板焊接实训	4
实训 7	驱动程序安装	2	实训 17	高级训练板焊接实训	4
实训 8	应用软件安装与卸载	2	实训 18	设置与排除故障	6
实训 9	系统备份与还原	2	实训 19	计算机诊断软件的使用	2
实训 10	个人数据备份与还原	2	实训 20	网络连接与配置	2

二、西元主板简介和故障种类

图 9-2 所示为西元主板，该主板为西元计算机装调与维修技能鉴定装置的核心部件，西元主板具有快速设置和恢复故障的功能，由行业知名资深专家设计，与国际一流品牌主板共线生产，更适合反复拆装。

西元主板专门印刷有故障标识，由 F1~F21 表示，如图 9-3 所示。例如，F1、F2 为 CPU 控制端故障；F3、F4 为芯片组故障；F5、F6_1、F6_2 为内存故障等。

西元主板专门集成有诊断卡、数码管和蜂鸣器电路，能准确判断出故障类别，如图 9-4 所示。例如，在进行内存故障检测时，诊断卡电路能准确判断出该故障类别，并生成相应故障代码"C1"，数码管显示故障代码"C1"，同时蜂鸣器发出"滴滴"声，进行声音报警，故障现象直观且明显。

图 9-2　西元快速设置和恢复故障的专门计算机主板

图 9-3　西元主板故障标识

主板专门印刷有电路模块区域的中文标识，包括中央处理器区、南桥芯片区（PCH）、内存插槽区、超级输入输出接口芯片区（SIO）、声卡芯片区、网卡芯片区、后置面板插座区、内接插座区、故障设置区、PCIE 扩展区等 10 大区域，如图 9-5~ 图 9-7 所示，便于学生在学习计算机原理和故障检测过程中，能快速高效地找到对应电路所在区域，从而精准排查出故障原因。

图 9-4 集成诊断卡、数码管和蜂鸣器电路

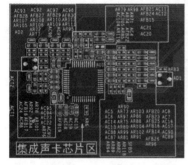 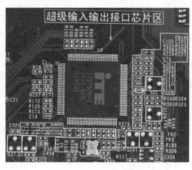 

图 9-5 集成声卡芯片区 　　图 9-6 超级输入 / 输出接口芯片区 　　图 9-7 南桥芯片区

西元主板为主流的 ATX 计算机主板，可采用跳线帽的方式快速设置故障和恢复主板正常。西元主板专门设计了 10 类 26 种故障设置点及数百种组合故障。故障种类有 CPU 控制端故障、芯片组故障、内存故障、显示故障、音效故障、网络故障、扩展槽故障、内接插座故障、接口故障和 BIOS 设置故障等，如表 9-3 所示。

表 9-3 西元主板可设置的故障种类

序 号	故障类型	故障内容和现象
1	CPU 控制端故障	故障 1：风扇在转，电源灯亮，屏幕不显示，CPU 不工作，诊断码为 "FF"
2		故障 2：风扇转一下停止，电源灯亮一次，屏幕不显示，CPU 不工作
3	芯片组故障	故障 3：主板不开机，风扇在转，电源灯亮，屏幕不显示，诊断码为 "FF"
4		故障 4：主板不能关机，按 power 键无反应
5	内存故障	故障 5：计算机不开机，同时蜂鸣器报警，诊断码为 "C1" 或出现掉电重启现象
6		故障 6_1：内存插 DIMMA 通道，计算机不开机，同时蜂鸣器报警，诊断卡为 "C1" 或出现掉电重启现象
7		故障 6_2：内存插 DIMMB 通道，计算机不开机，同时蜂鸣器报警，诊断卡为 "C1" 或出现掉电重启现象
8	显示故障	故障 7：VGA 不显示
9		故障 7_1：VGA 偏蓝
10		故障 7_2：VGA 偏红

续表

序　号	故 障 类 型	故障内容和现象
11	显示故障	故障7_3：VGA 偏绿
12		故障8：DVI 不显示
13		故障9：HDMI 不显示
14	音效故障	故障10：右声道没有声音或者声音明显变小
15		故障11：左声道没有声音或者声音明显变小
16		故障12：插入音频设备，计算机没有声音
17	网络故障	故障13：识别不到集成网卡
18	扩展槽故障	故障14：PCIE×16_1 插槽，不识别独立显卡、网卡和声卡
19	内接插座故障	故障15：24 针电源插座，计算机不开机，主板不工作
20		故障16：CPU 风扇插座，计算机可以开机，风扇不转
21		故障17：前端控制面板插座，主机通电后，不按开机键，有开机动作后掉电，不能正常工作
22	接口故障	故障18_1：后面板 2 个 USB2.0、2 个 USB3.0 故障
23		故障18_2：前面板 2 个 USB2.0 内接插座故障
24		故障19：COM1 口故障
25		故障21：无法识别 PS/2 设备
26	BIOS 故障	故障20：因 BIOS 设置故障造成不开机，恢复出厂设置

三、计算机故障诊断治具简介及使用方法

西元计算机故障诊断治具适用于常见的计算机故障排查和故障定位。治具种类共有 4 种，分别为开关控制器治具、音频诊断治具、COM 诊断治具、USB 诊断治具，如图 9-8 所示。下面详细介绍每种诊断治具的功能和使用方法。

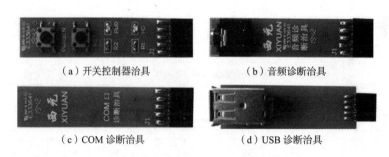

（a）开关控制器治具　　　　　（b）音频诊断治具

（c）COM 诊断治具　　　　　（d）USB 诊断治具

图 9-8　4 种计算机故障诊断治具

（一）开关控制器治具

开关控制器治具是由 1 个 9 针插座、2 个微动开关、2 个指示灯构成，用于诊断主板电源开关、重启开关、电源工作状态和硬盘工作状态。

开关控制器治具的使用步骤如下：

第 1 步：关闭计算机电源，将主板移出机箱，放置在操作台面上。

第 2 步：拔掉连接线。拔掉主板上"JFP1"插座上的连接线，如图 9-9 所示。

第 3 步：插入开关控制器治具。将开关控制器治具垂直插入主板"JFP1"插座内，注意该治具的"J1"标识面朝向"JFP1"方向，禁止反方向插入，如图 9-10 所示。

第 4 步：按下开关进行开机操作。按下开关控制器治具上的"PWRBIN"电源开关，计算机开机。此时"PWR"蓝灯亮，则表示计算机通电正常；"HD"红灯闪烁，则说明硬盘工作正常，如图 9-11 所示。

除此之外，如果计算机在运行过程中出现死机、蓝屏等故障时，可按下开关控制器治具的"RST"开关，计算机将进入重启状态。

图 9-9　拔掉连接线　　　　图 9-10　插入开关控制器　　图 9-11　主板和硬盘工作正常

（二）音频诊断治具

音频诊断治具由 1 个 9 针插座和 1 个音频接头构成，用于诊断主板前面板 9 针音频插座故障。

音频诊断治具的使用步骤如下：

第 1 步：关闭计算机电源。

第 2 步：拔掉连接线。拔掉主板上"F_AUDIO2"插座上的连接线，如图 9-12 所示。

第 3 步：插入音频诊断治具。将音频诊断治具插入主板前面板的"F_AUDIO2"插座，如图 9-13 所示，注意该治具的"J1"标识面，朝向主板的"F_AUDIO2"方向，禁止反方向插入。

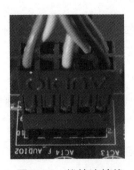 

图 9-12　拔掉连接线　　　　图 9-13　插入音频诊断治具

第 4 步：插入耳机线。将 3.5 mm 的耳机线接头插入诊断治具的音频插孔里。

第 5 步：打开音频控制器。打开控制面板，在右上角"查看方式"下拉列表中选择"小图标（S）"选项，如图 9-14 所示，单击"Realtek 高清晰音频管理器"图标，如图 9-15 所示。佩戴耳机，开始进行音量大小的调节。注意左右声道均可以正常发声。

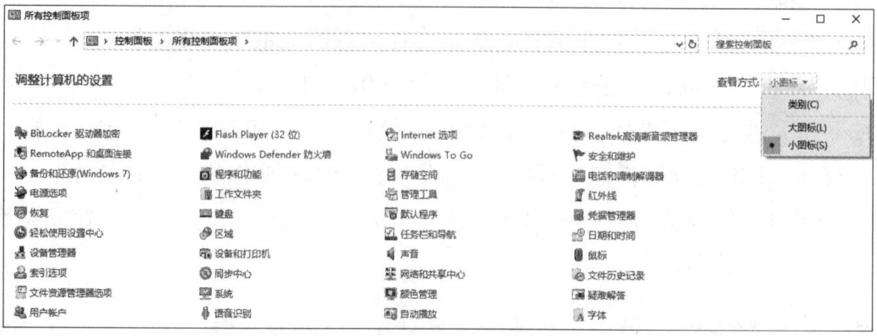

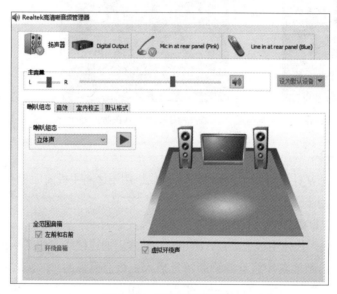

图 9-14　选择小图标（S）显示

图 9-15　打开音频控制器

如果增大或减小音量后，耳机里的左声道和右声道的音量均有明显变化，说明主板上"F_AUDIO 2"插座正常；若耳机里的左声道或右声道的音量无明显变化，说明插座有故障。

（三）COM 诊断治具

COM 诊断治具是由 1 个 9 针插座和 1 个全信号回路构成，用于诊断主板前面板 COM 串口 9 针插座故障。

COM 诊断治具的使用步骤如下：

第 1 步：关掉计算机电源。

第 2 步：插入 COM 诊断治具。将 2 个 COM 诊断治具分别插入主板"COM1"和"COM2"9 针插座，如图 9-16 所示，注意该治具的"J1"标识面，朝向主板的"COM1"和"COM2"方向，禁止反方向插入。

第 3 步：打开计算机故障自动测试软件并登录。登录后，单击"测试（T）"→"选项（S）"命令，然后在弹出的"测试选项"栏中选中"JCOM1"和"JCOM2"两项，单击"OK"按钮，如图 9-17 所示，选中的项目变为蓝色。

第 4 步：软件测试。

勾选好待测项目后，单击软件右上角如图 9-18 所示的""图标，软件开始测试。测试结果如图 9-19 所示，通过选项栏颜色进行显示。选项栏为绿色说明该插座正常，红色说明该插座故障。

图 9-16 插入 COM 诊断治具

选项	测试项	测试程序
☐	USB1_DOWN	Tools\USBTest.exe
☐	Rear Audio	Tools\Audio\AudioR_W.bat
☐	Front Audio	Tools\Audio\AudioF_W.bat
☑	JCOM1	Tools\COMCHK01.EXE
☑	JCOM2	Tools\COMCHK01.EXE
☐	Sleep (S3)	Tools\SUSPEND.EXE
☐	VGA (RGB)	Tools\ResCol.exe
☐	DVI (RGB)	Tools\ResCol.exe
☐	HDMI (RGB)	Tools\ResCol.exe

All On　　All Off　　Reset Defaults　　OK

图 9-17 选中"JCOM1"和"JCOM2"测试选项

图 9-18 单击""图标开始测试

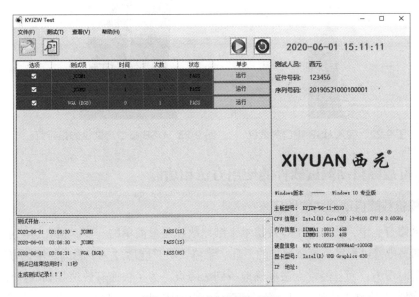

图 9-19 测试栏颜色显示

（四）USB 诊断治具

USB 诊断治具由 1 个 9 针插座、1 个双层 USB 接口和 1 个 USB 接口测试仪组成，用于诊断 USB2.0 和 USB3.0 连接状态。

USB 诊断治具的使用步骤如下：

第 1 步：关掉计算机电源。

第 2 步：拔掉连接线。拔掉主板上"F_USB1"和"F_USB2"插座上的连接线，如图 9-20 所示。

第 3 步：插入 USB 诊断治具。将 2 个 USB 诊断治具插入主板的"F_USB1"和"F_USB2"插座中，如图 9-21 所示，注意该治具"J1"标识面，朝向主板的"F_USB1"和"F_USB2"方向，禁止反方向插入。

图 9-20　拔掉连接线　　　　　　　图 9-21　插入 USB 诊断治具

第 4 步：插入 USB 接口测试仪。在 2 个 USB 诊断治具的上端，分别插入 1 个 USB 接口测试仪，插入任意 1 个 USB 口即可，如图 9-22 所示。

第 5 步：检测故障。打开计算机电源，并且观察 USB 接口测试仪的指示灯，如图 9-23 所示。如果红灯常亮，表示该 USB 接口正常；如果红灯不亮，表示该 USB 接口有开路故障。

图 9-22　插入 USB 接口测试仪　　图 9-23　USB 接口测试仪的指示灯

四、计算机故障自动测试软件的使用方法和功能

（一）计算机故障自动测试软件起源

在计算机维修行业中，使用电子焊接技术来维修故障是最简单的一步，但在这之前，排除故障和定位故障从来都是维修过程里最复杂耗时的一环。维修人员只能通过一一测试的传统方法来排除故障，这种做法不仅费时费力，而且经常无法准确地找到故障点。为了快速有效地找到故障点，西元组织从业 20 多年的资深专业维修工程师共同研发了一款专门用于检测计算机故障的自动测试软件，即计算机

故障自动测试软件。

　　计算机故障自动测试软件是一套完整的排除故障与定位故障的软件，从最初的输入个人账号信息与主板 ISN 编号进行软件登录，到开始测试故障项目，最后测试完成后自动生成与个人账号和主板 ISN 编号一一对应的测试报告。这一过程能够全面、快速地排查出故障原因，并精准地定位故障位置，这样一来将大大节省维修时间，同时大幅提高维修效率。

　　（二）软件界面介绍

　　计算机故障自动测试软件的快捷图标如图 9-24 所示，该软件具有两个主界面：一个是打开软件后的登录界面，如图 9-25 所示；另一个是登录后的故障测试界面，如图 9-26 所示。

　　1. 登录界面

　　软件登录界面由"测试人员"、"证件号码"和"序列号码"三大部分组成。

　　（1）"测试人员"栏输入学生姓名。

　　（2）"证件号码"栏可输入工号、学号或身份证号码等阿拉伯数字信息，至少 3 位，可包含大小写英文字母。

　　（3）"序列号码"栏输入该计算机主板的 ISN 编号，固定位数为 17 位。

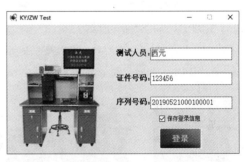

图 9-24　计算机故障自动测试软件的快捷图标　　　　图 9-25　计算机故障自动测试软件的登录界面

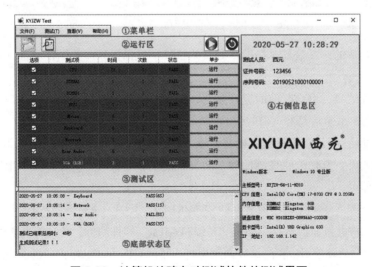

图 9-26　计算机故障自动测试软件的测试界面

2. 测试界面

软件测试界面由"菜单栏"、"运行区"、"测试区"、"右侧信息区"和"底部状态区"五大部分组成。

（1）"菜单栏"，其中包含"文件（F）"、"测试（T）"、"查看（V）"和"帮助（H）"等菜单项。

（2）"运行区"，包含"打开报告"、"查看报告"、"开始 / 暂停"和"重置"等四个按钮图标。

（3）"测试区"，包括"选项"、"测试项"、"时间"、"次数"、"状态"和"单步"等栏目。

（4）"右侧信息区"，分别是"实时日期信息"、"测试人员及主板信息"和"设备信息"。

（5）"底部状态区"可直观显示每一种故障的测试结果和测试时间，并提示"生成测试记录！！！"。

（三）软件故障测试流程

计算机故障自动测试软件操作简单，为维修人员提供了快捷有效的方法，具体的测试流程如下：

第 1 步：关闭计算机电源。

第 2 步：拔掉主板"JFP1"插座上的连接线，如图 9-27 所示，并将主板移至机箱外，方便进行故障设置。

第 3 步：将待测主板设置为故障状态。将选定的故障点（插针）上的跳线帽从 1、2 引脚拔下，插入到 2、3 引脚上，如图 9-28 所示。

第 4 步：插入开关控制器治具。将开关控制器治具垂直插入主板"JFP1"插座内中，注意该治具的"J1"标识面朝向"JFP1"方向，禁止反方向插入，如图 9-29 所示。

图 9-27　拔掉连接线　　图 9-28　将待测主板设置为故障状态　　图 9-29　插入开关控制器

第 5 步：插入合适的诊断治具。根据要测试的故障项目选择相应诊断治具插入到主板，辅助软件完成计算机故障测试。

例如，音频诊断治具，可诊断前面板音频 9 针插座故障和后面板 5 个音频接口故障，故障编码为 F10、F11、F12；USB 诊断治具和 USB 接口测试仪可诊断 USB2.0 和 USB3.0 接口故障，故障代码为 F18_1、F18_2；COM 诊断治具可诊断主板前面板 2 个 COM 9 针插座故障，故障编码为 F19。

除以上故障编码外，其他故障在测试时，均不必使用诊断治具，直接在主板上完成故障设置，然后进行下一步操作即可。

第 6 步：开机。按下开关控制器治具上的"PWRBIN"开关，进行开机操作。

第 7 步：打开软件并登录。选择桌面上"KYJZW Test"软件图标，单击打开软件并登录。

第 8 步：选择待测故障项目。在测试界面菜单栏"测试（T）"中，单击"选项（S）命令，如图 9-30 所示；然后在"选项"栏选中需要测试的项目；最后单击"OK"按钮，如图 9-31 所示。

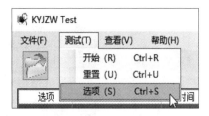

图 9-30　选择"选项"界面

图 9-31　选中需要测试的项目

第 9 步：开始测试，并查看测试报告。单击软件运行区""图标，软件开始测试已选中的待测项目，并在测试完成后自动生成测试报告，如图 9-32 所示。单击软件运行区左上角""图标，打开测试报告，查看故障测试结果。

图 9-32　单击 ▶ 图标后开始测试

第 10 步：关机后恢复故障。关掉计算机电源，拔下所有诊断治具，还原故障点为未设置故障之前的状态（即将选定的故障点上的跳线帽从 2、3 引脚拔下，重新插入 1、2 引脚），然后将所有拔掉的连接线重新插回主板，最后计算机开机。

第 11 步：查看测试报告。单击软件运行区左上角""图标，打开测试报告，查看测试结果。

（四）软件的五大功能

计算机故障自动测试软件除了界面美观、测试流程简单易上手之外，其功能也十分强大，具体如下：

（1）软件能够测试 13 类 33 种常见计算机故障，分别是内存测试、COM 口测试、鼠标测试、键盘测试、VGA 测试、DVI 测试、HDMI 测试、网络测试、音频测试、声道测试、硬盘测试、USB 测试、睡眠测试。

（2）软件具有测试人员姓名、证件号和主板 ISN 编号登录功能。登录后的个人信息即能与测试界面右侧信息区同步，也能与测试报告封面同步，方便老师进行教学和考核。

（3）软件可自由选择故障进行测试。

（4）软件自动显示故障信息，绿色为"PASS"，红色为"FAIL"，直观地将测试结果展现出来。

（5）软件自动生成故障测试报告，方便老师对学生进行管理和考核。

五、计算机电源及加长线束

（一）计算机电源

目前，市面上的主流计算机电源都采用 ATX 电源，该电源的输出端口共有 5 类，分别是主板供电端口、IDE 供电端口、SATA 供电端口、CPU 供电端口和 PCIE 供电端口，其中 IDE 供电方式已过时被淘汰。

西元计算机电源端口印有序号、接线类型和电压标识，如图9-33所示，包括：

① PCI-E 供电端口，输出电压 +12 V；

② CPU 供电端口，输出电压 +12 V；

③ IDE 供电端口，输出电压为 +5 V、+12 V；

④ SATA 供电端口，输出电压为 +3.3 V、+5 V、+12 V；

⑤ 24针主板供电端口，输出电压为 +3.3 V、+5 V、+5 VSB、+12 V、–12 V。字体清晰全面，方便学生快速认知和找到正确的电源接口，防止误插。

（二）加长线束

维修人员在维修主板时，一般为了方便操作会选择将主板拆除并移出机箱，放置在机箱外壳上进行检测与维修，这是因为市面上的供电线束长度一般为 600 mm，无法将主板移出机箱放置在操作台面上。

因此，西元专门定制了长度为 900 mm 的加长线束，如图9-34所示，方便维修人员能够将主板移出机箱外进行检测与维修，并且每根线束上都有序号、接口类型和电压标识，与西元计算机电源端口标识一一对应，提高接线效率，防止误插。

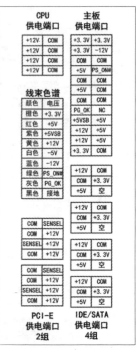

图 9-33　西元计算机电源端口标识图

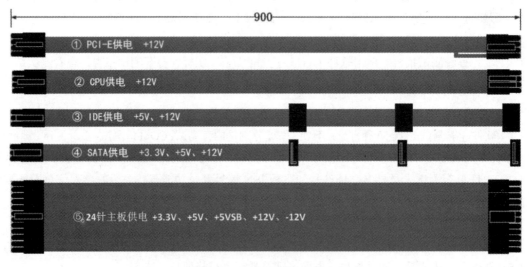

图 9-34　900 m 的加长线束

🔧 **项目实施**

任务 9.1　显示类故障的检测与维修方法

在日常使用计算机的过程中，偶尔发生显示器不显示或显示器偏色等故障，这些故障直接导致计算机无法使用，需要及时维修。

任务目标

（1）教师设置多种显示类故障。

（2）学生通过开机进行故障判断。

（3）学生使用专门的检测软件进行故障排查和定位。

（4）学生完成故障排除，恢复计算机正常使用。

技术知识

（1）显示器是属于计算机的输出 / 输入设备，也称为 O/I 设备。根据制造材料的不同，分为阴极射线管显示器（CRT）、等离子显示器（PDP）和液晶显示器（LCD）等。

（2）显示器不显示故障，即计算机开机后，显示器无图像传输，处于黑屏的状态。

（3）显示器偏色类故障，即计算机开机后，显示颜色失真或者缺色。

任务要求

（1）掌握显示类故障的基本检测方法。

（2）掌握通过计算机故障自动测试软件定位显示类故障的方法。

（3）掌握显示类故障排除方法。

（4）独立完成实训报告，提交合格实训报告。

实训设备

本任务需要借助与本教材配套的实训平台进行，即西元计算机装调与维修技能鉴定装置，产品型号为 KYJZW-56。1 台 / 人，或 1 台 /2 人。

实训工具

本实训项目使用下列工具，如表 9-4 所示。

表 9-4　显示类故障检测与维修实训项目工具表

序号	名　称	功　能	数量	备　注
1	开关控制器治具	进行开关机操作，通过指示灯观察开机状态	1 个	
2	镊子	用于故障跳线帽的辅助插拔工具	1 把	
3	十字螺丝刀	用于主板的拆卸与安装	1 把	

视频

显示类故障检测与维修方法

任务实施

1. 观看实操演示视频

2. 显示类故障编号与设置方法

（1）显示类故障编号及故障内容如表 9-5 所示。

表 9-5　计算机显示类故障编号及故障内容表

序号	故障编号	故障内容
1	F7	模拟显示器不显示故障。连接 VGA 线，显示器不显示
2	F7_1	模拟显示器偏色故障。连接 VGA 线，显示器偏蓝
3	F7_2	模拟显示器偏色故障。连接 VGA 线，显示器偏红
4	F7_3	模拟显示器偏色故障。连接 VGA 线，显示器偏绿
5	F8	模拟显示器不显示故障。连接 VGA 转 DVI 线，显示器不显示
6	F9	模拟显示器不显示故障。连接 VGA 转 HDMI 线，显示器不显示

（2）显示类故障设置方法，请教师按照表 9-5 设置单个或者多个组合的显示故障，具体方法如下：

①F7 故障设置：将 F7 位置的跳线帽由 1、2 引脚拔下，重新插入 2、3 引脚。

②F7_1 故障设置：将 F7_1 位置的跳线帽由 1、2 引脚拔下，重新插入 2、3 引脚。

③F7_2 故障设置：将 F7_2 位置的跳线帽由 1、2 引脚拔下，重新插入 2、3 引脚。

④F7_3 故障设置：将 F7_3 位置的跳线帽由 1、2 引脚拔下，重新插入 2、3 引脚。

⑤F8 故障设置：将 F8 位置的跳线帽由 1、2 引脚拔下，重新插入 2、3 引脚。

⑥F9 故障设置：将 F9 位置的跳线帽由 1、2 引脚拔下，重新插入 2、3 引脚。

3. 显示类故障的检测方法

下面我们以 F7_1 VGA 偏色故障为例，介绍显示类故障的检测与维修方法。

（1）设置 F7_1 故障，由教师完成该故障设置。具体故障设置方法如下：

第 1 步：在关闭计算机电源和不拆下计算机主板的情况下，将 F7_1 位置的跳线帽由 1、2 引脚拔下，重新插入 2、3 引脚，如图 9-35 所示。就会出现连接 VGA 线显示器偏色故障，模拟了显示器偏色故障。

第 2 步：连接 VGA 线，打开计算机，观察显示器。显示器电源指示灯亮起，显示器偏色，确认故障设置成功。

（2）通过开机观察进行故障判断，教师完成该故障设置后，安排学生进行故障检测，具体检测步骤如下：

第 1 步：关掉计算机电源。

第 2 步：连接 VGA 线。将 VGA 线一端连接主板

图 9-35　F7_1 显示故障设置示意图

集成显卡的 VGA 接口上，如图 9-36 所示；另一端连接显示器 VGA 接口，如图 9-37 所示。连接完成后，将 VGA 线两端的螺柱拧紧。

第 3 步：打开计算机。在完成 VGA 线连接以后，进行开机操作。

第 4 步：判断故障类型。在听到主板上蜂鸣器"嘀"的一声后，观察主板诊断卡数码管上的显示代码，若为"A0"，则说明计算机开机完成，如图 9-38 所示。若显示代码在一直变动，则说明计算机正在开机中。计算机开机后，观察显示器颜色是否正常，若颜色偏蓝，则为显示器偏色故障。

如果已经将计算机主板拆出机箱时，需要增加开关控制器治具，才能对主板进行开机。首先如

图 9-39 所示，拔掉"JFP1"插座上的连接线，然后如图 9-40 所示，将开关控制器治具垂直插入主板"JFP1"插座内，注意该治具的"J1"标识面朝向"JFP1"方向，禁止反方向插入。最后按下开关控制器治具的"PWRBIN"键，对计算机开机；按下"RST"键，对计算机重启。

图 9-36 VGA 线连接显卡

图 9-37 VGA 线连接显示器

图 9-38 诊断卡数码管

图 9-39 拔掉"JFP1"插座内跳线

图 9-40 插入开关控制器治具

（3）通过计算机故障自动测试软件定位显示类故障。

第 1 步：打开计算机故障自动测试软件并且登录。完成连接 VGA 线后，对计算机进行开机，打开软件并且登录。

第 2 步：选择显示类测试项目。完成登录后，首先单击"测试"→"选项"命令，如图 9-41 所示；然后在"选项"栏选中"VGA"测试项目，最后单击"OK"按钮，如图 9-42 所示。

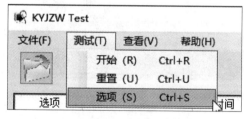

图 9-41 "选项"命令

图 9-42 选中"VGA"选项

第 3 步：开始测试。选中待测项目后，如图 9-43 所示，单击右上角"▶"图标后开始测试。测试过程如图 9-44 所示，因为偏色故障，导致屏幕上的数字显示不完全。在输错 3 次后，进行错误提示，如图 9-45 所示。通过显示器上各色区对应的数字，按照从左至右的顺序进行输入。

测试结果如图 9-46 所示，VGA 选项的"状态"为"FAIL"，说明 VGA 显示故障；若 VGA 选项的"状态"为"PASS"，说明 VGA 显示正常。

第 4 步：打开测试报告。完成测试后，单击自动测试软件左上角"▣"图标，查看如图 9-47 所示的测试报告，测试报告将自动保存在计算机中。测试报告封面有"测试人员"、"证件号码"和"测试日期"等信息。测试报告中记录有"设备规格"、"系统信息"、"测试记录"和"检测结果"等信息。测试报告将显示该 VGA 故障信息。

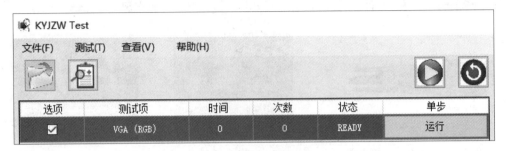

图 9-43　单击"⏵"图标后开始测试

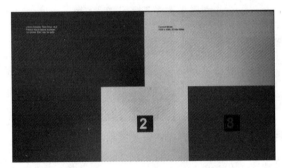

图 9-44　显示类故障测试过程

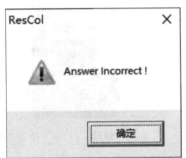

图 9-45　显示类故障测试过程提示

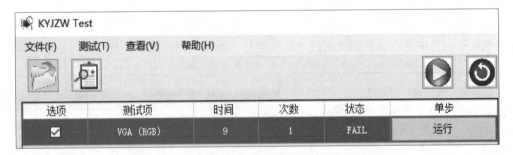

图 9-46　显示类故障测试结果

4. 显示类故障的排除与维修方法

完成故障检查和定位后，进行显示类故障的排除与维修，具体步骤如下：

第 1 步：关掉计算机电源。

第 2 步：将 F7_1 的跳线帽从 2、3 引脚拔下，如图 9-48 所示，开始故障维修。

第 3 步：将 F7_1 的跳线帽插入 1、2 引脚，如图 9-49 所示，恢复该显示器正常。

第 4 步：计算机开机，重新打开自动测试软件，再次使用自动测试软件进行故障检测，测试过程如图 9-50 所示，测试报告将显示正确信息且自动保存测试报告，如图 9-51 所示。

第 5 步：计算机开机后，连接 VGA 线，对显示器进行实际使用，验证维修正常。

西元计算机自动测试软件

故障测试报告

测试人员：西元

证件号码：123456

序列号码：20190521000100001

测试日期：2020 年 06 月 08 日

测试报告

设备规格	主板型号：	KYJZW-86-11-H310
	CPU型号：	Intel(R) Core(TM) i7-8700 CPU @ 3.20GHz
	内存大小：	DIMMA1 Kingston 8GB DIMMB1 Kingston 8GB
	硬盘型号：	WDC WD10EZEX-08WN4A0 1000GB
	显卡型号：	Intel(R) UHD Graphics 630
系统信息	序列号：	20190521000100001
	IP地址：	192.168.1.182
	系统版本：	Windows 10 专业版

	开始时间	测试项目	测试结果
测试记录	2020-06-08 06:08:25	VGA (RGB)	FAIL(5S)
检测结果	测试项目总数：1项。 测试功能完好：0项。		

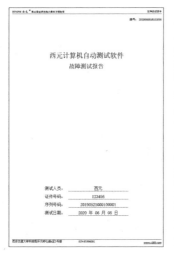

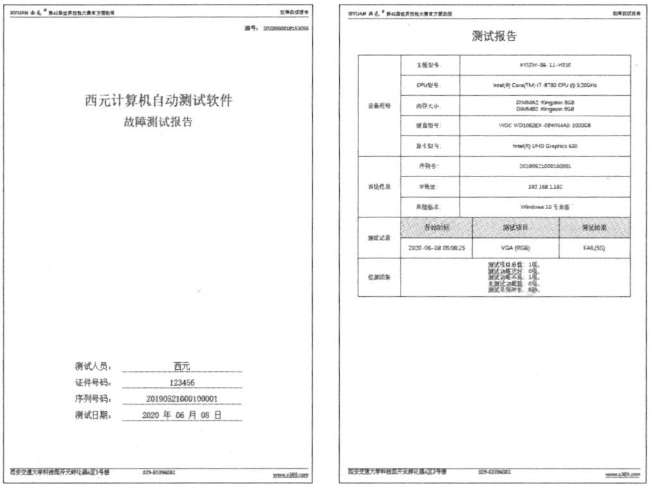

图 9-47　测试报告

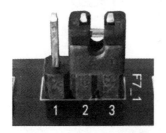

图 9-48　将 F7_1 跳线帽拔下

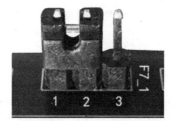

图 9-49　将 F7_1 跳线帽插上

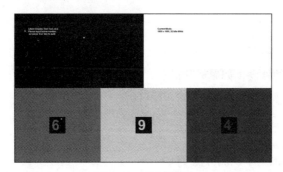

图 9-50　测试过程

测试记录	开始时间	测试项目	测试结果
	2020-06-08 06:06:44	VGA (RGB)	PASS(3S)
检测结果	测试项目总数：1项。 测试功能完好：1项。 测试功能不良：0项。 未测试功能数：0项。 测试总用时长：3秒。		

图 9-51　测试报告

任务小结

在日常使用中，时常会发生显示器不显示或显示器偏色等故障，排除故障时，如果没有丰富的维修经验，很难快速排查和维修故障。根据日常的维修经验，产生显示类故障可能有如下原因：

（1）驱动未正确安装，造成显示器不显示，无法正常使用。

（2）主板电压不稳定，造成显示器闪烁，无法正常使用。

（3）视频连接线接触不良，造成显示器不显示或显示器闪烁，无法正常使用。

（4）主板显示接口灰尘过多，造成散热效果下降，导致显示器不显示，无法正常使用。

（5）电磁波干扰，造成显示器偏色或"花屏"，无法正常使用。

通过显示类故障的检测与排除过程，可以看出在计算机维修过程中，查找和排除故障非常困难，如果故障点精准定位后，维修起来十分方便，因此精准快速定位故障点才是维修关键技术。

任务 9.2　接口类故障的检测与维修方法

在日常使用计算机的过程中，偶尔发生 U 盘无法读取、USB 键盘或 USB 鼠标无反应等故障，直接导致计算机无法使用，需要及时维修。

任务目标

（1）教师设置多种接口类故障。

（2）学生使用专门的故障诊断治具进行检测。

（3）学生使用专门的检测软件进行故障排查和定位。

（4）学生完成故障排除，恢复计算机正常使用。

技术知识

（1）USB 是一个外部总线标准，规范了计算机与外围设备的连接和通信。USB 接口具有热插拔功能。USB 接口可连接多种外设，如鼠标和键盘、打印机等。

（2）PS/2 接口是计算机键盘、鼠标等输入接口。

任务要求

（1）掌握接口类故障的基本检测方法。

（2）掌握通过治具检测接口类故障的专业方法。

（3）掌握通过计算机故障自动测试软件定位接口类故障的方法。

（4）掌握接口类故障排除方法。

实训设备

本任务需要借助与本教材配套的实训平台进行，即西元计算机装调与维修技能鉴定装置，产品型号为 KYJZW-56。1 台 / 人，或 1 台 /2 人。

实训工具

本实训项目使用下列工具，如表 9-6 所示。

表 9-6　接口类故障检测与维修实训项目工具表

序号	名　称	功　能	数量	备　注
1	开关控制器治具	进行开机操作，观察硬盘工作状态	1 个	
2	USB 诊断治具	对 USB 进行读取操作	2 个	
3	USB 接口测试仪	诊断 USB 接口	2 个	
4	镊子	用于故障跳线帽的辅助插拔工具	1 把	

任务实施

1. 观看实操演示视频

2. 接口类故障编号与设置方法

（1）接口类故障编号及故障内容见表 9-7。

视　频

接口类故障检
测与维修方法

表 9-7　计算机接口类故障编号及故障内容表

序号	故障编号	故　障　内　容
1	F18_1	模拟检测不到故障。后面板 2 个 USB2.0 接口、2 个 USB3.0 接口断开
2	F18_2	模拟检测不到故障。前面板 2 个 USB2.0 内接插座接口断开
3	F19	模拟检测不到故障。COM 接口故障
4	F21	模拟检测不到故障。PS/2 接口断开

（2）接口类故障设置方法，请教师按照表 9-7 设置单个或者多个组合的接口类故障，具体方法如下：

① F18_1 故障设置：将 F18_1 位置的跳线帽由 1、2 引脚拔下，重新插入 2、3 引脚。

② F18_2 故障设置：将 F18_2 位置的跳线帽由 1、2 引脚拔下，重新插入 2、3 引脚。

③ F19 故障设置：将 F19 位置的跳线帽由 1、2 引脚拔下，重新插入 2、3 引脚。

④ F21 故障设置：将 F21 位置的跳线帽由 1、2 引脚拔下，重新插入 2、3 引脚。

3. 接口类故障的检测方法

下面以 F18_2 USB 接口检测不到故障为例，介绍接口类故障的检测与维修方法。

（1）设置 F18_2 故障，由教师完成该故障设置。具体故障设置方法如下：

第 1 步：在关闭计算机电源和不拆下计算机主板的情况下，将 F18_2 位置的跳线帽由 1、2 引脚拔下，重新插入 2、3 引脚，如图 9-52 所示，就会出现前面板 2 个 USB2.0 内接插座接口断开，模拟了接口检测不到故障。

图 9-52　F18_2 USB 接口类故障设置示意图

第 2 步：在该接口插入 USB 鼠标、键盘、U 盘等外接设备，如果检测不到设备，确认故障设置成功。

（2）通过 USB 接口测试仪检测接口类故障的专业方法，教师完成该故障设置后，安排学生进行故障检测，具体检测步骤如下：

第 1 步：关掉计算机电源。

第 2 步：拔掉连接线。拔掉主板上 "F_USB1" 和 "F_USB2" 插座上的连接线，如图 9-53 所示。

第 3 步：插入 USB 诊断治具。将 2 个 USB 诊断治具插入主板的 "F_USB1" 和 "F_USB2" 插座中，如图 9-54 所示，注意该治具的 "J1" 标识面朝向主板的 "F_USB1" 和 "F_USB2" 方向，禁止反向插入。

图 9-53　拔掉连接线　　　　　　　　图 9-54　插入 USB 诊断治具

第 4 步：插入 USB 接口测试仪。在 2 个 USB 诊断治具的上端，分别插入 2 个 "USB 接口测试仪"，如图 9-55 所示，任意 1 个 USB 口插入即可。

第 5 步：检测故障。开启计算机，并且观察 USB 接口测试仪的指示灯。如果红灯常亮，表示该 USB 接口正常；反之，如果红灯不亮，表示该 USB 接口有开路故障，如图 9-56 所示。

如果已经将计算机主板拆出机箱，需要增加开关控制器治具。该治具连接方法如前所述，这里不再重复介绍。

（3）通过计算机故障自动测试软件定位接口类故障。

第 1 步：打开计算机故障自动测试软件并且登录。插入 USB 接口测试仪后，对计算机进行开机，打开软件并且登录。

图 9-55　插入 USB 接口测试仪　　图 9-56　USB 接口测试仪的指示灯

第 2 步：选择 USB 测试项目。完成登录后，单击"测试"→"选项"命令，然后在"选项"栏选中"F_USB1_UP"和"F_USB1_DOWN"选项，最后单击"OK"按钮，如图 9-57 所示。

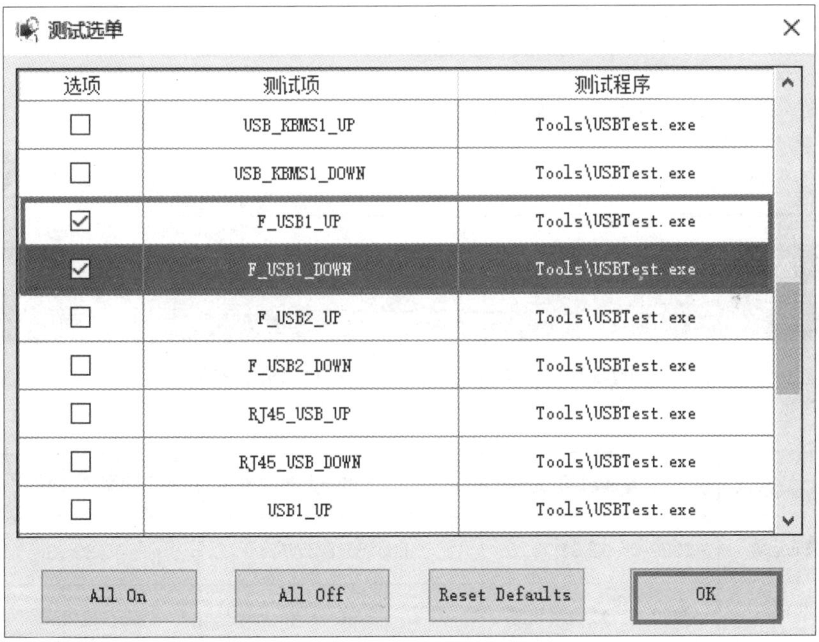

选项	测试项	测试程序
☐	USB_KBMS1_UP	Tools\USBTest.exe
☐	USB_KBMS1_DOWN	Tools\USBTest.exe
☑	F_USB1_UP	Tools\USBTest.exe
☑	F_USB1_DOWN	Tools\USBTest.exe
☐	F_USB2_UP	Tools\USBTest.exe
☐	F_USB2_DOWN	Tools\USBTest.exe
☐	RJ45_USB_UP	Tools\USBTest.exe
☐	RJ45_USB_DOWN	Tools\USBTest.exe
☐	USB1_UP	Tools\USBTest.exe

All On　　All Off　　Reset Defaults　　OK

图 9-57　在"选项"栏选中复选框

第 3 步：开始测试。选中待测项目后，单击右上角 ▶ 图标后开始测试，测试过程如图 9-58 所示。测试结果如图 9-59 所示，在"F_USB1_UP"测试项的"状态"为"FAIL"，说明"F_USB1_UP"接口故障；"F_USB1_DOWN"测试项的"状态"为"PASS"，说明"F_USB1_DOWN"接口正常。

第 4 步：打开测试报告。完成测试后，单击自动测试软件左上角"　"图标，查看测试报告，如图 9-60 所示，测试报告将显示该 USB 接口故障信息。

4. 接口类故障的排除与维修方法

完成故障检查和定位后，进行接口类故障的排除与维修，具体步骤如下：

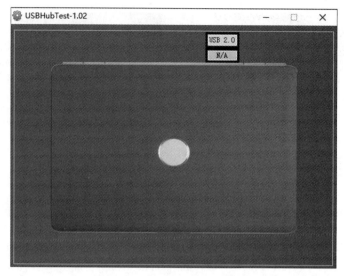

图 9-58　绿色框接口正常，无绿色框有开路故障

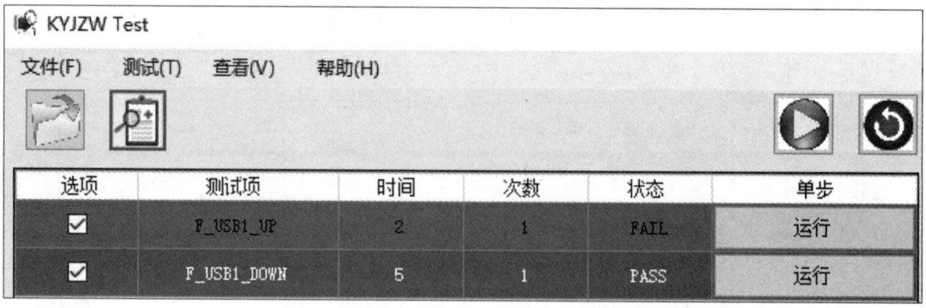

选项	测试项	时间	次数	状态	单步
☑	F_USB1_UP	2	1	FAIL	运行
☑	F_USB1_DOWN	5	1	PASS	运行

图 9-59　选项栏绿色正常，红色有开路故障

测试记录	开始时间	测试项目	测试结果
	2020-06-12 01:06:23	F_USB1_DOWN	PASS(5S)
	2020-06-12 01:06:22	F_USB1_UP	FAIL(2S)
检测结果	测试项目总数：2项。 测试功能完好：1项。 测试功能不良：1项。 未测试功能数：0项。 测试总用时长：7秒。		

图 9-60　测试报告

第 1 步：关掉计算机电源。

第 2 步：拔掉全部 USB 接口测试仪和 USB 诊断治具，重新插好主板的 USB 连接线。

第 3 步：将 F18_2 的跳线帽从 2、3 引脚拔下，如图 9-61 所示，开始故障维修。

第 4 步：将 F18_2 的跳线帽插入 1、2 引脚，如图 9-62 所示，该 USB 接口恢复正常。

图 9-61 将 F18_2 跳线帽拔下

图 9-62 将 F18_2 跳线帽插上

第 5 步：计算机开机，重新打开自动测试软件，再次使用自动测试软件进行故障检测，测试报告将显示正确信息，并且自动保存测试报告。

第 6 步：计算机开机后，在该 USB 接口插入鼠标或键盘进行实际使用，验证维修正常。

任务小结

在日常使用中，时常会发生 U 盘无法读取、USB 键盘或 USB 鼠标无反应等故障，排除故障时，如果没有丰富的维修经验，很难快速排查和维修故障。根据日常的维修经验，产生接口类故障可能有如下原因：

（1）USB 连接线未正确连接或松动，造成前面板 USB 无法使用。

（2）驱动程序未正确安装，造成 USB 接口无法使用。

（3）主板电压不稳定，造成 USB 接口电压不足，无法使用。

任务 9.3 内存故障检测与维修方法

在日常使用计算机的过程中，偶尔因为内存发生故障导致计算机不开机，需要及时维修。

任务目标

（1）教师设置内存故障。

（2）学生通过开机判断故障类型。

（3）学生完成故障排除，恢复计算机正常使用。

（4）学生使用专门的故障自动测试软件对已恢复正常的主板进行内存测试。

技术知识

（1）内存是计算机中重要的部件之一，它是外存与 CPU 进行沟通的桥梁。

（2）内存（Memory）也被称为内存储器和主存储器，其作用是暂时存放 CPU 中的运算数据，以及与硬盘等外部存储器交换的数据。只要计算机在运行中，操作系统就会把需要运算的数据从内存调到 CPU 中进行运算，当运算完成后 CPU 再将结果传送出来，内存的运行也决定了计算机的稳定运行。

（3）内存条是由内存芯片、电路板、金手指等部分组成的。

任务要求

（1）掌握内存故障的基本检测方法。

（2）掌握通过开机判断故障的方法。

（3）掌握通过计算机故障自动测试软件对内存进行检测的方法。

（4）掌握内存故障排除方法。

实训设备

本任务需要借助与本教材配套的实训平台进行，即西元计算机装调与维修技能鉴定装置，产品型号为 KYJZW-56。1 台 / 人，或 1 台 /2 人。

实训工具

本实训项目使用下列工具，如表 9-8 所示。

表 9-8　内存故障检测与维修实训项目工具表

序号	名　称	功　能	数量	备　注
1	开关控制器治具	进行开机操作，观察硬盘工作状态	1 个	
2	镊子	用于故障点跳线帽的辅助插拔工具	1 把	
3	十字螺丝刀	用于主板的拆卸与安装	1 把	

拓展知识

内存故障检测与维修方法

任务实施

1. 观看实操演示视频

2. 内存故障编号与设置方法

（1）内存故障编号及故障内容如表 9-9 所示。

表 9-9　计算机内存故障编号及故障内容表

序号	故障编号	故障内容
1	F5	模拟内存故障。计算机不开机，蜂鸣器报警，出现掉电重启现象
2	F6_1	模拟内存故障。内存插 DIMMA 通道，计算机不开机，蜂鸣器报警，出现掉电重启现象
3	F6_2	模拟内存故障。内存插 DIMMB 通道，计算机不开机，蜂鸣器报警，出现掉电重启现象

（2）内存故障设置方法，请教师按照表 9-9 设置内存故障，具体方法如下：

①F5 故障的设置：将 F5 位置的跳线帽由 1、2 引脚拔下，重新插入 2、3 引脚。

②F6_1 故障设置：将 F6_1 位置的跳线帽由 1、2 引脚拔下，重新插入 2、3 引脚。

③F6_2 故障设置：将 F6_2 位置的跳线帽由 1、2 引脚拔下，重新插入 2、3 引脚。

3. 内存故障的检测方法

下面以 F6_1 故障为例，内存插 DIMMA 通道，计算机不开机，蜂鸣器报警，出现掉电重启现象，介绍内存故障的检测与维修方法。

（1）设置 F6_1 故障，由教师完成该故障设置。具体故障设置方法如下：

第 1 步：在关闭计算机电源和不拆下计算机主板的情况下，将 F6_1 位置的跳线帽由 1、2 引脚拔下，重新插入 2、3 引脚，如图 9-63 所示。2 根内存条分别插入 DIMMA1 插槽和 DIMMB1 插槽或者 DIMMA2 插槽和 DIMMB2 插槽。

第 2 步：设置完成后进行开机操作，如果按下开机键后，出现计算机不开机，蜂鸣器报警，诊断卡数码管的显示代码为 "C1" 或掉电重启现象，确认故障设置成功。

图 9-63 F6_1 内存故障设置示意图

（2）通过开机判断故障类型，教师完成该故障设置后，安排学生进行故障检测，具体检测步骤如下：

第 1 步：计算机开机。

第 2 步：判断故障。在开机过程中出现计算机不开机、蜂鸣器报警、掉电重启等现象或诊断卡数码管上的显示代码为 "C1" 时，则说明是内存故障，如图 9-64 所示。

4. 内存故障的排除与维修方法

（1）完成故障判断后，进行内存故障的排除与维修，具体步骤如下：

第 1 步：关掉计算机电源。

第 2 步：将 F6_1 的跳线帽从 2、3 引脚拔下，如图 9-65 所示，开始故障维修。

第 3 步：将 F6_1 的跳线帽插入 1、2 引脚，如图 9-66 所示，恢复内存故障正常。

图 9-64 诊断卡数码管代码　　图 9-65 将 F6_1 跳线帽拔下　　图 9-66 将 F6_1 跳线帽插上

第 4 步：计算机开机后，对计算机进行实际使用，验证维修正常。

（2）通过计算机故障自动测试软件对已修复的内存故障进行测试。

第 1 步：打开计算机故障自动测试软件并且登录。完成 2 根内存条分别插入 "DIMMA2" 和 "DIMMB2" 插槽后，对计算机进行开机，打开软件并且登录。

第 2 步：选择内存测试项目。完成登录后，单击 "测试" → "选项" 命令，然后在 "选项" 栏选中 "DIMMA1、DIMMA2、DIMMB1、DIMMB2"，最后单击 "OK" 按钮，如图 9-67 所示。

第 3 步：开始测试。选中待测项目后，单击右上角 ⊙ 图标后开始测试，测试结果如图 9-68 所示，通过 "状态" 提示，判断该项是否故障。在 "DIMMA1" "DIMMB1" 测试项的 "状态" 为 "FAIL"，说明插槽故障或未插入内存条；在"DIMMA2""DIMMB2"测试项的"状态"为"PASS"，说明插槽正常并已插入内存条。

☑	DIMMA1	Tools\DIMM.exe
☑	DIMMA2	Tools\DIMM.exe
☑	DIMMB1	Tools\DIMM.exe
☑	DIMMB2	Tools\DIMM.exe
☐	HDD1	Tools\HDD1.BAT
☐	HDD2	Tools\HDD2.BAT
☐	HDD3	Tools\HDD3.BAT
☐	HDD4	Tools\HDD4.BAT

All On	All Off	Reset Defaults	OK

图 9-67　在测试选单中选择内存选项

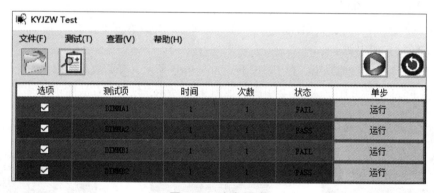

图 9-68　内存测试

第 4 步：打开测试报告。完成测试后，单击自动测试软件左上角 图标，查看测试报告，如图 9-69 所示，测试报告将显示内存故障信息。

任务小结

在日常使用中，时常会发生内存故障，排除故障时，如果没有丰富的维修经验，很难快速排查和维修故障。根据日常的维修经验，产生内存故障可能有如下原因：

（1）内存插槽灰尘过多，造成插槽老化、金手指氧化等，无法识别内存。

（2）内存条损坏，造成计算机无法开机。

任务 9.4　芯片组故障检测与维修方法

在日常使用计算机的过程中，偶尔因为芯片组故障导致计算机无法开机，需要及时维修。

	开始时间	测试项目	测试结果
测试记录	2020-05-29 09:05:35	DIMMA2	PASS(1S)
	2020-05-29 09:05:36	DIMMB2	PASS(1S)
	2020-05-29 09:05:35	DIMMA1	FAIL(1S)
	2020-05-29 09:05:35	DIMMB1	FAIL(1S)
检测结果		测试项目总数：4项 测试功能完好：2项 测试功能不良：2项 未测试功能数：0项 测试总用时长：4秒	

图 9-69　测试报告

任务目标

（1）教师设置芯片组故障。

（2）学生通过开机判断故障类型。

（3）学生完成故障排除，恢复计算机正常使用。

技术知识

芯片组是构成主板电路的核心，它负责将计算机的微处理器与其他部分相连接，是决定主板级别的重要部件。芯片组最初由多块芯片组成，随后简化为两块芯片。芯片组主要指的是主板上的北桥和南桥芯片，目前北桥芯片已经集成到 CPU 内。

任务要求

（1）掌握芯片组故障的基本检测方法。

（2）掌握通过开机判断故障的方法。

（3）掌握芯片组故障排除方法。

实训设备

本任务需要借助与本教材配套的实训平台进行，即西元计算机装调与维修技能鉴定装置，产品型号为 KYJZW-56。1 台 / 人，或 1 台 /2 人。

实训工具

本实训项目使用下列工具，如表 9-10 所示。

表 9-10 芯片组故障检测与维修实训项目工具表

序号	名 称	功 能	数量	备 注
1	开关控制器治具	进行开机操作，观察硬盘工作状态	1个	
2	镊子	用于故障点跳线帽的辅助插拔工具	1把	
3	十字螺丝刀	用于主板的拆卸与安装	1把	

拓展知识

芯片组故障检测与维修方法

任务实施

1. 观看实操演示视频

2. 芯片组故障编号与设置方法

（1）芯片组故障编号及故障内容如表 9-11 所示。

表 9-11 计算机芯片组故障编号及故障内容表

序号	故障编号	故 障 内 容
1	F3	模拟主板不能开机故障。主板不开机，风扇在转，电源灯亮，屏幕不显示，诊断卡数码管的显示代码为"FF"
2	F4	模拟主板不能关机故障。主板不能关机，按下"POWER"键无反应

（2）芯片组故障设置方法，请教师按照表 9-11 设置芯片组故障，具体方法如下：

① F3 故障设置：将 F3 位置的跳线帽由 1、2 引脚拔下，重新插入 2、3 引脚。

② F4 故障设置：将 F4 位置的跳线帽由 1、2 引脚拔下，重新插入 2、3 引脚。

3. 芯片组故障的检测方法

下面以 F3 故障为例，主板不开机，风扇在转，电源灯亮，屏幕不显示，诊断卡数码管的显示代码为"FF"。

（1）设置 F3 故障，由教师完成该故障设置。具体故障设置方法如下：

第 1 步：在关闭计算机电源和不拆下计算机主板的情况下，将 F3 位置的跳线帽由 1、2 引脚拔下，重新插入 2、3 引脚，如图 9-70 所示。

第 2 步：设置完成后进行开机操作，如果按下开机键后，主板不开机，但风扇在转，电源灯亮，屏幕不显示，诊断卡数码管的显示代码为"FF"，如图 9-71 所示，确认故障设置成功。

（2）通过开机判断故障类型，教师完成该故障设置后，安排学生进行故障检测，具体检测步骤如下：

第 1 步：开启计算机。

第 2 步：判断故障。在按下开机键后，主板不开机，但风扇在转，电源灯亮，屏幕不显示，同时诊断卡数码管的显示代码为"FF"，如图 9-71 所示，则说明是芯片组故障。

如果已经将计算机主板拆出机箱时，需要增加开关控制器治具。

4. 芯片组故障的排除与维修方法

完成故障判断后，进行芯片组故障的排除与维修，具体步骤如下：

第 1 步：关掉计算机电源。

图 9-70　F3 芯片组故障设置示意图　　　图 9-71　诊断卡数码管代码

第 2 步：将 F3 的跳线帽从 2、3 引脚拔下，开始故障维修，如图 9-72 所示。

第 3 步：将 F3 的跳线帽插入 1、2 引脚，恢复芯片组故障正常，如图 9-73 所示。

第 4 步：计算机正常开机后，对计算机进行实际使用，验证维修正常。

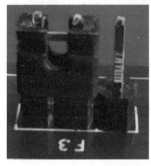 

图 9-72　将 F3 的 2、3 跳线帽拔下　　　图 9-73　将 F3 的 1、2 跳线帽插上

☕ 任务小结

在日常使用中，时常会发生芯片组故障导致计算机无法开机，排除故障时，如果没有丰富的维修经验，很难快速排查和维修故障。根据日常的维修经验，产生芯片组故障可能有如下原因：

（1）芯片组北桥芯片损坏，造成计算机无法开机。

（2）芯片组南桥芯片损坏，造成计算机无法开机。

项目总结

本项目通过几个综合实训任务让大家走进计算机维修工作室，学会使用由西安开元电子实业有限公司推出的计算机装调与维修技能鉴定装置，并利用该平台完成常见故障的维修。

自测题

一、单项选择题

1. 风扇在转，电源灯亮，屏幕不显示，CPU 不工作，属于（　　）故障。

A. 芯片组　　　　　　　　B. 扩展槽　　　　　　　　C. CPU 控制端　　　　　D. BIOS

2. 主板不能关机，按下 "Power" 键无反应，属于（　　）故障。

A. 芯片组　　　　　　　　B. 扩展槽　　　　　　　　C. CPU 控制端　　　　　D. BIOS

3. 计算机电源的线束一般为（　　　）。

A. 600 mm　　　　　　B. 700 mm　　　　　　C. 800 mm　　　　　　D. 900 mm

4. 西元计算机装调与维修技能鉴定装置主板电源端口有（　　　）类供电端口。

A. 3　　　　　　　　　B. 4　　　　　　　　　C. 5　　　　　　　　　D. 6

5. 显示器偏色故障有（　　　）种类型。

A. 2　　　　　　　　　B. 3　　　　　　　　　C. 4　　　　　　　　　D. 5

6. 西元计算机装调与维修技能鉴定装置配置了能够快速设置故障的专门计算机主板，通过插拔跳线帽快速设置（　　　）。

A. 5 类 13 种常见故障　　　　　　　　　B. 8 类 20 种常见故障

C. 10 类 26 种常见故障　　　　　　　　　D. 12 类 30 种常见故障

7. 西元计算机装调与维修技能鉴定装置主板专门集成有（　　　）、数码管和蜂鸣器电路，能准确判断出故障类别。

A. CPU 插座　　　　　B. 诊断卡　　　　　　C. 内存插槽　　　　　D. 芯片组

8. 西元计算机装调与维修技能鉴定装置配套的计算机故障自动测试软件能够测试（　　　）。

A. 5 类 13 种常见故障　　　　　　　　　B. 8 类 20 种常见故障

C. 10 类 26 种常见故障　　　　　　　　　D. 13 类 33 种常见故障

9. 将西元计算机装调与维修技能鉴定装置主板上的 F7_2 跳线帽由 1、2 引脚拔下，重新插入 2、3 引脚，将使显示器（　　　）。

A. 偏红　　　　　　　　B. 偏蓝　　　　　　　C. 偏绿　　　　　　　D. 正常显示

10. 当内存条出现故障时，诊断卡数码管上的显示代码为（　　　）。

A. FF　　　　　　　　　B. AA　　　　　　　　C. A0　　　　　　　　D. C1

二、多项选择题

1. PCI-E 扩展槽可以插入（　　　）。

A. 显卡　　　　　　　　B. 网卡　　　　　　　C. 声卡　　　　　　　D. USB 扩展卡

2. USB 接口出现故障后，一般表现为（　　　）。

A. 连接 PS/2 鼠标无反应　　　　　　　　B. 连接 USB 键盘无反应

C. 连接耳机无反应　　　　　　　　　　　D. 连接 USB 接口的打印机无反应

3. 内存出现故障后会出现（　　　）现象。

A. 蜂鸣器报警　　　　　　　　　　　　　B. 显示器显示错误

C. 主板掉电重启　　　　　　　　　　　　D. 计算机不开机

4. 当芯片组出现故障时，一般表现为（　　　）。

A. 主板不开机　　　　　　　　　　　　　B. CPU 风扇正常运转

C. 电源灯亮并屏幕不显示　　　　　　　　D. 故障诊断卡数码管显示代码为 "FF"

5. 西元计算机装调与维修技能鉴定装置主板上的以下（　　　）可模拟显示器不显示的故障。

A. F7 跳线　　　　　　B. F8 跳线　　　　　　C. F9 跳线　　　　　　D. F10 跳线

三、判断题

1. 在主板印有"JFP1"标识的插座上，插入 AUDIO 连接线。　　　　　　　　(　　)

2. 在主板印有"F_USB1"标识的插座上，插入 USB2.0 连接线。　　　　　　(　　)

3. 在内存双通道的模式下插入一根内存条无法开机。　　　　　　　　　　(　　)

4. 芯片组是构成主板电路的核心，它负责将计算机的微处理器与其他部分相连接，是决定主板级别的重要部件。　　　　　　　　　　　　　　　　　　　　　　　(　　)

5. 目前市场上的主流主板已将北桥芯片已经集成到 CPU 内部，用于管理主板上的高速部件，如 CPU、内存条和显卡等。　　　　　　　　　　　　　　　　　　(　　)

四、简答题

1. 在计算机出现故障后，如何确定故障类型和准确位置？

2. 西元计算机装调与维修技能鉴定装置是如何快速重复设置多种故障的？